+ 한번에 합격하는 모의고사 3회분 수록
+ 출제 비중 높은 핵심 이론 요약 정리

TS 한국교통안전공단 시행

유튜브 박래호TV

2026 최신판
최신개정법령 출제기준

▶ 유튜버 **박래호TV**

박래호 편저

화물운송종사 자격시험
총정리 기출문제집

저자직강 무료강의 제공
합격하는 초단기 합격서!

머리글
(Preface)

화물운송종사자 자격시험책을 펴내며…

화물운송종사자는 우리나라의 수·출입과 물류이동 등 화물운송분야에서 중추적인 역할을 담당하고 있습 니다. 이에 따라 화물운송종사자의 자질함양과 교통사고 예방은 물론 종사자의 권익과 복지 및 질 좋은 서비 스와 원활한 물류 흐름으로 국가경쟁력을 높이기 위해 화물운송종사자 자격제도가 마련되었습니다.

최근에 화물운송업계에 새롭게 진출하고자 하는 자와 새로운 직업군에 진입하고자 하는 많은 분들이 화물운송종사자 자격증에 도전하고 있는 현실입니다.

그러나 화물운송종사자 자격을 취득하고자 하나 시험에 출제되는 출제경향을 잘 몰라 어려움을 겪고 있기에 출제경향에 맞는 출제과목별 키포인트 요점 정리와 시험에 출제되는 예상문제와 기출문제를 편재하고, 또한 최근 시험에 출제되는 경향에 맞추어 모의고사를 게재하여 수험자 스스로 시험대비를 할 수 있도록 구성하여 본 교재를 통해 쉽게 시험에 합격할 수 있도록 출간하였습니다.

본 교재는 시험과목인 교통 및 화물자동차운수사업 관련법규, 화물취급요령, 안전운행 및 화물운송서비스 에 관한 4과목에 대한 주요요점 정리와 각 과목별의 기출문제와 출제예상문제를 수록하여 수험생들이 쉽게 이해되도록 정리하여 시험에 합격하도록 편집하였습니다.

또한 본 교재를 중심으로 유튜브 '박래호tv' 방송을 통해 요약정리 및 문제풀이 해설 강좌를 하고 있어 수험자 여러분께서는 일석이조로 합격의 지름길로 갈 수 있도록 하고 있습니다.

화물운송종사자 자격증 시험을 준비하시는 모든 분들이 본 교재와 유튜브 방송 강좌를 통해 합격의 영광이 있기를 기원합니다.

본 교재가 출간되도록 많은 자료들을 제공하여 주신 관련 교수님들과 본 교재가 수험생 여러분 앞으로 갈 수 있도록 지원해 주신 도서출판 '더 배움'의 노고에 깊은 감사를 드립니다.

끝으로 본 교재가 화물운송종사자격증 시험에 도전하시는 수험생들이 빠르고 쉽게 자격증을 취득하는데 그 역할을 다 하기를 바랍니다.

수험생 여러분!
본 교재를 통해 한방에 합격하시기를 기원합니다.

감사합니다.

저자 · 교통사고분석감정원 원장

박 래 호

1 화물운송종사자 자격시험 응시자격

1) **운전면허** : 제1종 운전면허 또는 제2종 보통운전면허 소지자
2) **연령** : 만 20세 이상
3) **운전경력기준**
   - **자가용자동차** : 운전경력 2년 이상
   - **사업용(버스,택시)자동차** : 운전경력 1년 이상
4) **운전적성정밀검사 적합판정 받은 자** : 접수처(☎ 대표전화 : 1577-1211)
5) 다음의 결격사유에 해당하지 아니한 자
① 피성년후견인 또는 피한정후견인
② 화물자동차운수사업법을 위반하여 징역 이상의 실형을 선고받고 그 집행이 종료되거나 집행이 면제된 날부터 2년이 경과되지 아니한 자
③ 화물자동차운수사업법을 위반하여 징역 이상의 형의 집행유예 선고를 받고 그 유예기간 중에 있는 자
④ 화물운송종사자격이 취소된 날부터 2년이 경과되지 아니한 자
⑤ 음주운전, 음주측정거부, 무면허운전(벌금형 이상), 대형교통사고(3명 이상 사망 또는 20명 이상 사상자) 등으로 운전면허가 취소된지 5년이 경과되지 아니한 자.

2 자격취득 절차

응시조건 및 시험일정 확인 → 필기시험 및 합격 → 합격자 교육 (8시간) → 자격증 교부

3 시행 방법

1) **시험 방법** : CBT(Computer Based Tester)
2) **시험 시간** : 80분

4 시험과목 및 합격기준

시험과목	출제문항	합격기준
교통 및 화물자동차운수사업 관련법규	25문항	총점 100점 중 60점 (총 80문제 중 48문제) 이상 득점 시 합격
화물취급요령	15문항	
안전운행	25문항	
운송서비스	15문항	

5 시험접수

1) **인터넷 접수** : 교통안전공단 홈페이지(http://lic.kotsa.or.kr/fre) / 방문 접수
2) **응시수수료** : 11,500원

목차 (Contents)

Part 1 | 교통 및 화물자동차운수사업 관련 법규

제1장	**제1장 도로교통법**	10
	» 기출문제와 예상문제	32
제2장	**교통사고처리특례법**	47
제3장	**특정범죄가중처벌 등에 관한 법률**	50
	» 기출문제와 예상문제	52
제4장	**화물자동차운수사업법**	58
	» 기출문제와 예상문제	66
제5장	**자동차관리법**	73
	» 기출문제와 예상문제	79

Part 2 | 운송 서비스

제1장	**직업운전자의 기본자세**	84
제2장	**고객만족**	84
제3장	**고객서비스**	85
제4장	**서비스 예절**	86
제5장	**직업관**	93
제6장	**교통사고발생조치**	93
제7장	**택배서비스의 기본**	93
	» 기출문제와 예상문제	97

Part 3 | 안전 운행

제1장	**안전운전과 방어운전**	104
제2장	**상황별 안전운전**	109
제3장	**위험물 운송**	114
	» 기출문제와 예상문제	115
제4장	**교통심리**	124
	» 기출문제와 예상문제	131
제5장	**자동차 특성요인과 안전운행**	135
	» 기출문제와 예상문제	144

Part 4 | 화물 취급 요령

제1장	**화물운송장 작성과 관리**	150
	» 기출문제와 예상문제	153
제2장	**운송화물의 포장**	156
	» 기출문제와 예상문제	164
제3장	**화물의 상·하차 작업요령**	166
	» 기출문제와 예상문제	171
제4장	**화물의 인수·인계요령**	174
	» 기출문제와 예상문제	177
제5장	**화물운송의 책임한계**	179
	» 기출문제와 예상문제	185
제6장	**물류의 이해**	189
	» 기출문제와 예상문제	196

Part 5 | 모의고사

제1장	**모의고사 1회**	202
제2장	**모의고사 2회**	212
제3장	**모의고사 3회**	222

PART 1

교통 및 화물자동차운수사업 관련 법규

화물운송종사자 자격시험 총정리 기출문제집

제1장 도로교통법

1) 제1절 : 총칙

(1) 도로교통법의 제정 목적
도로에서 일어나는 교통상의 모든 위험과 장해를 방지·제거하여 안전하고 원활한 교통을 확보함을 목적으로 한다.

2) 제2절 : 용어의 정의

(1) 도로
① 도로법에 의한 도로
② 유료도로법에 의한 유료도로
③ 농어촌도로 정비법에 따른 농어촌도로
④ 그 밖에 현실적으로 불특정 다수의 사람 또는 차마의 통행을 위하여 공개된 장소로서 안전하고 원활한 교통을 확보할 필요가 있는 장소

(2) 자동차전용도로
자동차만이 다닐 수 있도록 설치된 도로

(3) 고속도로
자동차의 고속교통에만 사용하기 위하여 지정된 도로

(4) 차도
연석선(차도와 보도를 구분하는 돌 등으로 이어진 선), 안전표지나 그와 비슷한 공작물로써 경계를 표시하여 모든 차의 교통에 사용하도록 된 도로

(5) 중앙선

차마의 통행 방향을 명확하게 구분하기 위하여 도로에 황색 실선이나 황색 점선 등의 안전표지로 표시한 선 또는 중앙분리대나 울타리 등으로 설치한 시설물. 다만, 가변차로가 설치된 경우에는 신호기가 지시하는 진행방향의 가장 왼쪽에 있는 황색 점선

(6) 차로

차마가 한 줄로 도로의 정하여진 부분을 통행하도록 차선에 의하여 구분되는 차도

(7) 차선

차로와 차로를 구분하기 위하여 그 경계지점을 안전표지에 의하여 표시한 선

(8) 노면전차 전용로

도로에서 궤도를 설치하고, 안전표지 또는 인공구조물로 경계를 표시하여 설치한 도로 또는 차로

(9) 자전거도로

안전표지, 위험방지용 울타리나 그와 비슷한 인공구조물로 경계를 표시하여 자전거가 통행할 수 있도록 설치된 「자전거 이용 활성화에 관한 법률」 제3조에 따른 다음의 도로를 말한다.
① **자전거전용도로** : 자전거만이 통행할 수 있도록 분리대·연석 기타 이와 유사한 시설물에 의하여 차도 및 보도와 구분하여 설치된 자전거도로
② **자전거보행자겸용도로** : 자전거 외에 보행자도 통행할 수 있도록 분리대·연석 기타 이와 유사한 시설물에 의하여 차도와 구분하거나 별도로 설치된 자전거도로
③ **자전거전용차로** : 다른 차와 도로를 공유하면서 안전표지나 노면표시 등으로 자전거 통행구간을 구분한 차로

(10) 자전거횡단도

자전거가 일반도로를 횡단할 수 있도록 안전표지로 표시한 도로의 부분

(11) 보도

연석선, 안전표지나 그와 비슷한 인공구조물로 경계를 표시하여 보행자(유모차와 보행보조용 의자차를 포함)가 통행할 수 있도록 한 도로의 부분

(12) 길가장자리구역
보도와 차도가 구분되지 아니한 도로에서 보행자의 안전을 확보하기 위하여 안전표지 등으로 경계를 표시한 도로의 가장자리 부분

(13) 횡단보도
보행자가 도로를 횡단할 수 있도록 안전표지로 표시한 도로의 부분

(14) 교차로
'＋'자로, 'T'자로나 그밖에 둘 이상의 도로(보도와 차도가 구분되어 있는 도로에서는 차도)가 교차하는 부분

(15) 안전지대
도로를 횡단하는 보행자나 통행하는 차마의 안전을 위하여 안전표지나 이와 비슷한 인공구조물로 표시한 도로의 부분

(16) 신호기
도로교통에서 문자·기호 또는 등화를 사용하여 진행·정지·방향전환·주의 등의 신호를 표시하기 위하여 사람이나 전기의 힘으로 조작하는 장치

(17) 안전표지
교통안전에 필요한 주의·규제·지시 등을 표시하는 표지판이나 도로의 바닥에 표시하는 기호·문자 또는 선 등

(18) 차마
다음의 차와 우마를 말한다.
① 차
　ㄱ. 자동차
　ㄴ. 건설기계
　　• 원동기장치자전거
　ㄷ. 자전거

ㄹ. 사람 또는 가축의 힘이나 그 밖의 동력으로 도로에서 운전되는 것(다만, 철길이나 가설된 선을 이용하여 운전되는 것, 유모차와 보행보조용 의자차는 제외)

② **우마**: 교통이나 운수에 사용되는 가축

(19) 노면전차
도시철도법에 따른 노면전차로서 도로에서 궤도를 이용하여 운행되는 차

(20) 자동차
철길이나 가설된 선을 이용하지 아니하고 원동기를 사용하여 운전되는 차로서 다음의 차
① 「자동차관리법」에 따른 자동차(원동기장치자전거는 제외)
　ㄱ. **승용자동차**: 10인 이하를 운송하기에 적합하게 제작된 자동차
　ㄴ. **승합자동차**: 11인 이상을 운송하기에 적합하게 제작된 자동차. 다만, 다음 자동차는 승차인원에 관계없이 승합자동차로 본다.
　　• 내부의 특수한 설비로 인하여 승차인원이 10인 이하로 된 자동차
　　• 경형자동차로서 승차인원이 10인 이하인 전방조종자동차
　　• 캠핑용자동차 또는 캠핑용트레일러
　ㄷ. **화물자동차**: 화물을 운송할 화물적재공간을 갖추고, 화물적재공간의 총적재화물의 무게가 운전자를 제외한 승객이 승차공간에 모두 탑승했을 때의 승객의 무게보다 많은 자동차
　ㄹ. **특수자동차**: 다른 자동차를 견인하거나 구난작업 또는 특수한 작업을 수행하는 자동차로서 승용자동차·승합자동차 또는 화물자동차가 아닌 자동차
　ㅁ. **이륜자동차**: 총배기량 또는 정격출력의 크기와 관계없이 1인 또는 2인의 사람을 운송하기에 적합한 이륜의 자동차
② **건설기계**: 도로교통법 규정에 의한 운전면허로 조종하는 건설기계
　ㄱ. 덤프트럭
　ㄴ. 아스팔트살포기
　ㄷ. 노상안정기
　ㄹ. 콘크리트믹서트럭
　ㅁ. 콘크리트펌프
　ㅂ. 트럭적재식 천공기
　ㅅ. 특수건설기계 중 국토교통부장관이 지정하는 건설기계

(21) 원동기장치자전거

① 이륜자동차 가운데 배기량 125cc 이하의 이륜자동차
② 배기량 50cc 미만(전기를 동력으로 하는 경우에는 정격출력 0.59kw 미만)의 원동기를 단 차

(22) 자전거

자전거 이용 활성화에 관한 법률에 따른 자전거 및 전기자전거
① 사람의 힘으로 페달이나 손페달을 사용하여 움직이는 구동장치와 조향장치 및 제동장치가 있는 바퀴가 둘 이상인 차
② 페달(손페달을 포함한다)과 전동기의 동시 동력으로 움직이며, 전동기만으로는 움직이지 아니할 것
③ 시속 25킬로미터 이상으로 움직일 경우 전동기가 작동하지 아니할 것
④ 부착된 장치의 무게를 포함한 자전거의 전체 중량이 30킬로그램 미만일 것

(23) 긴급자동차

① 소방차
② 구급차
③ 혈액 공급차량
④ 그밖에 긴급한 용도로 사용되는 자동차

(24) 어린이통학버스

13세 미만인 어린이를 교육하는 시설에서 어린이의 통학 등에 이용되는 자동차와 여객자동차운송사업의 한정면허를 받아 어린이를 여객대상으로 하여 운행되는 운송사업용 자동차

(25) 주차

운전자가 승객을 기다리거나 화물을 싣거나 차가 고장 나거나 그 밖의 사유로 차를 계속 정지 상태에 두는 것 또는 운전자가 차에서 떠나서 즉시 그 차를 운전할 수 없는 상태에 두는 것

(26) 정차

운전자가 5분을 초과하지 아니하고 차를 정지시키는 것으로서 주차 외의 정지 상태

(27) 운전

차마 또는 노면전차를 그 본래의 사용방법에 따라 사용하는 것

(28) 초보운전자
처음 운전면허를 받은 날부터 2년이 지나지 아니한 사람

(29) 서행
운전자가 차 또는 노면전차를 즉시 정지시킬 수 있는 정도의 느린 속도로 진행하는 것

(30) 앞지르기
차의 운전자가 앞서가는 다른 차의 옆을 지나서 그 차의 앞으로 나가는 것

(31) 일시정지
차 또는 노면전차의 운전자가 그 차 또는 노면전차의 바퀴를 일시적으로 완전히 정지시키는 것

(32) 보행자전용도로
보행자만 다닐 수 있도록 안전표지나 그와 비슷한 인공구조물로 표시한 도로

(33) 모범운전자
무사고운전자 또는 유공운전자의 표시장을 받거나 2년 이상 사업용 자동차 운전에 종사하면서 교통사고를 일으킨 전력이 없는 사람으로서 경찰청장의 선발로 교통안전 봉사활동을 하는 사람

(34) 교통안전시설의 설치·관리자
특별시장·광역시장·제주특별자치도지사 또는 시장·군수로서 도로에서의 위험을 방지하고 교통의 안전과 원활한 소통을 위해신호기 및 안전표지 등을 설치·관리한다.

(35) 무인 교통단속용 장비의 설치 및 관리자
지방경찰청장, 경찰서장 또는 시장등으로 도로교통법을 위반한 사실을 기록·증명한다.

3) 제3절: 안전표지
교통안전표지는 주의표지(42가지), 규제표지(27가지), 지시표지(37가지), 보조표지(28가지), 노면표시(53가지)의 5종으로 187가지의 표지가 있다.

(1) 주의표지
도로상태가 위험하거나 도로 또는 그 부근에 위험물이 있는 경우에 도로사용자에게 알리는 표지

(2) 규제표지
도로교통의 안전을 위하여 각종 제한·금지 등의 규제를 하는 경우에 도로사용자에게 알리는 표지

(3) 지시표지
도로의 통행방법·통행구분 등 도로교통의 안전을 위해 도로사용자가 이에 따르도록 알리는 표지

(4) 보조표지
주의표지·규제표지 또는 지시표지의 주기능을 보충하여 도로사용자에게 알리는 표지

(5) 노면표시
각종 주의·규제·지시 등의 내용을 노면에 기호·문자 또는 선으로 도로사용자에게 알리는 표지

주의표지   규제표지   지시표지   보조표지

4) 제4절 : 신호

(1) 신호의 종류

구분		신호의 종류	신호의 뜻
차량신호등	원형등화	녹색 등화	• 차마는 직진 또는 우회전할 수 있다. • 비보호좌회전표지가 있는 곳에서는 좌회전할 수 있다.
		황색 등화	• 정지선이 있거나 횡단보도가 있을 때에는 그 직전이나 교차로의 직전에 정지하여야 하며, 이미 교차로에 차마의 일부라도 진입한 경우에는 신속히 교차로 밖으로 진행하여야 한다. • 우회전할 수 있고 우회전하는 경우에는 보행자의 횡단을 방해하지 못한다.
		적색의 등화	• 정지선, 횡단보도 및 교차로의 직전에서 정지하여야 한다. 다만, 신호에 따라 진행하는 다른 차마의 교통을 방해하지 아니하고 우회전할 수 있다.
		황색등화 점멸	• 다른 교통에 주의하면서 진행할 수 있다.
		적색등화 점멸	• 정지선이나 횡단보도가 있을 때에는 그 직전에 일시정지한 후 다른 교통에 주의하면서 진행할 수 있다.
	화살표 등화	녹색화살표 등화	• 화살표시 방향으로 진행할 수 있다.
		황색화살표 등화	• 화살표시 방향으로 진행하려는 경우 정지선이나 횡단보도가 있을 때에는 교차로의 직전에 정지하여야 하며, 이미 교차로에 차마의 일부라도 진입한 경우에는 신속히 교차로 밖으로 진행하여야 한다.
		적색화살표 등화	• 화살표시 방향으로 진행하려는 차마는 정지선, 횡단보도 및 교차로의 직전에서 정지하여야 한다.
		황색화살표 등화 점멸	• 다른 교통에 주의하면서 화살표시 방향으로 진행할 수 있다.
	화살표 등화	적색화살표 등화 점멸	• 정지선이나 횡단보도가 있을 때에는 교차로의 직전에 일시정지한 후 다른 교통에 주의하면서 화살표시 방향으로 진행할 수 있다.
	사각형 등화	녹색화살표 등화(하향)	• 차마는 화살표로 지정한 차로로 진행할 수 있다.
		적색×표 표시 등화	• 차마는 ×표가 있는 차로로 진행할 수 없다.
		적색×표 표시등화의 점멸	• 차마는 ×표가 있는 차로로 진입할 수 없고, 이미 차마의 일부라도 진입한 경우에는 신속히 그 차로 밖으로 진로를 변경하여야 한다.

구분	신호의 종류	신호의 뜻
보행 신호등	녹색 등화	• 보행자는 횡단보도를 횡단할 수 있다.
	녹색등화 점멸	• 보행자는 횡단을 시작하여서는 아니 되고, 횡단하고 있는 보행자는 신속하게 횡단을 완료하거나 그 횡단을 중지하고 보도로 되돌아와야 한다.
	적색 등화	• 보행자는 횡단보도를 횡단하여서는 아니 된다.

(2) 신호기의 설치
지방경찰청장 또는 경찰서장이 교차로 및 그 밖의 도로에 설치한다.

(3) 신호등 등화의 배열 순서

신호등 \ 배열	횡형 신호등	종형 신호등
• 적색·황색·녹색화살표·녹색의 사색등화로 표시되는 신호등	• 좌로부터 적색·황색·녹색화살표·녹색의 순서로 한다. • 좌로부터 적색·황색·녹색의 순서로 하고, 적색등화 아래에 녹색화살표 등화를 배열한다.	• 위로부터 적색·황색·녹색화살표·녹색의 순서로 한다.
• 적색·황색 및 녹색(녹색화살표)의 삼색등화로 표시되는 신호등	• 좌로부터 적색·황색·녹색(녹색화살표)의 순서로 한다.	• 위로부터 적색·황색·녹색(녹색화살표)의 순서로 한다.
• 적색화살표·황색화살표 및 녹색화살표의 삼색등화로 표시되는 신호등	• 좌로부터 적색화살표·황색화살표·녹색화살표의 순서로 한다.	• 위로부터 적색화살표·황색화살표·녹색화살표의 순서로 한다.

(4) 신호 또는 지시에 따를 의무

① 보행자·차마 또는 노면전차의 운전자가 따라야 하는 신호 또는 지시

ㄱ. 교통안전시설이 표시하는 신호 또는 지시

ㄴ. 교통정리를 하는 국가경찰공무원(의무경찰을 포함) 및 제주특별자치도의 자치경찰공무원

ㄷ. 국가경찰공무원 및 자치경찰공무원을 보조하는 다음의 사람

• 모범운전자

• 군사훈련 및 작전에 동원되는 부대의 이동을 유도하는 군사경찰(헌병)

• 본래의 긴급한 용도로 운행하는 소방차·구급차를 유도하는 소방공무원

② 신호 또는 지시가 중첩하는 경우

도로를 통행하는 보행자, 차마 또는 노면전차의 운전자는 교통안전시설이 표시하는 신호 또는 지시와 교통정리를 하는 국가경찰공무원·자치경찰공무원 또는 경찰보조자의 신호 또는 지시가 서로 다른 경우에는 경찰공무원등의 신호 또는 지시에 따라야 한다.

5) 제5절: 차마의 통행방법

(1) 차로에 따른 통행 차종

도로		차로 구분	통행할 수 있는 차종
고속도로 외의 도로		왼쪽 차로	승용자동차 및 경형·소형·중형 승합자동차
		오른쪽 차로	대형승합자동차, 화물자동차, 특수자동차, 도로교통법 제2조 제18호 나목에 따른 건설기계(조종을 위해 도로교통법 제80조에 따른 운전면허를 받아야 하는 건설기계), 이륜자동차, 원동기장치자전거
고속도로	편도 2차로	1차로	앞지르기를 하려는 모든 자동차. 다만, 차량통행량 증가 등 도로상황으로 인하여 부득이하게 시속 80km 미만으로 통행할 수 밖에 없는 경우에는 앞지르기를 하는 경우가 아니라도 통행할 수 있다.
		2차로	모든 자동차
	편도 3차로 이상	1차로	앞지르기를 하려는 승용자동차 및 앞지르기를 하려는 경형·소형·중형 승합자동차. 다만, 차량통행량 증가 등 도로상황으로 인하여 부득이하게 시속 80km 미만으로 통행할 수밖에 없는 경우에는 앞지르기를 하는 경우가 아니라도 통행할 수 있다.
	편도 3차로 이상	왼쪽 차로	승용자동차 및 경형·소형·중형 승합자동차
		오른쪽 차로	대형 승합자동차, 화물자동차, 특수자동차, 건설기계(조종을 위해 운전면허를 받아야 하는 건설기계)

(2) 전용차로의 종류 및 전용차로로 통행할 수 있는 차

전용차로의 종류	통행할 수 있는 차	
	고속도로	고속도로 외의 도로
버스 전용 차로	9인승 이상 승용자동차 및 승합자동차(승용자동차 또는 12인승 이하의 승합자동차는 6명 이상이 승차한 경우로 한정)	① 36인승 이상의 대형승합자동차 ② 36인승 미만의 사업용 승합자동차 ③ 어린이를 운송할 목적으로 운행 중인 어린이통학버스 ④ 대중교통수단으로 이용하기 위한 자율주행자동차로서 국토교통부장관의 임시운행허가를 받은 자율주행자동차 ⑤ 지방경찰청장이 지정한 다음의 어느 하나에 해당하는 승합자동차 • 노선을 지정하여 운행하는 통학·통근용 승합자동차 중 16인승 이상 승합자동차 • 국제행사 참가자 수송 등이 필요하다고 인정되는 승합자동차
버스 전용 차로		• 25인승 이상의 외국인 관광객 수송용 승합자동차(외국인 관광객이 승차한 경우만 해당)
다인승 전용 차로	3명 이상 승차한 승용·승합자동차	
자전거 전용 차로	자전거	

(3) 차마의 우선 순위

① 차마 서로간의 통행시 우선순위(우선순위의 차에 진로를 양보한다.)

ㄱ. 긴급자동차(최우선통행권)

ㄴ. 자동차(긴급자동차 외)

ㄷ. 원동기장치자전거

ㄹ. 그 밖의 차마

② 진로양보 의무

ㄱ. 뒤따라오는 차보다 느린 속도로 가려는 경우 : 모든 차의 운전자는 뒤에서 따라오는 차보다 느린 속도로 가려는 경우에는 도로의 우측 가장자리로 피하여 진로를 양보하여야 한다.

ㄴ. 좁은 도로에서 긴급자동차 외의 자동차가 서로 마주 보고 진행하는 경우 : 좁은 도로에서 긴급자동차 외의 자동차가 서로 마주보고 진행할 때에는 다음의 구분에 따른 자동차가 도로의 우측 가장자리로 피하여 진로를 양보하여야 한다.

• 비탈진 좁은 도로에서 자동차가 서로 마주보고 진행하는 경우에는 올라가는 자동차

- 비탈진 좁은 도로 외의 좁은 도로에서 사람을 태웠거나 물건을 실은 자동차와 동승자가 없고 물건을 싣지 아니한 자동차가 서로 마주보고 진행하는 경우에는 동승자가 없고 물건을 싣지 아니한 자동차

③ 교통정리가 없는 교차로의 통행우선순위
　ㄱ. 선진입차에 통행우선권
　ㄴ. 폭이 넓은 도로에서 교차로로 들어가려는 차에게 통행우선권
　ㄷ. 동시진입차 간의 통행우선순위는 다음 순서에 따른다.
　　• 우측도로에서 진입하는 차
　　• 직진차가 좌회전차보다 우선
　　• 우회전차가 좌회전차보다 우선

▶ 긴급자동차의 특례
① 긴급자동차는 긴급하고 부득이한 경우에는 도로의 중앙이나 좌측 부분을 통행할 수 있다.
② 긴급자동차는 도로교통법이나 도로교통법에 따른 명령에 따라 정지하여야 하는 경우에도 불구하고 긴급하고 부득이한 경우에는 정지하지 아니할 수 있다.
③ 긴급자동차의 운전자는 교통안전에 특히 주의하면서 통행하여야 한다.

④ 안전거리확보
　ㄱ. 안전거리 : 같은 방향으로 가고 있는 앞차의 뒤를 따르는 때에는 앞차가 갑자기 정지하게 되는 경우 그 앞차와의 충돌을 피할 수 있는 필요한 거리
　ㄴ. 진로변경금지 : 차의 진로를 변경하고자 하는 경우에 그 변경하고자 하는 방향으로 오고 있는 다른 차의 정상적인 통행에 장애를 줄 우려가 있는 때에는 진로를 변경하여서는 안 된다.
　ㄷ. 급제동금지 : 위험방지를 위한 경우와 그 밖의 부득이한 경우가 아니면 운전하는 차를 갑자기 정지시키거나 속도를 줄이는 등의 급제동을 하여서는 안 된다.

⑤ 앞지르기
　ㄱ. 앞지르기 방법 : 다른 차를 앞지르려면 앞차의 좌측으로 통행하여야 한다.
　ㄴ. 앞지르기 금지 시기
　　• 앞차의 좌측에 다른 차가 앞차와 나란히 가고 있는 경우
　　• 앞차가 다른 차를 앞지르고 있거나 앞지르려고 하는 경우에는 앞차를 앞지르지 못한다.
　ㄷ. 앞지르기 금지 장소
　　• 교차로
　　• 터널 안
　　• 다리 위

- 도로의 구부러진 곳, 비탈길의 고갯마루 부근 또는 가파른 비탈길의 내리막 등 지방경찰청장이 안전표지로 지정한 곳에서는 다른 차를 앞지르지 못한다.

ㄹ. 앞지르기 시 주의사항
- 앞지르려고 하는 운전자는 반대방향의 교통과 앞차 앞쪽의 교통에 주의를 하며, 앞차의 속도·진로와 그 밖의 도로상황에 따라 방향지시기·등화 또는 경음기를 사용하는 등 안전하게 앞지르기를 하여야 한다.
- 운전자는 앞지르기를 하는 차가 있을 때에는 속도를 높여 경쟁하거나 그 차의 앞을 가로막는 등의 방법으로 앞지르기를 방해하여서는 아니 된다.

⑥ 모든 차 또는 노면전차가 서행할 곳
ㄱ. 교통정리를 하고 있지 아니하는 교차로
ㄴ. 도로가 구부러진 부근
ㄷ. 비탈길의 고갯마루 부근
ㄹ. 가파른 비탈길의 내리막
ㅁ. 지방경찰청장이 안전표지로 지정한 곳

⑦ 일시정지 장소
ㄱ. 교통정리를 하고 있지 아니하고 좌우를 확인할 수 없거나 교통이 빈번한 교차로
ㄴ. 지방경찰청장이 안전표지로 지정한 곳에서는 일시정지하여야 한다.

⑧ 정차 및 주차
ㄱ. 정차 및 주차 금지장소
- 교차로·횡단보도·건널목이나 보도와 차도가 구분된 도로의 보도
- 교차로의 가장자리나 도로의 모퉁이로부터 5m 이내인 곳
- 안전지대가 설치된 도로에서는 그 안전지대의 사방으로부터 각각 10m 이내인 곳
- 버스여객자동차의 정류장으로부터 10m 이내인 곳
- 건널목의 가장자리 또는 횡단보도로부터 10m 이내인 곳
- 다음의 곳으로부터 5m 이내인 곳
  ✓ 소방용수시설 또는 비상소화장치가 설치된 곳
  ✓ 소방시설로서 대통령령으로 정하는 옥내소화전설비·스프링클러설비등·물분무등소화설비의 송수구·소화용수설비·연결송수관설비·연결살수설비·연소방지설비의 송수구 및 무선기기접속단자

ㄴ. 주차금지의 장소
- 터널 안 및 다리 위

- 도로공사를 하고 있는 공사 구역의 양쪽 가장자리와 다중이용업소의 영업장으로 지방경찰청장이 지정한 곳으로부터 5m 이내인 곳에서는 주차금지

⑨ 정차 또는 주차 시 준수사항
  ㄱ. 도로에서 정차할 때에는 차도의 오른쪽 가장자리에 정차할 것. 다만, 차도와 보도의 구별이 없는 도로에서는 도로의 오른쪽 가장자리로부터 중앙으로 50㎝ 이상의 거리를 두어야 한다.
  ㄴ. 여객자동차는 정류소에 정차하였을 때에는 승객이 타거나 내린 즉시 출발하여야 한다.
  ㄷ. 도로에서 주차할 때에는 지방경찰청장이 정하는 주차의 장소·시간 및 방법에 따른다.
  ㄹ. 정차나 주차할 때에는 다른 교통에 방해가 되지 아니하도록 하여야 한다.

⑩ 경사진 곳에서의 정차 또는 주차의 방법
  경사진 곳에 정차하거나 주차할 때는 고임목을 설치하거나 조향장치를 도로의 가장자리 방향으로 돌려놓는 등 미끄럼 사고의 발생을 방지하기 위한 조치를 취하여야 한다.

⑪ 승차 및 적재에 관한 운행상의 안전기준
  ㄱ. 자동차의 승차인원: 승차정원의 11할 이내(고속도로에서는 승차정원을 넘어서 운행 불가)
  ㄴ. 고속버스운송사업용 자동차 및 화물자동차의 승차인원: 승차정원 이내
  ㄷ. 화물자동차의 적재중량: 구조 및 성능에 따르는 적재중량의 11할 이내

⑫ 화물자동차의 적재용량
  ㄱ. 길이: 자동차 길이에 그 길이의 1/10의 길이를 더한 길이(이륜자동차는 그 승차장치의 길이 또는 적재장치의 길이에 30cm를 더한 길이)
  ㄴ. 너비: 자동차의 후사경으로 후방을 확인할 수 있는 범위의 너비
  ㄷ. 높이: 지상으로부터 4m(고시한 도로노선의 경우에는 4m 20cm, 소형 3륜자동차는 지상으로부터 2m 50cm, 이륜자동차는 지상으로부터 2m)의 높이

6) 제6절 : 자동차 속도

(1) 속도제한
① 지방경찰청장이 지정속도를 제한할 수 있다.
② 운전자는 최고속도를 초과하거나 최저속도에 미달하여 운전하여서는 안 된다.
③ 모든 차량은 도로별 지정운행속도에 준하여 운행하여야 한다.

(2) 자동차등과 노면전차의 도로 통행 속도(도로교통법 시행규칙 개정 시행일 : 2021.4.17.)
① 일반도로

ㄱ. 주거지역·상업지역 및 공업지역의 일반도로에서는 매시 50킬로미터 이내. 다만, 지방경찰청장이 원활한 소통을 위하여 특히 필요하다고 인정하여 지정한 노선 또는 구간에서는 매시 60킬로미터 이내

ㄴ. 일반도로에서는 매시 60킬로미터 이내. 다만, 편도 2차로 이상의 도로에서는 매시 80킬로미터 이내

② **자동차전용도로** : 최고속도 매시 90㎞, 최저속도 매시 30㎞

③ 고속도로

ㄱ. 편도 1차로 고속도로 : 최고속도 매시 80㎞, 최저속도 매시 50㎞

ㄴ. 편도 2차로 이상 고속도로에서의 최고 제한속도는 100km/h(적재한 중량이 1.5t을 초과하는 화물자동차·특수자동차·위험물운반자동차 및 건설기계는 80km/h), 최저 제한속도는 50km/h

ㄷ. 편도 2차로 이상의 고속도로로서 경찰청장이 지정·고시한 경우 최고속도는 매시 120㎞(화물자동차·특수자동차·위험물운반자동차 및 건설기계의 최고속도는 매시 90㎞) 이내, 최저속도는 매시 50㎞

④ 견인자동차가 아닌 자동차로 다른 자동차를 견인할 때 속도는 총중량 2,000kg 미만인 자동차를 총중량이 그의 3배 이상인 자동차로 견인하는 경우에는 매시 30㎞ 이내, 이외의 경우 및 이륜자동차가 견인하는 경우에는 매시 25㎞ 이내

> ▶ **감속운행하여야 하는 경우**
> 비·안개·눈 등으로 인한 악천후 시에는 감속운행하여야 한다.
> 1) 최고속도의 20/100을 줄인 속도로 운행하여야 하는 경우
>   ① 비가 내려 노면이 젖어 있는 경우
>   ② 눈이 20㎜ 미만 쌓인 경우
> 2) 최고속도의 50/100을 줄인 속도로 운행하여야 하는 경우
>   ① 폭우·폭설·안개 등으로 가시거리가 100m 이내인 경우
>   ② 노면이 얼어붙은 경우
>   ③ 눈이 20㎜ 이상 쌓인 경우

7) 제7절 : 교통사고발생 시의 조치

차 또는 노면전차의 운전 등 교통으로 인하여 사람을 사상하거나 물건을 손괴한 경우에는 즉시 정차하여 사상자를 구호하는 등 필요한 조치와 피해자에게 인적 사항(성명·전화번호·주소 등) 제공하는 조치를 하여야 한다.

(1) 교통사고발생 신고

교통사고를 발생시킨 운전자 등은 경찰공무원이 현장에 있을 때에는 그 경찰공무원에게, 경찰공무원이 현장에 없을 때에는 가장 가까운 국가경찰관서(지구대, 파출소 및 출장소를 포함)에 다음의 사항을 지체 없이 신고하여야 한다. 다만, 차 또는 노면전차만 손괴된 것이 분명하고 도로에서의 위험방지와 원활한 소통을 위하여 필요한 조치를 한 경우에는 예외로 한다.
① 사고가 일어난 곳
② 사상자 수 및 부상 정도
③ 손괴한 물건 및 손괴 정도
④ 그 밖의 조치사항 등

(2) 사고발생 시 조치에 대한 방해 금지

교통사고가 일어난 경우에는 누구든지 운전자 등의 교통사고 발생 시의 조치 또는 교통사고 발생 신고 행위를 방해하여서는 아니 된다.

8) 제8절 : 운전면허

(1) 운전면허의 범위

지방경찰청장은 운전을 할 수 있는 차의 종류를 기준하여 운전면허의 범위를 구분하고 관리한다.
① **제1종 운전면허** : 대형면허, 보통면허, 소형면허, 특수면허(대형견인차면허, 소형견인차면허, 구난차면허)
② **제2종 운전면허** : 보통면허, 소형면허, 원동기장치자전거면허
③ **연습운전면허** : 제1종 보통연습면허, 제2종 보통연습면허

(2) 운전면허에 따라 운전할 수 있는 차의 종류

운전면허		운전할 수 있는 차량
종별	구분	
제1종	대형 면허	• 승용자동차 • 승합자동차 • 화물자동차
제1종	대형 면허	• 건설기계 - 덤프트럭, 아스팔트살포기, 노상안정기 - 콘크리트믹서트럭, 콘크리트펌프, 천공기(트럭 적재식) - 콘크리트믹서트레일러, 아스팔트콘크리트재생기 - 도로보수트럭, 3톤 미만의 지게차 • 특수자동차[대형견인차, 소형견인차 및 구난차(이하 구난차등)는 제외] • 원동기장치자전거
제1종	보통 면허	• 승용자동차 • 승차정원 15인 이하의 승합자동차 • 적재중량 12톤 미만의 화물자동차 • 건설기계(도로를 운행하는 3톤 미만의 지게차로 한정) • 총중량 10톤 미만의 특수자동차(구난차등은 제외) • 원동기장치자전거
제1종	소형 면허	• 3륜화물자동차 • 3륜승용자동차 • 원동기장치자전거
제1종 특수 면허	대형 견인차	• 견인형 특수자동차 • 제2종 보통면허로 운전할 수 있는 차량
제1종 특수 면허	소형 견인차	• 총중량 3.5톤 이하의 견인형 특수자동차 • 제2종 보통면허로 운전할 수 있는 차량
제1종 특수 면허	구난차	• 구난형 특수자동차 • 제2종 보통면허로 운전할 수 있는 차량
제2종	보통 면허	• 승용자동차 • 승차정원 10인 이하의 승합자동차 • 적재중량 4톤 이하의 화물자동차 • 총중량 3.5톤 이하의 특수자동차(구난차등은 제외) • 원동기장치자전거
제2종	소형 면허	• 이륜자동차(측차부를 포함) • 원동기장치자전거
제2종	원동기 장치 자전거 면허	• 원동기장치자전거

연습면허	제1종 보통	• 승용자동차 • 승차정원 15인 이하의 승합자동차 • 적재중량 12톤 미만의 화물자동차
	제2종 보통	• 승용자동차 • 승차정원 10인 이하의 승합자동차 • 적재중량 4톤 이하의 화물자동차

(3) 운전의 제한

화물자동차운수사업법에 의한 사업용자동차를 운전하고자 하는 사람은 제1종 운전면허를 취득해야 한다.

(4) 운전면허취득 응시기간의 제한

① **무면허운전** : 위반한 날 부터 2년(원동기장치자전거면허를 받고자 하는 경우에는 6월)
② **사고 후 도주** : 4년
③ **주취운전, 무면허, 약물복용 등 운전 사고 후 도주** : 5년
④ **음주운전 3회 이상자 교통사고** : 3년
⑤ **자동차 이용 범죄** : 3년
⑥ **음주측정 거부 3회 이상** : 2년
⑦ **운전면허 시험 부정** : 2년
⑧ **자동차 이용 살인 또는 강간** : 2년
⑨ **다른 사람의 자동차 등을 훔치거나 빼앗은 경우** : 2년

(5) 운전면허 정지처분 기간

① 벌점 초과 면허 취소

기간	벌점 또는 누산점수
1년간	121점 이상
2년간	201점 이상
3년간	271점 이상

② 사고결과에 따른 벌점기준

구분		벌점	내용
인적 피해 교통 사고	사망 1명 마다	90	사고발생 시부터 72시간 이내에 사망한 때
	중상 1명 마다	15	3주 이상의 치료를 요하는 의사의 진단이 있는 사고
	경상 1명 마다	5	3주 미만 5일 이상의 치료를 요하는 의사의 진단이 있는 사고
	부상신고 1명 마다	2	5일 미만의 치료를 요하는 의사의 진단이 있는 사고

③ 조치 불이행에 따른 벌점기준

내용		벌점
물리적 피해가 발생한 교통사고를 일으킨 후 도주 후 자진신고		15점
교통사고를 일으킨 즉시 사상자를 구호하는 등의 조치를 하지 않았으나 그 후 자진신고를 한 경우	고속도로, 특별시 광역시 및 시의 관할구역과 군 구역 중 경찰관서가 위치하는 리 또는 동 지역에서 3시간(그 밖의 지역에서는 12시간) 이내에 자진신고를 할때	30점
	48시간 이내에 자진신고를 한 때	60점

④ 정지처분 개별기준

위반사항	벌점
1. 음주운전(혈중알코올농도 0.03% 이상 0.08% 미만) 2. 자동차 등을 이용하여 형법상 특수상해 등(보복운전)을 하여 입건된 때	100
1. 속도 위반(60km/h 초과)	60
1. 정차·주차위반에 대한 조치불응 2. 공동위험행위 또는 난폭운전으로 형사입건된 때	40
3. 안전운전의무위반(경찰공무원의 3회 이상의 안전운전 지시에 따르지 아니하고 타인에게 위험과 장해를 주는 속도나 방법으로 운전한 경우) 4. 승객의 차내 소란행위 방치운전 5. 출석기간 또는 범칙금 납부기간 만료일부터 60일이 경과될 때까지 즉결심판을 받지 아니한 때	40

위반사항	벌점
1. 중앙선 침범 2. 속도위반(40km/h 초과 60km/h 이하) 3. 철길건널목 통과방법 위반 4. 어린이통학버스 특별보호 위반 5. 어린이통학버스 운전자의 의무위반 6. 고속도로·자동차전용도로 갓길통행 7. 고속도로 버스전용차로·다인승전용차로 통행 위반 8. 운전면허증 등의 제시의무위반 또는 운전자 신원확인을 위한 경찰공무원의 질문에 불응	30
1. 신호·지시위반 2. 속도 위반(20km/h 초과 40km/h 이하) 3. 속도 위반(어린이보호구역 안에서 오전 8시부터 오후 8시까지 사이에 제한속도를 20km/h 이내에서 초과한 경우에 한정) 4. 앞지르기 금지시기·장소위반 5. 적재 제한 위반 또는 적재물 추락 방지 위반 6. 운전 중 휴대용 전화 사용 7. 운전 중 운전자가 볼 수 있는 위치에 영상표시 8. 운전 중 영상표시장치 조작 9. 운행기록계 미설치 자동차 운전금지 등의 위반	15
1. 보도침범, 보도 횡단방법 위반 2. 지정차로 통행 위반 3. 일반도로 전용차로 통행 위반 4. 안전거리 미확보 5. 앞지르기 방법 위반 6. 보행자 보호 불이행(정지선위반 포함) 7. 승객 또는 승하차자 추락방지조치위반 8. 안전운전 의무 위반 9. 노상 시비·다툼 등으로 차마의 통행 방해행위 10. 돌·유리병·쇳조각이나 그밖에 물건을 던지는 행위 11. 차마에서 밖으로 물건을 던지는 행위	10

9) 제9절 : 운전자의 준수 사항

(1) 모든 차 또는 노면전차의 운전자가 지켜야 할 사항
① 물이 고인 곳을 운행할 때에는 고인 물을 튀게 하여 다른 사람에게 피해를 주는 일이 없도록 할 것
② 다음 사항일 때는 일시정지할 것

ㄱ. 어린이가 보호자 없이 도로를 횡단할 때, 어린이가 도로에서 앉아 있거나 서 있을 때 또는 어린이가 도로에서 놀이를 할 때 등 어린이에 대한 교통사고의 위험이 있는 것을 발견한 경우
ㄴ. 앞을 보지 못하는 사람이 흰색 지팡이를 가지거나 장애인보조견을 동반하는 등의 조치를 하고 도로를 횡단하고 있는 경우
ㄷ. 지하도나 육교 등 도로 횡단시설을 이용할 수 없는 지체장애인이나 노인 등이 도로를 횡단하고 있는 경우

③ 자동차의 앞면 창유리와 운전석 좌우 옆면 창유리의 가시광선의 투과율이 다음의 기준보다 낮은 차를 운전하지 아니할 것
ㄱ. 앞면 창유리: 70% 미만
ㄴ. 운전석 좌우 옆면 창유리: 40% 미만

④ 교통단속용 장비의 기능을 방해하는 장치를 한 차나 그밖에 안전운전에 지장을 줄 수 있는 장치를 한 차를 운전하지 아니할 것
ㄱ. 경찰관서에서 사용하는 무전기와 동일한 주파수의 무전기
ㄴ. 긴급자동차가 아닌 자동차에 부착된 경광등, 사이렌 또는 비상등
ㄷ. 안전운전에 현저히 장애가 될 정도의 장치

⑤ 도로에서 자동차를 세워둔 채 시비·다툼 등의 행위를 하여 다른 차마의 통행을 방해하지 아니할 것

⑥ 운전자가 차를 떠나는 경우에는 교통사고를 방지하고 다른 사람이 함부로 운전하지 못하도록 필요한 조치를 할 것

⑦ 운전자는 안전을 확인하지 아니하고 차의 문을 열거나 내려서는 아니 되며, 동승자가 교통의 위험을 일으키지 아니하도록 필요한 조치를 할 것

⑧ 운전자는 정당한 사유 없이 다음과 같은 행위를 하여 다른 사람에게 피해를 주는 소음을 발생시키지 아니할 것
ㄱ. 자동차를 급히 출발시키거나 속도를 급격히 높이는 행위
ㄴ. 원동기 동력을 차의 바퀴에 전달시키지 아니하고 원동기의 회전수를 증가시키는 행위
ㄷ. 반복적이거나 연속적으로 경음기를 울리는 행위

⑨ 승객이 차 안에서 안전운전에 현저히 장해가 될 정도로 춤을 추는 등 소란행위를 하도록 내버려 두고 차를 운행하지 아니할 것

⑩ 운전 중에는 휴대용 전화를 사용하지 아니할 것. 다만, 다음의 어느 하나에 해당하는 경우에는 예외로 한다.
ㄱ. 자동차가 정지하고 있는 경우
ㄴ. 긴급자동차를 운전하는 경우

ㄷ. 각종 범죄 및 재해 신고 등 긴급한 필요가 있는 경우

ㄹ. 안전운전에 장애를 주지 아니하는 장치[손으로 잡지 아니하고도 휴대용 전화(자동차용 전화 포함)를 사용할 수 있도록 해 주는 장치]를 이용하는 경우

⑪ 운전 중에는 방송 등 영상물을 수신하거나 재생하는 장치를 통하여 운전자가 운전 중 볼 수 있는 위치에 영상이 표시되지 아니하도록 할 것. 다만, 다음의 경우에는 예외로 한다.

ㄱ. 자동차가 정지하고 있는 경우

ㄴ. 자동차에 장착하거나 거치하여 놓은 영상표시장치에 다음의 영상이 표시되는 경우
- 지리안내 영상 또는 교통정보안내 영상
- 국가비상사태나 재난상황 등 긴급한 상황을 안내하는 영상
- 운전을 할 때 자동차의 좌우 또는 전후방을 볼 수 있는 영상

⑫ 운전 중에는 영상표시장치를 조작하지 아니할 것. 다만, 다음의 경우에는 예외로 한다.

ㄱ. 자동차가 정지하고 있는 경우

ㄴ. 운전에 필요한 영상표시장치를 조작하는 경우

⑬ 자동차의 화물 적재함에 사람을 태우고 운행하지 아니할 것

⑭ 지방경찰청장이 지정·공고한 사항에 따를 것

기출문제 및 예상문제

01 도로교통법의 제정 목적으로 맞는 것은?

① 모든 교통상의 위험요소만 제거함이 그 목적이다.
② 원활한 도로교통을 위한 것만이 그 목적이다.
③ 도로교통상의 위험요소 제거는 물론 원활하고 안전한 도로교통을 위한 것이 목적이다.
④ 주로 사고자에게서 벌금을 징수하는 것이 그 목적이다.

해 도로에서 일어나는 교통상의 모든 위험과 장해를 방지·제거하며 안전하고 원활한 교통확보가 도로교통법의 목적이다.

02 도로교통법의 제정 목적이라고 할 수 없는 것은?

① 모든 교통상의 위험요소 제거 및 장애방지
② 차량의 안전 운전 확보와 공공복지 증진
③ 도로교통 안전과 원활한 교통확보
④ 여객의 서비스 증진과 공공복지 증진

03 교차로의 차량 신호등이 황색 등화로 점멸될 때 운전자 행동으로 옳은 것은?

① 차마는 직진 또는 우회전할 수 있다.
② 차마의 앞에 정지선 또는 횡단보도가 있을 땐 그 직전에 정지하여야 한다.
③ 차마는 정지선 또는 횡단보도가 있을 땐 일시 정지한 후 다른 교통에 주의하며 진행해야 한다.
④ 차마는 다른 교통과 안전표지의 표시에 따라 교차로로 진입한다.

04 적색화살표로 신호등이 등화된 경우에 대한 설명으로 옳은 것은?

① 다른 교통 또는 안전표지에 주의하면서 화살표시 방향으로 진행할 수 있다.
② 교차로의 직전에 일시 정지한 후 다른 교통에 주의하면서 화살표시 방향으로 진행할 수 있다.
③ 화살표시 방향으로 진행해서는 안 되며 정지선, 횡단보도 직전에 정지하여야 한다.
④ 서행으로 화살표시 방향으로 진행할 수 있다.

해 녹색화살표 신호와는 달리 적색화살표 신호는 화살표 방향으로 회전해서는 안 된다.

05 보행자는 다음 중 어느 신호에서 횡단을 시작하면 안 되고, 횡단 중인 보행자는 신속하게 횡단을 완료하거나 횡단을 중지하고 되돌아와야 하는가?

① 녹색등의 점멸
② 녹색등의 등화
③ 적색등의 점멸
④ 황색등의 등화

해 보행자 신호등이 녹색점멸로 등화되는 것은 신호가 곧바로 적색으로 바뀐다는 것을 의미한다.

06 농어촌 주민의 교통을 위해 설치된 공로(公路) 중 도로의 명칭으로 고시되지 않은 것은?

① 이도(里道)
② 면도(面道)
③ 농도(農道)
④ 사도(私道)

| 정답 | 01 ③ | 02 ④ | 03 ② | 04 ③ | 05 ① | 06 ④ |

07 다음 중 도로법상 도로에 해당되지 않는 것은?

① 주차장 ② 교량
③ 도로용 엘리베이터 ④ 도선장

해 도로에는 터널, 교량, 도선장, 도로용 엘리베이터 및 도로와 일체가 되어 그 효용을 다하게 하는 시설 또는 공작물로서 대통령령이 정하는 것보다 도로부속물을 포함한다.

08 차도와 보도를 구분하기 위해 선이나 돌 등으로 구분하는 경계의 명칭은?

① 차선(車線) ② 차로(車路)
③ 연석선(連石線) ④ 안전선(安全線)

09 차로와 차로를 구분하기 위하여 노면에 페인트 등으로 표시한 선을 무엇이라 하는가?

① 차선 ② 차로
③ 차도 ④ 보도

10 도로교통법상 연석선, 안전표지 등으로 경계를 표시하여 모든 차의 교통으로 이용되는 도로의 부분은?

① 길가장자리구역 ② 지방도로
③ 차도 ④ 인도

해 차도란 연석선(차도와 보도를 구분하는 돌 등으로 이어진 선), 안전표지나 그와 비슷한 공작물로써 경계를 표시하여 모든 차의 교통에 사용하도록 된 도로의 부분을 말한다.

11 도로교통법상 중앙선에 대한 설명으로 옳지 않은 것은?

① 차마의 통행을 방향별로 구분한다.
② 황색실선이나 황색점선 등으로 표시한다.
③ 중앙분리대나 울타리 등으로 표시할 수 있다.
④ 중앙선은 반드시 도로의 중앙에 설치하여야 한다.

해 중앙선은 차마의 통행을 방향별로 명확하게 구분하기 위하여 황색실선이나 황색점선 등의 안전표지로 표시한 선 또는 중앙분리대, 철책, 울타리 등으로 설치한 시설물을 말하며 중앙선은 반드시 도로의 중앙에 설치하여야만 하는 것은 아니고 도로의 여건에 따라 중앙선이 편위될 수 있다.

12 도로교통법상 자동차의 고속 운행에만 사용하기 위하여 지정된 도로는?

① 유료도로 ② 자동차 전용도로
③ 일반도로 ④ 고속도로

해 고속도로는 자동차의 고속교통에만 사용하기 위하여 지정된 도로이다.

13 도로교통법상 자동차전용도로에 대한 설명으로 올바른 것은?

① 자동차만 다닐 수 있도록 설치된 도로
② 소형자동차만이 다닐 수 있는 도로
③ 대형자동차가 통행할 수 있는 도로
④ 자동차의 고속주행차량에만 사용하기 위하여 지정된 도로

해 자동차전용도로 : 자동차만이 다닐 수 있도록 설치된 도로로서 이륜자동차는 통행할 수 없다(예 서울 : 올림픽대로, 부산 : 동서고가도로).

정답 07 ① 08 ③ 09 ① 10 ③ 11 ④ 12 ④ 13 ①

14 다음 교통표지가 표시하는 의미로 맞는 것은?

① 좌측 차로가 없어짐을 알린다.
② 도로의 폭이 좁아짐을 알린다.
③ 도로의 끝지점이 위험하다는 것을 알린다.
④ 전방이 교통 혼잡하다는 것을 알린다.

15 다음 교통표시가 의미하는 것은?

① 차량 진입금지
② 통행금지
③ 위험물 적재차량 통행금지
④ 보행자 진입금지

16 교통표지 중 다음의 노면표시가 의미하는 것은?

① 오르막 경사면　② 속도제한
③ 차로변경　　　④ 양보지역

17 다음 중 안전표지와 관련한 뜻으로 맞는 것은?

① 주의·통제·지시 및 표지판 등이다.
② 주의·규제·지시 및 표지판 등이다.
③ 지시·주의·제한 및 표지판이다.
④ 지시·주의·문자판 및 표지판이다.

해 안전표지: 교통안전에 필요한 주의·규제·지시 및 표지판 또는 도로의 바닥에 표시하는 문자, 기호, 선 등을 말한다.

18 어린이보호구역 등에 설치된 속도제한표시 교통표지판의 테두리선에 사용되는 색상은 다음 중 어느 색인가?

① 적색　　　　　② 황색
③ 백색　　　　　④ 청색

19 다음 중 노면표시에 사용되고 있는 색상 중 황색이 의미하는 것이 아닌 것은?

① 반대방향의 교통과의 분리 표시
② 노상장애물 및 도로 중앙장애물 표시
③ 지정방향의 교통 분리 표시
④ 주차 또는 주차금지 표시

20 동일 방향의 교통을 분리하고 경계하는 표시를 위한 노면표시의 색상은?

① 황색　　　　　② 백색
③ 청색　　　　　④ 적색

정답　14 ②　15 ③　16 ①　17 ②　18 ①　19 ③　20 ②

21 다음 중 노면에 표시된 버스전용차로 차선의 색으로 맞는 것은?

① 청색 ② 백색
③ 황색 ④ 적색

22 다음 열거하는 용어 중 그 의미가 다른 것은?

① 갓길 ② 노견
③ 길 어깨 ④ 중앙분리대

23 차로의 설치에 대한 다음 설명 중 틀린 것은?

① 차로를 설치할 때에는 차선표시를 하여야 한다.
② 차로는 도로의 우측으로부터 1차로로 한다.
③ 보도와 차도의 구분이 없는 도로에서는 길가장자리구역을 설치하여야 한다.
④ 차로는 지방경찰청장이 설치한다.

해 차로 : 차마가 한 줄로 도로의 정하여진 부분을 통행하도록 차선에 의하여 구분되는 차도의 부분으로 중앙선을 기점으로 우측으로부터 1차로로 한다.

24 다음 중 차로에 따른 통행 방법에 대한 설명으로 옳지 않은 것은?

① 도로 외의 곳으로 진입할 경우에는 보도를 횡단하여 통행할 수 없다.
② 보도와 차도가 구분된 도로에서의 차마는 차도로 통행하여야 한다.
③ 보도를 횡단하기 직전에 일시정지하여 좌·우측의 교통 등을 살핀 후 진입한다.
④ 차마는 도로 중앙 우측 부분으로 통행하여야 한다.

25 다음 중 버스 전용차로로 주행할 수 없는 차종은?

① 36인승 이상의 대형 승합자동차
② 36인승 미만의 사업용 승합자동차
③ 어린이를 운송할 목적으로 승인된 어린이 통학버스
④ 3명 이상 승차한 승합자동차

26 다음 설명 중 차로에 따른 통행 방법으로 틀린 것은?

① 차로 외의 장소로 진입할 경우에는 보도를 횡단하여 진입할 수 있다.
② 안전지대 및 안전표지로 진입이 금지된 장소에는 들어가서는 안 된다.
③ 자전거도로 또는 길가장자리구역 등 안전표지로 통행이 허용되지 않은 곳으로 통행해서는 안 된다.
④ 앞지르기를 할 때에는 앞차량의 오른쪽 차로로 앞지르기를 해야 한다.

27 다음 중 고속도로 외의 도로에서 왼쪽 차로로 통행해서는 안 되는 차종은?

① 대형 승합자동차 ② 승용자동차
③ 소형 승합자동차 ④ 중형 승합자동차

28 편도 3차로인 고속도로에서 화물자동차가 운행할 수 있는 차로는?

① 왼쪽 차로 ② 1차로
③ 3차로 ④ 어느 차로나 관계없다.

| 정답 | 21 ① | 22 ④ | 23 ② | 24 ① | 25 ④ | 26 ④ | 27 ① | 28 ③ |

29 고속도로 외의 도로에서 차로에 따른 통행차량의 기준으로 틀린 것은?

① 왼쪽 차로 : 승용차 및 경형, 소형, 중형승합자동차
② 왼쪽 차로 : 적재중량이 1.5톤 이상인 화물자동차
③ 오른쪽 차로 : 적재중량 1.5톤 이상 화물자동차, 대형승합자동차
④ 오른쪽 차로 : 원동기장치자전거, 이륜자동차, 특수자동차

30 편도 4차로인 고속도로에서 차로에 따른 통행차량의 기준으로 틀린 것은?

① 1차로 : 앞지르기를 하는 승용차 및 경형, 소형, 중형승합자동차
② 1차로 : 차량통행량 증가 등으로 부득이하게 80km/h 미만으로 통행해야 하는 경우
③ 왼쪽 차로 : 승용자동차, 이륜자동차 및 원동기장치자전거
④ 오른쪽 차로 : 화물자동차, 건설기계자동차, 특수자동차

31 도로의 편리한 이용과 안전 및 원활한 도로교통 확보 등 도로의 관리를 위하여 도로관리청이 설치하는 시설 또는 공작물을 무엇이라 하는가?

① 가로 수
② 운행도로
③ 순찰 차량
④ 도로의 부속물

32 교통안전표지판만 설치되어 있는 철길건널목은 몇종에 해당되는가?

① 1종 건널목
② 2종 건널목
③ 3종 건널목
④ 4종 건널목

33 다음 중 차량이 도로의 중앙이나 좌측 부분으로 진행할 수 있는 경우가 아닌 것은?

① 도로 우측 부분의 폭이 차의 통행에 충분하지 못한 경우
② 일방통행로 지정된 도로인 경우
③ 도로의 파손이나 도로공사, 기타 장애 등으로 도로 우측 부분을 통행할 수 없는 경우
④ 우측 부분의 도로 폭이 차의 통행에 충분한 여유가 있는 경우

34 도로의 중앙을 통행할 수 있는 행렬로 올바른 것은?

① 지역축제의 행렬
② 장의행렬
③ 학생의 행렬
④ 사회적으로 중요한 행사에 따른 시가행진

해 도로의 중앙통행 : 행렬 등은 일정한 경우 차도의 우측을 통행해야 하지만, 사회적으로 중요한 행사에 따라 시가를 행진하는 경우에는 도로의 중앙을 통행할 수 있다.

35 길가장자리구역에 대한 설명 중 맞는 것은?

① 보행자가 도로를 횡단할 수 있도록 설치한 장소이다.
② 차도가 구분된 도로에 설치한다.
③ 보행자의 안전을 위하여 표시한 도로의 부분이다.
④ 자동차의 고장 등 긴급시 주·정차를 하기 위한 곳이다.

해 길가장자리구역 : 보도와 차도가 구분되지 아니한 도로에서 보행자의 안전을 확보하기 위하여 안전표지 등으로 그 경계를 표시한 도로의 가장자리 부분을 말한다.

36 횡단보도에 대한 설명 중 맞는 것은?

① 보행자와 자전거가 횡단할 수 있도록 안전표지로써 설치하는 부분이다.
② 횡단보도는 보행자가 횡단하도록 만든 지역이다.
③ 횡단보도란 차도의 전부이다.
④ 횡단보도는 도로가 아니다.

해 횡단보도는 보행자가 도로를 횡단할 수 있도록 안전표지로써 표시한 도로의 부분을 말한다.

37 다음 중 안전지대에 대한 설명으로 맞는 것은?

① 긴급자동차만 통행할 수 있도록 갓길에 설치한 도로의 부분
② 횡단보행자 및 차마의 통행안전을 위하여 차도에 설치한 도로의 부분
③ 고장차량 등이 비상주차할 수 없는 지역
④ 노폭이 넓은 도로에서 통행의 원활을 위하여 차도에 설치한 도로의 부분

해 안전지대는
① 도로를 횡단하는 보행자와 차마의 안전을 위한 표지
② 그 밖의 이와 비슷한 공작물로써 표시한 도로의 부분으로 광장이나 교차로지점 또는 노폭이 넓은 도로의 중앙지점에 설치하며, 안전지대에 보행자가 있을 때에는 서행하여야 하고 10m 이내에는 주·정차가 금지되며 차마 등은 안전지대에 진입해서는 안 된다.

38 자동차전용도로에서의 최고제한속도는 시속 몇 km인가?

① 85km/h
② 90km/h
③ 100km/h
④ 110km/h

39 신호기가 표시하는 신호와 경찰공무원의 수신호가 다를 때 운전자의 운행방법 중 옳은 것은?

① 신호기의 체제에 먼저 따라야 한다.
② 경찰공무원의 신호에 우선적으로 따라야 한다.
③ 공무원의 신호에 따라야 한다.
④ 어느 신호에 따르든 상관이 없다.

해 도로를 통행하는 보행자 및 모든 차마의 운전자는 교통안전시설이 표시하는 신호 또는 지시와 교통정리를 위한 경찰공무원 등의 신호 또는 지시가 다른 경우에는 경찰공무원 등의 신호 또는 지시에 따라야 한다.

40 다음 중 경찰공무원을 보조하는 사람에 해당되지 않는 사람은?

① 모범운전자
② 일반공무원
③ 전투경찰순경
④ 작전에 동원되는 군사경찰(헌병)

해 경찰공무원의 보조에 해당하는 사람은 모범운전자, 전투경찰, 헌병 등이다.

41 교차로상의 황색등화의 신호가 표시하는 의미는?

① 교차로 또는 횡단보도의 정지선에 차마가 정지해야 한다.
② 보행자는 횡단할 수 있다.
③ 차마는 좌회전할 수 있다.
④ 차마는 서행하여야 한다.

해 황색등화의 신호표시는 주의를 요하는 신호로서 횡단보도 전 또는 정지선 전에 정지해야 한다.

42 4색의 차량신호등이 횡으로 배열된 경우 좌측으로 부터 순서가 맞는 것은?

① 적색 - 녹색 - 황색 - 녹색화살표시
② 황색 - 녹색 - 녹색화살표시 - 적색
③ 녹색 - 황색 - 녹색화살표시 - 적색
④ 적색 - 황색 - 녹색화살표시 - 녹색

해 4색등화를 횡으로 배열할 경우 좌측부터 적색 - 황색 - 녹색화살표시 - 녹색의 순서로, 등화를 종으로 배열할 경우 위로부터 적색 - 황색 - 녹색화살표시 - 녹색의 순서로 한다.

43 다음 중 신호기에 대한 설명으로 틀린 것은?

① 사람이나 전기, 태양열 등의 힘을 이용하여 조작시킨다.
② 도로 60km/h로 규정된 도로에 비가 내려 노면상의 문자, 기호 등의 표시는 신호등으로 대체한다.
③ 방향, 전환, 진행 및 주의 등의 신호표시를 말한다.
④ 문자, 기호 또는 등화 등으로 표시할 수 있다.

해 신호기 : 도로교통에 관하여 문자, 기호 또는 등화로써 진행, 정지, 방향전환, 주의 등의 신호를 표시하기 위하여 사람이나 전기의힘에 의하여 조작되는 장치이다.

44 고속도로를 운행하는 적재중량 1.5톤 화물자동차의 최고속도와 최저속도는 얼마로 규정되어 있는가?

① 최고속도 80km/h, 최저속도 30km/h
② 최고속도 80km/h, 최저속도 40km/h
③ 최고속도 80km/h, 최저속도 50km/h
④ 최고속도 90km/h, 최저속도 30km/h

45 편도 2차로 이상의 고속도로에서 적재중량 1.5톤 초과 화물자동차의 최고 제한속도는 시속 몇 km인가?

① 110km/h ② 100km/h
③ 90km/h   ④ 80km/h

46 자동차의 최고속도에 대한 설명이다. 맞는 것은?

① 자동차전용도로 - 매시 100km
② 자동차전용도로 - 매시 90km
③ 편도 2차로 일반도로 - 매시 70km
④ 편도 2차로 일반도로 - 매시 60km

해 자동차전용도로에서 최고속도는 매시 90km이고, 편도 2차로 이상 일반도로에서 최고속도는 매시 80km이다.

| 정답 | 41 ① | 42 ④ | 43 ② | 44 ③ | 45 ④ | 46 ② |

47 이상기후 시 최고속도의 100분의 50으로 감속하여 운전하여야 할 경우가 아닌 것은?

① 눈이 30mm 이상 쌓인 때
② 폭우, 폭설, 안개 등으로 가시거리가 100m 이내인 때
③ 노면이 얼어붙은 때
④ 비가 내려 노면이 젖어 있는 때

해 비가 내려 노면이 젖어 있을 때에는 20% 감속해야 한다.

48 60km/h로 규정된 도로에 비가 내려 노면이 젖어 있는 경우 최고속도는 얼마인가?

① 30km/h　　② 48km/h
③ 50km/h　　④ 60km/h

49 노면에 눈이 15mm 쌓인 경우 감속기준으로 알맞은 것은?

① 20% 감속　　② 50% 감속
③ 감속하지 않는다.　　④ 40% 감속

해 눈이 20mm 미만 쌓인 노면에서는 20% 감속운행하여야 한다.

50 최고속도 50/100을 줄인 속도로 통행해야 하는 경우가 아닌 것은?

① 폭우, 폭설 안개 등으로 가시거리가 100m이내인 경우
② 눈이 20mm 이상 쌓인 경우
③ 비가 내려 노면이 젖어 있는 경우
④ 노면이 얼어 빙판인 경우

51 제1종 대형운전면허 취득을 위한 시험에 응시할 수 있는 연령은?

① 16세 이상　　② 18세 이상
③ 19세 이상　　④ 20세 이상

52 제2종 운전면허로 운전할 수 없는 자동차는 어느 차종인가?

① 승용자동차, 125cc 이하의 원동기장치자전거
② 승차정원 10인 이하의 승합자동차
③ 총중량 3.5톤 이하의 화물자동차
④ 125cc 초과 이륜자동차

53 제1종 보통면허와 제1종 대형면허로 운전할 수 있는 화물자동차의 적재량 범위는 얼마인가?

① 1.5톤 이하　　② 4톤 이하
③ 12톤 미만　　④ 25톤 미만

54 운전면허 종류에 따른 운전할 수 있는 차량의 연결이 잘못된 것은?

① 측차부를 포함한 2륜 자동차 - 제2종 소형면허
② 승차정원 10인 이상의 승합자동차 - 제2종 보통면허
③ 적재중량 12톤 미만의 화물자동차 - 제1종 보통면허
④ 견인차 또는 구난차 이외의 특수자동차 - 제1종 대형면허

정답　47 ④　48 ②　49 ①　50 ③　51 ③　52 ④　53 ③　54 ②

55 다음 중 제2종 보통면허를 취득해야 만 운전할 수 있는 화물자동차는?

① 적재중량 4톤 이하의 화물자동차
② 적재중량 4.5톤 이상의 화물자동차
③ 적재중량 12톤 이하의 화물자동차
④ 적재중량 25톤 이하의 화물자동차

56 다음 중 제2종 보통면허로 운전할 수 있는 차량으로 틀린 것은?

① 승용자동차
② 원동기장치자전거
③ 적재중량 4t 이하의 화물자동차
④ 12인승 이하의 승합자동차

해 ④는 승차정원 10인승 이하의 승합자동차라야 옳은 내용이다.

57 운전면허의 종류와 구분에 대한 설명 중 맞는 것은?

① 제1종 면허는 보통·특수·원동기장치자전거면허로 구분한다.
② 제2종 면허는 대형·보통·소형·특수면허로 구분한다.
③ 연습면허는 제1종 대형·보통연습면허와 제2종 보통연습면허로 구분한다.
④ 제1종 면허는 대형·보통·소형·특수면허로 구분한다.

58 제1종 대형면허로 운전할 수 있는 차량에 속하지 않는 것은?

① 트레일러 ② 원동기 장치자전거
③ 콘크리트 펌프 ④ 트럭 적재식 천공기

59 다음 중 트레일러를 운전하고자 하는 경우 어떤 운전면허를 취득해야 하나?

① 제1종 특수면허 ② 제1종 대형면허
③ 제1종 소형면허 ④ 제1종 보통면허

60 차량 중량 15톤 화물자동차를 운전할 수 있는 운전면허는?

① 제1종 특수면허 ② 제1종 대형면허
③ 제1종 소형면허 ④ 제1종 보통면허

61 다음 차량 중 제1종 대형면허가 있어야만 운전할 수 있는 차량은?

① 구난차 및 구급차
② 아스팔트 살포기
③ 250cc 이륜자동차
④ 대형차량 및 소형견인차

62 다음 설명 중 무면허 운전행위로 볼 수 없는 것은?

① 국제면허증을 소지한 외국인이 국내에서 1년이 경과되지 않은 자
② 오토차량 운전면허로 스틱차량을 운전한 경우
③ 제1종면허로 건설기계를 운전한 경우
④ 운전면허 정지기간 중에 운전한 경우

63 무면허운전에 관한 설명 중 맞는 것은?

① 무면허운전을 하였다고 형사처벌되는 것은 아니다.
② 면허시험에 합격만 하면 무면허운전은 아니다.
③ 제2종 보통면허로 60cc 이륜차를 운전하면 무면허운전이다.
④ 운전면허 효력정지기간 중의 운전행위도 무면허운전이다.

해 무면허운전자란 면허를 받지 않고 운전하는 자, 적성검사기간이 지난 자, 면허취소자, 면허차종이 다른 자 등이다.

64 행정처분인 운전면허 취소 처분이 될 수 없는 경우는?

① 혈중알코올농도 0.09% 상태로 운전
② 면허정지기간 중의 운전
③ 공동위험행위 또는 난폭운전
④ 음주측정 3회 이상 거부

65 면허정지기간 중에 운전하여 면허증이 취소된 경우 운전면허 응시제한 기간은?

① 1년　　② 2년
③ 4년　　④ 5년

66 도로교통법령상 앞지르기 금지 장소가 아닌 곳은?

① 교차로　　② 자동차 전용차로
③ 터널 안　　④ 교량 위

67 앞지르기를 하는 운전자 행위로 올바른 것은?

① 전조등을 점등한 후 양쪽으로 앞지르기를 한다.
② 터널 안은 앞지르기할 수 있는 장소이다.
③ 앞차의 좌측으로 앞지르기를 한다.
④ 앞차의 우측으로 앞지르기를 한다.

해 앞지르기할 때 운전자의 운행방법은 반드시 앞차 좌측으로 안전하게 신속히 앞지르기를 하여야 한다.

68 다음은 앞지르기가 금지된 장소이다. 맞지 않는 장소는?

① 비탈길의 고갯마루 부근
② 터널 내
③ 지방경찰청장이 앞지르기 금지구역으로 지정한 곳
④ 도로 갓길 모든 곳

해 앞지르기 금지장소 : 교차로, 터널 안, 다리 위와 도로의 구부러진 곳, 비탈길의 고갯마루 부근 또는 가파른 비탈길의 내리막 등 지방경찰청장이 안전표지에 의해 지정한 곳 등

69 다음 중 긴급자동차에 포함되지 않는 차량은?

① 견인차　　② 구급차
③ 소방차　　④ 혈액 공급차량

70 일반 교차로에서의 통행 방법에 대한 설명으로 옳지 않은 것은?

① 우회전할 경우에 도로 우측 가장자리로 미리 진입하면 교통혼잡의 우려가 있으므로 교차로 바로 앞에서 우측 가장자리로 진입한다.
② 교통정리를 하고 있지 않고 교차로를 진입할 경우에는 다른 차의 진행에 방해되지 않도록 일시정지 하거나 상대차량에 양보한다.
③ 손이나 방향지시기 등으로 우회전이나 좌회전을 하기 위해 신호를 하는 차가 있는 경우는 신호를 한 차의 진행을 방해해서는 안 된다.
④ 좌회전할 때는 방향지기등을 켜고 미리 도로의 중앙선을 따라 서행하면서 교차로의 중심 안쪽을 이용하여 좌회전하여야 한다.

71 교차로에 진입하는 차량의 우선 순위에 대한 설명으로 옳지 않은 것은?

① 교차로의 진입 시 속도가 빠른 자동차가 통행 우선권을 갖게 된다.
② 도로의 폭이 좁은 도로에서 진입하는 차량이 폭이 넓은 도로에서 진입하는 차에게 양보하여야 한다.
③ 동시에 진입하는 경우에는 우측도로에서 진입하는 차가 우선이다.
④ 좌회전할 경우에는 직진하거나 우회전 하는 차에게 진로를 양보해야 한다.

72 다음 중 운전면허 행정처분인 벌점 60점에 해당되는 법규위반은?

① 신호 및 지시위반
② 규정속도의 20km/h 초과 40km/h 이하의 과속
③ 앞지르기 금지 시기 및 장소 위반
④ 규정속도의 60km/h 초과 운행

73 다음 중 통행 우선순위에 대한 설명으로 옳은 것은?

① 긴급자동차 - 화물자동차 - 승합자동차
② 원동기장치자전거 - 일반자동차 - 긴급자동차
③ 긴급자동차 - 승용차 - 원동기장치자전거
④ 승용자동차 - 긴급자동차 - 원동기장치자전거

해 통행의 우선순위 : 긴급자동차 - 긴급자동차 외 자동차 - 원동기장치자전거 - 자동차 및 원동기장치자전거 외의 차마 순이다.

74 도로의 폭이 서로 다른 교차로에서 폭이 좁은 도로의 버스와 넓은 도로에서 진입하는 건설기계 중 통행우선순위의 차는?

① 좁은 도로의 승객을 태운 버스가 우선한다.
② 먼저 신호한 차가 우선한다.
③ 폭이 넓은 도로의 건설기계가 우선한다.
④ 건설기계는 버스의 진입을 방해해서는 안 된다.

해 교차로 : ' + '자로, 'T'자로 그 밖의 둘 이상의 도로(차도)가 교차하는 부분이다.

75 다음 중 통행우선순위가 가장 우선되는 차는?

① 모범택시 운전차량
② 승객을 태운 소형차량
③ 생명이 위급한 환자를 병원에 후송 중인 화물자동차
④ 승객을 태운 영업용 택시

해 우선순위의 차량진입은 긴급자동차→일반자동차→원동기장치자전거→그 외의 차마 순이다.

76 교통정리가 행하여지고 있지 않는 교통이 빈번한 교차로를 통과할 때의 방법은?

① 일시정지하여야 한다.
② 서행하여야 한다.
③ 신속하게 통과하여야 한다.
④ 좌·우를 살피면서 그냥 지나간다.

해 교차로 등에서 교통정리가 행해지고 있지 않을 때에는 일시정지하여 좌·우 확인 후 통과하여야 한다. 모든 차는 일시정지하거나, 양보하여 다른 차의 진행을 방해해서는 안 된다.

77 긴급자동차에 대한 설명으로 가장 맞는 것은?

① 긴급자동차로서 그 본래의 긴급한 용도로 사용되고 있는 중인 자동차를 말한다.
② 수사기관의 자동차도 긴급자동차이다.
③ 위험물을 운반 중인 자동차를 말한다.
④ 소방차, 구급차는 언제나 긴급자동차이다.

해 긴급자동차 : 소방자동차, 구급자동차, 그 밖에 대통령령이 정하는 자동차로서 그 본래의 긴급한 용도로 사용되고 있는 자동차이다.

78 다음 중 긴급자동차의 특례로 볼 수 없는 것은?

① 긴급자동차는 긴급한 경우에는 도로의 중앙이나 좌측 부분을 통행할 수 있다.
② 긴급자동차는 정지해야 하는 경우에도 긴급하고 부득이한 경우에는 정지하지 아니할 수 있다.
③ 긴급자동차는 긴급하고 부득이한 경우에는 끼어들기를 할 수 있다.
④ 긴급자동차 운전자는 교통사고 시 교통사고처리특례법이 적용되지 않는다.

79 다음 중 주차금지 장소가 아닌 것은?

① 터널 안 및 교량 위
② 노인 보호구역
③ 화재경보기로부터 3m 이내
④ 교차로 내

해 주차금지장소
① 터널 안 및 다리 위
② 화재경보기로부터 3m 이내의 곳
③ 다음의 곳으로부터 5m 이내의 곳
  ㉠ 소방용 기계·기구가 설치된 곳
  ㉡ 소방용 방화물통
  ㉢ 흡수구나 흡수관구멍
  ㉣ 도로공사하는 경우 양쪽 가장자리

80 운전면허 행정처분인 벌점 40점에 해당되지 않는 법규위반은?

① 주차 정차 위반에 대한 조치불응
② 공동위험행위 또는 난폭운전으로 형사입건
③ 승객이 차내 소란행위 방치운전시
④ 철길건널목 사고

| 정답 | 75 ③ | 76 ① | 77 ① | 78 ④ | 79 ② | 80 ④ |

81 운전면허 행정처분인 벌점 30점에 해당되지 않는 법규위반은?

① 중앙선 침범
② 고속도로 갓길운행
③ 운전면허증 제시의무 위반
④ 신호 및 지시위반

82 다음 중 정차에 대한 설명 중 맞는 것은?

① 화물차에 짐을 싣기 위해서 계속 운행하고 있는 상태
② 운전자가 즉시 운전할 수 없을 때
③ 5분을 초과하지 않고 정지하는 것으로 운전자가 즉시 출발할 수 있는 상태
④ 5분 이상 엔진의 시동을 꺼 두고 정지하여 즉시 출발할 수 없는 상태

해 ① 주차 : 운전자가 승객을 기다리거나, 화물을 싣거나, 고장이나 그 밖의 사유로 인하여 차를 계속하여 정지상태에 두는 것 또는 운전자가 차로부터 떠나서 즉시 그 차를 운전할 수 없는 상태에 두는 것
② 정차 : 운전자가 5분을 초과하지 아니하고 차를 정지시키는 것으로서 주차 외의 정지상태

83 사고 결과에 의한 인적피해의 벌점기준 상 2점의 벌점이 부과되는 경우는?

① 부상신고 1명마다
② 경상 1명마다
③ 중상 1명마다
④ 사망 1명마다

84 운전면허 벌점이 부과되는 신체상해별로 연결이 잘못된 것은?

① 사망 - 72시간 이내의 사망
② 중상 - 3주 이상의 치료를 요하는 진단
③ 경상 - 3주 미만 5일 이상 치료를 요하는 진단
④ 부상신고 - 10일 미만의 치료를 요하는 진단

해 부상신고는 5일 미만의 치료를 요하는 의사의 진단이 있는 사고이다.

85 다음은 사망사고에 대한 설명이다. 틀린 것은?

① 교통사고처리특례법 상 사망은 교통사고 발생 후 72시간 내로 기준한다.
② 통계상의 구분은 사고 발생 후 30일 이내에 사망한 것을 말한다.
③ 교통사고 발생 후 72시간이 지난 후 사망한 경우 가해 운전자의 형사책임은 피해자가 부상한 경우와 동일하게 처벌된다.
④ 교통사고 발생 후 72시간이 지난 후 사망한 경우라도 사망의 원인이 교통사고에 기인한 경우에는 가해자에 대하여 사망사고에 대한 형사책임으로 처리된다.

86 운전면허증 등의 제시의무위반 또는 운전자 신원확인을 위한 경찰공무원의 질문에 불응한 경우 벌점은?

① 10점
② 15점
③ 30점
④ 60점

정답 81 ④ 82 ③ 83 ① 84 ④ 85 ③ 86 ③

87 다음 중 교통법규위반시 벌점이 가장 큰 범칙행위는?

① 술에 취한 상태의 기준을 넘어서 운전한 때 (0.03 ~ 0.08% 미만의 혈중 알코올농도 기준)
② 운전자가 운전 중 휴대용 전화기를 사용한 경우
③ 운전자가 규정속도 60km/h를 초과하여 주행한 경우
④ 출석기간 또는 범칙금납부기간 만료일부터 60일이 경과된 때까지 즉결심판을 받지 아니한 때

해 ① 100점 ② 15점 ③ 60점 ④ 40점

88 운전면허행정처분 감경사유가 되는 자는 운전면허정지기간이 얼마로 감경받게 되나?

① 2분의 1감경   ② 3분의 1감경
③ 10일 감경   ④ 1개월 감경

89 다음 중 운전면허 취소 기간이 3년인 것은?

① 사람을 사상케 한 후 구호조치 없이 사고현장을 이탈한 자
② 무면허자로서 타인의 자동차를 훔쳐 운전한 경우
③ 경찰관의 음주 측정을 3회 이상 거부한 자
④ 다른 사람의 자동차를 훔쳐 운전한 자

90 다음 중 주차가 가능한 지역은?

① 안전지대
② 황색점선 표시구역
③ 주차금지 안전표시가 없는 경찰서 앞
④ 화재경보기로부터 3m 이내

해 황색실선, 점선 표시구역과 화재경보기로부터 3m 인근지역 등에는 주차금지이다.

91 사고발생시 운전자가 취해야할 단계로 적당한 것은?

① 사고보고 - 부상자 치료 - 현장보존 - 정보수집
② 사고보고 - 부상자 치료 - 정보수집 - 현장보존
③ 현장보존 - 부상자 응급조치 - 사고보고 - 정보수집
④ 부상자 응급치료 - 현장보존 - 사고보고 - 정보수집

해 사고발생시 처리의 수습단계로서 먼저 현장보존, 후속사고 예방방지, 부상자 응급조치와 관할 경찰서에 사고 후 사고정보 등을 신고한다.

92 도로교통법상 용어의 설명이 옳지 않은 것은?

① 길가장자리 구역이란 보도와 차도가 구분되지 아니한 도로에서 보행자의 안전을 확보하기 위하여 안전표지 등으로 경계를 표시한 도로의 가장자리 부분을 말한다.
② 앞지르기란 차의 운전자가 앞서가는 다른 차의 옆을 지나서 그 차의 앞으로 나가는 것을 말한다.
③ 정차란 운전자가 차에서 떠나서 즉시 그 차를 운전할 수 없는 상태에 두는 것을 말한다.
④ 차도란 연석선, 안전표지 또는 그와 비슷한 인공구조물을 이용하여 경계를 표시하여 모든 차가 통행할 수 있도록 설치된 도로의 부분을 말한다.

정답 | 87 ① | 88 ① | 89 ② | 90 ③ | 91 ③ | 92 ③

93 일반도로에서 긴급자동차에게 양보해야 하는 방법으로 옳은 것은?

① 긴급자동차가 통행하기 편리하도록 좌측이나 우측으로 진로를 양보한다.
② 긴급자동차가 앞지르기할 수 있도록 속도를 줄인다.
③ 일시정지한다.
④ 반드시 갓길에 주차하여 피양한다.

해 긴급자동차가 접근시 즉시 좌·우로 진로를 양보하여야 한다.

94 다음 중 운전면허의 효력이 발생되는 시점은?

① 운전면허증을 본인에게 교부한 때 부터
② 운전면허 필기시험에 합격한 때 부터
③ 운전면허시험에 응시한 때 부터
④ 면허증을 소지하고 실제 운전하기 시작한 때 부터

해 운전면허는 본인이 교부받은 날로부터 효력이 발생된다.

95 자동차의 운행상 안전기준의 설명으로 올바른 것은?

① 화물의 길이는 화물적재함 길이의 20분의 1을 더한 길이 이내이다.
② 화물자동차 화물의 최대는 최대적재량의 20% 이내이다.
③ 고속도로에서는 어느 차량도 승차정원을 넘을 수 없다.
④ 일반도로에서는 승차정원의 20할 이상을 넘을 수 없다.

해 화물의 최대적재길이는 적재함 길이의 1/10의 길이를 더한 길이 이내이며, 화물의 최대적재는 최대적재량의 10% 이내이며, 일반도로에서 승차정원은 규정의 10% 이상을 넘을 수 없다.

96 운전면허가 취소된 후 면허시험에 응시할 수 있는 기간의 설명으로 틀린 것은?

① 무면허 상태로 운전하다 교통사고 후 도주한 한 경우 위반한 날로부터 5년
② 음주운전으로 2회 이상 교통사고를 일으킨 경우 운전면허가 취소된 날로부터 3년
③ 음주 측정 거부를 3회 이상하여 운전면허가 취소된 경우 위반한 날로부터 2년
④ 다른 사람의 자동차 등을 훔치거나 빼앗은 경우 운전면허가 취소된 날로부터 4년

해 다른 사람의 자동차 등을 훔치거나 빼앗은 경우 결격기간은 2년이며, 자동차를 이용한 범죄행위를 한 경우 면허시험에 응시할 수 있는 기간은 운전면허가 취소된 날로부터 3년이다.

제2장 교통사고처리특례법

1) 목적
이 법은 업무상과실 또는 중대한 과실로 교통사고를 일으킨 운전자에 대한 형사처벌 등의 특례를 정함으로써 교통사고로 인한 피해의 신속한 회복을 촉진하고 국민생활의 편익을 증진함을 목적으로 한다.

2) 처벌의 특례

(1) 처벌의 원칙
차의 운전자가 교통사고로 인하여 형법 제268조의 죄(업무상과실·과실치사상죄)를 범한 때에는 5년 이하의 금고 또는 2천만 원 이하의 벌금에 처한다.

(2) 반의사불벌
① **특례의 적용**: 차의 교통으로 업무상과실치상죄 또는 과실치상죄와 도로교통법 제151조(업무상과실·과실손괴죄)의 죄를 범한 운전자에 대하여는 피해자의 명시한 의사에 반하여 공소를 제기할 수 없다.
② **예외**: 차의 운전자가 업무상과실치상죄 또는 과실치상죄를 범하고 피해자를 구호하는 등의 조치를 하지 아니하고 도주하거나 피해자를 사고장소로부터 옮겨 유기하고 도주한 경우와 중대법규 12개 항목 위반행위로 인하여 동죄를 범한 때에는 반의사불벌특례의 적용을 배제한다.

3) 특례법상의 도주 및 사망사고 운전자 처벌

(1) 사망사고
① 교통사고로 인한 사망은 피해자가 사고로부터 72시간 내에 사망한 때를 말한다. 그러나 이는 행정상의 구분일 뿐 72시간이 경과된 이후라도 사망의 원인이 교통사고인 때에는 사고운전자에게는 형사책임이 부과된다.
② 사망사고는 그 피해의 중대성과 심각성으로 말미암아 사고 차량이 보험이나 공제에 가입되어 있더라도 이를 반의사불벌죄의 예외로 규정하여 처벌한다.

(2) 도주사고

① **특정범죄가중처벌등에 관한법률 제5조의3**(도주차량운전자의 가중 처벌) : 자동차·원동기장치자전거 또는 궤도차의 교통으로 인하여 형법 제268조의 죄를 범한 사고운전자가 피해자를 구호하는 등의 조치를 취하지 아니 하고 도주한 때에는 다음의 구분에 따라 가중처벌한다.
② 피해자를 치사하고 도주하거나, 도주 후에 피해자가 사망한 때에는 무기 또는 5년 이상의 징역에 처한다.
③ 피해자를 치상한 때에는 1년 이상의 유기징역 또는 500만 원 이상 3천만 원 이하의 벌금에 처한다.
④ 사고운전자가 피해자를 사고장소로부터 옮겨 유기하고 도주한 때에는 다음의 구분에 따라 가중처벌한다.
   ㄱ. 피해자를 치사하고 도주하거나 도주 후에 피해자가 사망한 때에는 사형·무기는 5년 이상의 징역에 처한다.
   ㄴ. 피해자를 치상한 때에는 3년 이상의 유기징역에 처한다.

4) 형사처벌

(1) 사고 결과에 의한 처벌
① 피해자 사망
② 피해자 중상해
③ 사고 후 도주

(2) 12개 중대과실 항목의 원인에 의한 처벌
① 무면허 운전 사고
② 음주운전 사고
③ 중앙선침범 사고
④ 신호 및 지시위반 사고
⑤ 제한속도 위반 사고(규정속도 20km/h 초과)
⑥ 횡단보도 보행자 보호의무 위반 사고
⑦ 앞지르기방법 및 금지위반 사고
⑧ 보도침범 및 보도횡단방법 위반 사고
⑨ 승객 추락방지의무 위반 사고
⑩ 철길건널목 통과방법위반 사고

⑪ 어린이 안전유의 의무 위반 사고
⑫ 적재화물 고정조치의무 위반 사고

▶ **적재화물 고정조치의무 위반 사고란 자동차의 화물이 떨어지지 아니하도록 필요한 조치를 하지 아니하고 운전한 결과 발생한 사고를 말한다.**

「도로교통법」에서는 모든 차의 운전자는 적재중량 및 적재용량에 관해 대통령령이 정하는 기준을 넘어서지 못하도록 하고 있고, 모든 차의 운전자는 운전 중 적재한 화물이 도로에 떨어지지 않도록 덮개를 씌우거나 묶는 등 확실히 고정될 수 있는 조치를 해야 한다고 명시하고 있다.

또한 적재화물 고정조치 위반 시 처벌은
① 화물이 떨어지지 아니하도록 필요한 조치를 하지 아니하고 운전한 운전자는 20만 원 이하의 벌금이나 구류 또는 과료에 처한다.
② 화물자동차 운수사업법에 의해 운송사업자에 대해서 500만 원 이하의 과태료를 부과한다.

제3장 특정범죄가중처벌 등에 관한 법률

【특정범죄 가중처벌 등에 관한 법률상 도로교통과 관련된 규정】

1) 도주차량 운전자의 가중처벌

(1) 단순도주의 경우
자동차·원동기장치자전거의 교통으로 인하여 「형법」 제268조의 죄(업무상과실·중과실 치사상죄)를 범한 사고 차량의 운전자가 피해자를 구호하는 등 교통사고 발생 시의 조치를 하지 아니하고 도주한 경우에는 다음의 구분에 따라 가중처벌한다.
① 피해자를 사망에 이르게 하고 도주하거나, 도주 후에 피해자가 사망한 경우에는 무기 또는 5년 이상의 징역에 처한다.
② 피해자를 상해에 이르게 한 경우에는 1년 이상의 유기징역 또는 500만 원 이상 3천만 원 이하의 벌금에 처한다.

(2) 유기도주의 경우
사고운전자가 피해자를 사고 장소로부터 옮겨 유기하고 도주한 경우에는 다음의 구분에 따라 가중처벌한다.
① 피해자를 사망에 이르게 하고 도주하거나, 도주 후에 피해자가 사망한 경우에는 사형, 무기 또는 5년 이상의 징역에 처한다.
② 피해자를 상해에 이르게 한 경우에는 3년 이상의 유기징역에 처한다.

2) 운행 중인 자동차 운전자에 대한 폭행 등의 가중처벌

(1) 운전자에 대한 폭행·협박
운행 중(여객자동차운송사업을 위하여 사용되는 자동차를 운행하는 중 운전자가 여객의 승차·하차 등을 위하여 일시 정차한 경우를 포함)인 자동차의 운전자를 폭행하거나 협박한 사람은 5년 이하의 징역 또는 2천만 원 이하의 벌금에 처한다.

(2) 운전자에 대한 폭행치사상
운행 중인 자동차의 운전자를 폭행하여 사람을 상해에 이르게 한 경우에는 3년 이상의 유기징역에 처하고, 사망에 이르게 한 경우에는 무기 또는 5년 이상의 징역에 처한다.

3) 위험운전 치사상

음주 또는 약물의 영향으로 정상적인 운전이 곤란한 상태에서 자동차(원동기장치자전거 포함)를 운전하여 사람을 상해에 이르게 한 사람은 1년 이상 15년 이하의 징역 또는 1천만 원 이상 3천만 원 이하의 벌금에 처하고, 사망에 이르게 한 사람은 무기 또는 3년 이상의 징역에 처한다.

기출문제 및 예상문제

01 교통사고처리특례법의 제정 목적을 올바르게 설명한 것은?

① 업무상 과실로 인한 사고인 경우 교통사고로 인한 피해의 신속한 회복을 촉진하고 국민생활의 편익을 증진 시키기 위해
② 자동차 사고의 피해인 교통소통의 원활을 위해
③ 도로교통법에서 정해지지 않는 내용을 보완하기 위해
④ 사고 운전자의 처벌을 강화하기 위해

02 차의 운전자가 업무상 과실, 중대한 과실로 사람을 사상하게 한때 교통사고처리특례법상 처벌은?

① 2년 이하의 금고 또는 100만 원 이하의 벌금
② 3년 이하의 금고 또는 300만 원 이하의 벌금
③ 5년 이하의 금고 또는 2,000만 원 이하의 벌금
④ 4년 이하의 금고 또는 500만 원 이하의 벌금

해 5년 이하의 금고 또는 2,000만 원 이하의 벌금에 처하도록 되어 있다(교통사고처리특례법 제3조 제1항).

03 교통사고로 인하여 형법상 업무상과실 치사상죄를 범하게 될 경우 법정형의 양형기준은?

① 1년 이하의 금고형 또는 500만 원 이하의 벌금
② 3년 이하의 금고형 또는 1천만 원 이하의 벌금
③ 5년 이하의 금고형 또는 1천만 원 이하의 벌금
④ 5년 이하의 금고형 또는 2천만 원 이하의 벌금

04 교통사고처리특례법상 종합보험에 가입하였을 때 형사처벌대상이 아닌 사고는?

① 신호위반사고
② 앞지르기 위반사고
③ 신호등이 없는 교차로 통과방법 위반사고
④ 중앙선침범사고

해 교차로상에서 신호등이 없는 지역에서는 교통사고발생시(인적·물적 사고) 일반사고로 처리된다.

05 다음 중 교통사고처리특례법상 피해자가 명시한 의사에 반하여 공소를 제기할 수 없는 경우는?

① 중앙선침범 운행사고
② 정비불량차 운행 중 사고
③ 신호 또는 지시위반사고
④ 제한속도를 매시 20km 초과한 사고

해 교통사고처리특례법상의 중대과실 12개 항목사고는 반의사불벌죄의 특례적용이 배제된다.

06 교통사고처리특례법상 사고 결과에 의해 형사처벌되지 않는 사고는?

① 72시간 이내의 피해자 사망
② 피해자의 중상해
③ 사고 후 도주
④ 추락사고

07 교통사고처리특례법상 우선 지급할 통상비용에 해당되는 것은?

① 대물배상액의 100분의 30
② 안경, 의족, 보철구 등의 비용
③ 상실 수익액의 100분의 50
④ 사망보상금 지급

해 우선지급할 치료비에 관한 통상비용의 범위
 ① 진찰료
 ② 일반병실의 입원료(진료상 필요로 일반병실보다 입원료가 비싼 병실에 입원한 경우에는 그 병실의 입원료)
 ③ 처치·투약·수술 등 치료에 필요한 모든 비용
 ④ 의지·의치·안경·보청기·보철구 기타 치료에 부수하여 필요한 기구 등의 비용
 ⑤ 호송·전원·퇴원 및 통원에 필요한 비용
 ⑥ 보험약관 또는 공제약관에서 정하는 환자식대·간병료 및 기타 비용

08 교통사고처리특례법상 중대과실 12개 항목에 속하는 것은?

① 차간거리 미확보 사고
② 전방 주시의무 위반 사고
③ 보도 침범으로 인한 사고
④ 졸음 운전 사고

09 중앙선 침범으로 인한 사고 중 공소권이 없는 사고로 처리되지 않은 것은?

① 위험 회피를 위한 중앙선 침범
② 불가항력으로 인한 중앙선 침범
③ 추돌로 인한 중앙선 침범
④ 교통체증으로 인한 중앙선 침범

10 교통사고처리특례법상 피해자의 의사를 불문하고 공소제기되는 경우는?

① 횡단보도 앞에서 사고발생 시
② 제한속도 80km/h 지점에서 시속 90km로 주행하다 발생한 인사사고
③ 횡단보도에서 중상사고가 발생한 경우
④ 교차로 내에서 중상사고가 발생한 경우

해 횡단보도사고는 횡단보도 내에서의 사고발생시 특례적용된다.

11 교통사고처리특례법 제3조 제2항 규정에서 사고(치상사고)야기 후 피해자와 합의시 공소권이 없는 경우는?

① 속도 20km/h 초과 주행 중 사고
② 횡단보도 내 사고발생
③ 편도 2차로 주행 중 2차로 추돌사고
④ 앞차의 우측 추월 중 2중으로 앞지르기하다 사고발생

해 ①, ②, ④는 특례단서 12개항에 적용된 사고이다.

12 교통사고처리특례법상 중앙선 침범이 적용되는 사고는?

① 빗길에도 불구하고 과속운행 중 미끄러져 일어난 중앙선 침범사고
② 빗길에 부득이하게도 미끄러져 일어난 중앙선 침범사고
③ 노상에 주차된 차량을 보고 운행 중 좌측 바퀴가 중앙선을 약간 물고 난 사고
④ 주행 중 택시가 끼어들어 불가피하게 일어난 중앙선 침범 사고

해 빗길 과속(우천시 20% 감속 이상시)운행하다 미끄러져 일어난 중앙선침범사고는 과속에 적용되어 중앙선 침범사고로 처리된다.

13 다음 중 중앙선 침범사고가 아닌 것은?

① 횡단보도 반대차로로 넘어가다 사고발생
② 공장, 아파트 내에 그어진 장소에서 중앙선 침범사고 발생
③ 점선의 중앙선이 설치되어 있는 도로에서의 중앙선 침범사고
④ 중앙선을 계속 물고 오다 반대차로의 정상 주행차량과 충돌한 중앙선 침범사고

해 공장이나 아파트 내에 그어진 중앙선 침범사고 시에는 중앙선 침범사고로 보지 않는다. 즉, 법령에 의한 중앙선으로 보지 않기 때문이다.

14 다음 중 12개 중대과실 중 앞지르기 금지장소가 아닌 곳은?

① 다리 위　　② 터널 안
③ 교차로 상　④ 노인 보호 구역

15 승객추락사고로 인정되지 않는 것은?

① 승용, 승합, 화물, 건설기계 차량 등에 적용된다.
② 이륜차와 자전거 운행 중에도 적용된다.
③ 개문된 상태에서 발차하여 탑승객이 추락하여 상해를 입은 경우에 적용된다.
④ 문이 열려 있는 상태로 출발 및 정차로 발생된 사고의 경우에 적용된다.

16 교통사고처리특례법상의 과속은 규정 속도의 몇 km/h 초과 운행한 것을 의미하는가?

① 규정 속도 초과　② 10km/h 초과
③ 20km/h 초과　　④ 50km/h 초과

17 다음 중 교통사고가 발생된 경우 사고차량의 주행속도를 추정할 수 있는 방법이 될 수 없는 것은?

① 노면의 스키드마크 길이로 알 수 있다.
② 차량에 장착된 타코그래프(운행기록계) 판독으로 알 수 있다.
③ 사고상황을 시뮬레이션을 통해 속도를 추정한다.
④ 사고차량의 타이어를 보면 알 수 있다.

해 사고차량의 속도추정 방법은 운전자의 진술, 타코그래프, 제동흔적(스키드마크), 시뮬레이션 등의 방법으로 속도를 추정한다.

18 다음 중 보도침범사고로 적용되는 경우는?

① 차량이 운행 중 차로에서 사람을 다치게 한 경우
② 차량이 운행 중 보도(인도) 침범하여 사고가 발생한 경우
③ 갓길에서 사고가 발생된 경우
④ 오토바이와 차량이 충돌하여 도로에서 오토바이 운전자가 다친 경우

해 보도침범에 해당하는 경우 : 보도가 설치된 도로를 차체의 일부분만이라도 보도에 침범하거나 보도통행방법에 위반하여 운전한 경우이다.

19 다음 설명 중 교통사고야기 후, 도주(뺑소니)에 해당되지 않는 것은?

① 사상자에 대한 인식 후 귀가
② 사고시 환자구호조치 후 신고불이행
③ 환자의 구호조치 불이행
④ 사고 후 구호조치 없이 운행

해 도주사고는 사상자 인식과 환자구호조치 등을 하지 않을 경우에 적용되고, 사고시 환자구호조치 후 신고불이행은 사고미신고로 처리된다.

20 적재물을 수송하는 중 적재물이 추락하여 보행자의 신체 상해 2주진단의 상해가 있는 경우 운전자의 처벌로 맞는 것은?

① 피해자와 합의하면 처벌 받지 않는다.
② 피해자가 처벌을 원하지 않으면 처벌되지 않는다.
③ 피해 보상을 하면 처벌되지 않는다.
④ 피해자의 처벌의사와 관계없이 교통사고처리특례법으로 형사처벌된다.

21 교통사고처리특례법상의 중대 과실 중 승객추락방지의무 위반 사고에 적용되지 않은 자동차는?

① 승용자동차 ② 승합자동차
③ 화물자동차 ④ 이륜자동차

22 다음 중 도주사고로 처리되는 경우를 올바르게 설명한 것은?

① 충돌사고를 내고 본인이 피해자라고 주장하며 그냥 가버린 경우
② 사고 사실을 전혀 인지하지 못한 경우
③ 피해자가 병원으로 후송조치되는 것을 확인하고 연락처를 주고 온 경우
④ 사고 현장에서 경찰서로 바로 온 경우

23 다음 중 음주운전금지위반 중 교통사고처리특례법의 12개 항목에 적용된 주취기준은?

① 혈중 알코올농도 0.03% 이상 운전시
② 혈중 알코올농도 0.06% 이상 운전시
③ 혈중 알코올농도 0.08% 이상 운전시
④ 혈중 알코올농도 0.1% 이상 운전시

해 도로교통법상 술에 취한 상태의 기준은 혈중 알코올농도 0.03% 이상이다.

24 교통사고처리특례법상 중대과실 12개 항목이 아닌 것은?

① 신호위반사고
② 중앙선침범사고
③ 과속 21km/h 이상 사고
④ 안전거리 미확보사고

해 교통사고처리특례법상 교통사고 중요 12개 항목은 신호·지시 위반사고, 중앙선침범 및 횡단·유턴·후진금지 위반사고, 제한속도(20km/h 초과 사고) 위반사고, 앞지르기방법 및 금지시기·금지장소 또는 끼어들기 위반사고, 철길건널목 통과방법 위반사고, 횡단보도 보행자보호의무 위반사고, 무면허운전금지 위반사고, 음주운전·약물복용 운전금지 위반사고, 보도침범·보도통행방법 위반사고, 승객추락방지 의무 위반사고, 어린이 보호구역에서 어린이 신체상해사고, 화물적재물 추락사고 등이다.

25 다음 중 신호·지시위반사항의 장소적 요건으로 볼 수 없는 것은?

① 경찰관 보조요원(모범운전자) 등의 수신호의 경우
② 지시표지판이 설치된 장소 내의 위반인 경우
③ 운전부주의의 일반과실사고의 경우
④ 신호기가 설치된 교차로 내에서의 신호위반사고인 경우

해 ③는 운전자의 과실요건에 해당한다.

| 정답 | 20 ④ 21 ④ 22 ① 23 ① 24 ④ 25 ③

26 다음 중 교통사고처리특례법상 공소권이 없음으로 처리되는 사고로 맞는 것은?

① 물적 피해만 발생된 사고
② 사망사고 발생
③ 치상사고 후 운전자도주사고
④ 12개 항목의 중대사고

해 교통사고처리특례법상 공소권이 없음으로 처리한 사고는 단순물적 피해만 발생된 사고이다.

27 교통사고를 야기한 운전자가 피해자를 사고 장소로부터 옮겨 유기하고 도주하였는데 피해자가 사망한 경우 처벌되는 양형 기준은?

① 3년 이하의 금고형 또는 500만 원 이하의 벌금
② 5년 이하의 금고형 또는 5천만 원 이하의 벌금
③ 무기 징역 또는 3년 이상 유기징역
④ 사형, 무기 징역 또는 5년 이상 유기징역

28 교통사고로 피해자를 사망하게 하고 도주하거나 또는 도주한 후에 피해자가 사망한 경우 도주한 운전자에게 적용하는 법은?

① 도로교통법
② 교통사고처리 특례법
③ 형법
④ 특정범죄가중처벌 등에 관한 법률

29 다음 중 승객추락방지의무 위반사고에 대한 설명으로 맞는 것은?

① 차량문이 열려 있는 상태로 운행 중 추락사고
② 차량정차 중 보행자의 잘못으로 추락한 사고
③ 차 운행 중 피해자가 고의로 출입문을 열어 일어난 추락사고
④ 화물적재함에서의 추락사고

해 승객추락방지의무 위반사고는 운전자가 운전 중 타고 있는 사람 또는 내리는 사람이 떨어지지 않도록 하기 위해 차량문을 정확히 여닫는 등의 행위를 할 의무에 위반하여 인사사고를 일으킨 경우이다.

30 물적피해를 야기시키고 사고 후 도주한 경우 부과되는 벌점은 얼마인가?

① 5점　　② 10점
③ 15점　　④ 30점

31 도로교통법령 상 다음과 같은 교통사고를 낸 운전자의 운전면허 행정처분 벌점으로 옳은 것은?

> ⓐ 원인 : 신호위반
> ⓑ 결과
> • 가해자 본인 6주 진단
> • 피해자 2명은 각각 4주 진단
> • 다른 피해자 2명은 각각 1주 진단

① 55점　　② 70점
③ 85점　　④ 100점

정답　26 ①　27 ④　28 ④　29 ①　30 ③　31 ①

해 ⓐ 원인 : 신호위반(벌점 15점 부과)
ⓑ 결과
- 가해자 본인 6주 진단(벌점 없음 – 교통사고로 인한 벌점산정에 있어서 처분 받을 운전자 본인의 피해에 대하여는 벌점을 산정하지 아니함)
- 피해자 2명은 각각 4주 진단(4주는 중상에 해당하고, 중상 1명마다 15점 벌점을 부과하므로 총 벌점 30점 부과)
- 다른 피해자 2명은 각각 1주 진단(1주는 경상에 해당하고, 경상 1명마다 5점 벌점을 부과하므로 총 벌점 10점 부과)
  따라서 ⓐ와 ⓑ의 벌점을 합산하며 15점+30점+10점=55점

32 다음 중 교통사고 결과에 의한 형사처벌 대상이 아닌 것은?

① 피해자의 중상해
② 사고 후 도주
③ 중앙선 침범 사고
④ 72시간 이내의 피해자 사망

해 중앙선 침범 사고는 사고 결과가 아닌 사고원인 행위에 포함된다.

정답 32 ③

제4장 화물자동차운수사업법

1) 목적
화물자동차 운수사업을 효율적으로 관리하고 건전하게 육성하여 화물의 원활한 운송을 도모함으로써 공공복리의 증진에 기여함을 목적으로 한다.

2) 용어

(1) 화물자동차 운수사업
① **화물자동차 운송사업**: 화물자동차를 사용하여 화물을 유상으로 운송하는 사업
② **화물자동차 운송주선사업**: 유상으로 화물운송계약을 중개·대리하는 사업
③ **화물자동차 운송가맹사업**: 유상으로 화물을 운송하거나 소속 화물자동차 운송가맹점에 의뢰하여 화물을 운송하게 하는 사업

(2) 운수종사자
화물자동차의 운전자, 화물의 운송 또는 운송주선에 관한 사무를 취급하는 사무원 및 이를 보조하는 보조원, 그 밖에 화물자동차 운수사업에 종사하는 자

(3) 영업소
주사무소 외의 장소에서 사업을 영위하는 곳

(4) 공영차고지
화물자동차 운수사업에 제공되는 차고지(시·도지사, 군수·구청장)이 설치한 곳

(5) 화물자동차 휴게소
화물자동차 운전자가 화물의 운송 중 휴식을 취하거나 화물의 하역(荷役)을 위하여 대기할 수 있도록 물류거점에 휴게시설과 차량의 주차·정비·주유(注油) 등 화물운송에 필요한 기능을 제공하기 위한 시설물

(6) 과징금
① **과징금의 부과**: 국토해양부장관은 운송사업자가 사업정지처분을 하여야 하는 경우로서 그 사업정지처분이 당해 화물자동차운송사업의 이용자에게 심한 불편을 주거나 기타 공익을 해할 우려가 있는 때에는 대통령령이 정하는 바에 의하여 사업정지처분에 갈음하여 2천만 원 이하의 과징금을 부과할 수 있다.
② 과징금의 용도
　ㄱ. 화물터미널의 건설 및 확충
　ㄴ. 공동차고지의 건설 및 확충
　ㄷ. 경영개선 기타 화물에 대한 정보제공사업 등 화물자동차운수사업의 발전을 위하여 필요한 사항

3) 화물자동차 운송사업의 종류

(1) 일반화물자동차 운송사업
일정 대수 이상의 화물자동차를 사용하여 화물을 운송하는 사업

(2) 개별화물자동차 운송사업
화물자동차 1대를 사용하여 화물을 운송하는 사업

(3) 용달화물자동차 운송사업
소형의 화물자동차를 사용하여 화물을 운송하는 사업

4) 운송사업자의 준수 사항
① 운송사업자는 사업을 성실하게 수행하여야 하며, 부당한 운송조건을 제시하거나 정당한 사유 없이 운송계약의 인수를 거부하거나 그 밖에 화물운송 질서를 해치는 행위를 하여서는 아니 된다.
② 운송사업자는 화물자동차 운전자의 과로를 방지하고 안전운행을 확보하기 위하여 운전자를 과도하게 승차근무하게 하여서는 아니 된다.
③ 운송사업자는 화물의 기준에 맞지 아니하는 화물을 운송하여서는 아니 된다.
※ 화물의 기준
　ㄱ. 화주 1명당 화물 중량이 20kg 이상일 것
　ㄴ. 화주 1명당 화물의 용적이 4단㎤ 이상일 것
　ㄷ. 화물이 다음에 해당되는 물품일 것

- 불결하거나 악취나 나는 농산물, 수산물 또는 축산물
- 혐오감을 주는 동물 또는 식물
- 기계, 기구류 등 공산품
- 합판, 각목 등 건축기자재
- 폭발성, 인화성 또는 부식성 물품

④ 운송사업자는 운수종사자가 법에 따른 준수사항을 성실히 이행하도록 지도·감독하여야 한다.
⑤ 운송사업자는 택시요금미터기의 장착 등 국토교통부령으로 정하는 택시 유사표시행위를 하여서는 아니 된다.
⑥ 운송사업자는 운임 및 요금과 운송약관을 영업소 또는 화물자동차에 갖추고 이용자가 요구하면 이를 제시하여야 한다.
⑦ 운송사업자는 둘 이상의 화물자동차 운송가맹점에 가입하여서는 아니 된다.
⑧ 운송사업자는 「도로법」 및 「도로교통법」 기준을 위반하는 화물의 운송을 위탁하여서는 아니 된다.
⑨ 운송사업자는 수송의 안전을 위해 적재물이 떨어지지 않도록 방법에 따라 폐쇄형 적재함 및 덮개와 포장 및 고정장치를 해야 한다.
⑩ 운송사업자는 운수종사자가 교육을 받는데 필요한 조치를 하여야 하고, 교육미필자가 종사하도록 해서는 아니 된다.
⑪ 운송사업자는 최고속도제한장치 등을 무단으로 조작, 해체해서는 아니 된다.
⑫ 운송사업자는 화물자동차 운전자를 채용, 퇴직하였을 때에는 그 명단을 협회에 제출하여야 하며, 협회는 이를 종합하여 연합회에 보고하여야 한다.
⑬ 밤샘주차하는 경우에는 다음 어느 하나의 시설 및 장소에 해야 한다.

ㄱ. 해당 운송사업자의 차고지
ㄴ. 다른 운송사업자의 차고지
ㄷ. 공영차고지
ㄹ. 화물자동차 휴게소
ㅁ. 화물 터미널
ㅂ. 그 밖에 지방자치단체의 조례로 정하는 시설 또는 장소
ㅅ. 최대적재량 1.5톤 이하의 화물자동차의 경우에는 주차장, 차고지 또는 지방자치단체의 조례로 정하는 시설 및 장소에서만 밤샘 주차할 것

⑭ 신고한 운임 및 요금 또는 화주와 합의된 운임 및 요금이 아닌 부당한 운임 및 요금을 받지 아니할 것
⑮ 화주로부터 부당한 운임 및 요금의 환급을 요구받았을 때에는 환급할 것
⑯ 신고한 운송약관을 준수할 것

⑰ 화물자동차의 바깥쪽에 해당 운송사업자의 명칭 또는 종류를 표시할 것
⑱ 교통사고로 인한 손해배상을 위한 대인보험이나 공제에 가입할 것
⑲ 자동차검사를 받지 아니하고 화물자동차를 운행하지 아니할 것
⑳ 적재화물의 이탈을 방지를 위한 덮개·포장·고정장치 등을 하고 운행할 것
㉑ 화물자동차 안에 화물운송 종사자격증명을 게시하고 운행하도록 할 것
㉒ 4시간 연속운전한 운수종사자에게 30분 이상의 휴게시간을 보장할 것. 다만, 다음에 해당하는 경우에는 1시간까지 연장운행을 하게 할 수 있으며 운행 후 45분 이상의 휴게시간을 보장하여야 한다.
　ㄱ. 운송사업자 소유의 다른 화물자동차가 교통사고, 차량고장 등의 사유로 운행이 불가능하여 이를 일시적으로 대체하기 위하여 수송력 공급이 긴급히 필요한 경우
　ㄴ. 천재지변이나 이에 준하는 비상사태로 인하여 수송력 공급을 긴급히 증가할 필요가 있는 경우

5) 운송종사자의 준수 사항
① 화물차를 운행 전후에 일상점검을 할 것
② 휴게시간 없이 4시간 연속운전한 후에는 30분 이상의 휴게시간을 가질 것
③ 운전 중 휴대용 전화 및 영상표시장치 등의 조작 및 시청하지 말 것
④ 도로교통법을 준수할 것
⑤ **화물운송종사자격증명의 게시** : 화물운송종사자는 화물운송종사자격증명을 화물자동차 안 앞면 우측 상단에 항상 게시하고 운행하도록 하여야 한다.

6) 운수종사자의 금지 사항
① 정당한 사유 없이 화물을 중도에서 내리게 하는 행위
② 정당한 사유 없이 화물의 운송을 거부하는 행위
③ 부당한 운임 또는 요금을 요구하거나 받는 행위
④ 고장 및 사고차량 등 화물의 운송과 관련하여 자동차관리사업자와 부정한 행위
⑤ 일정한 장소에 오랜 시간 정차하여 화주를 호객(呼客)하는 행위
⑥ 문을 완전히 닫지 아니한 상태에서 자동차를 출발시키거나 운행하는 행위
⑦ 택시 요금미터기의 장착 등 국토교통부령으로 정하는 택시 유사표시행위

7) 유상운송의 금지
자가용 화물자동차의 소유자 또는 사용자는 유상으로 화물운송용으로 제공하거나 임대하여서는 아니 된다.

8) 화물자동차 운송사업의 변경 사항
① 상호의 변경
② 대표자의 변경(법인에 한함)
③ 화물영업소 및 취급소의 설치, 이전 및 폐지
④ 화물차의 대, 폐차

9) 화물자동차 운송사업 허가의 결격사유
① 피성년후견인 또는 피한정후견인
② 파산선고를 받고 복권되지 아니한 자
③ 이 법을 위반하여 징역 이상의 실형(實刑)을 선고받고 그 집행이 끝나거나 집행이 면제된 날부터 2년이 지나지 아니한 자
④ 운송사업법을 위반하여 징역 이상의 형(刑)의 집행유예를 선고받고 그 유예기간 중에 있는 자
⑤ 사업허가가 취소된 후 2년이 지나지 아니한 자

10) 화물자동차 운송사업 허가취소 또는 정지
① 부정한 방법으로 허가, 변경허가를 받거나, 변경허가를 받지 않고 허가사항을 변경한 경우
② 화물운송 종사자격이 없는 자에게 화물을 운송하게 한 경우
③ 중대한 교통사고 또는 교통사고로 1명 이상의 사상자를 발생하게 한 경우
④ 교통사고로 부정한 방법으로 보험금을 청구하여 금고 이상의 형을 선고받고 그 형이 확정된 경우

11) 화물운송 종사자격의 취소
① 부정한 방법으로 화물운송 종사자격을 취득한 경우
② 화물운송 중에 고의나 과실로 교통사고를 일으켜 사람을 사망하게 하거나 다치게 한 경우
③ 화물운송 종사자격증을 다른 사람에게 빌려준 경우
④ 화물운송 종사자격 정지기간 중에 화물자동차 운수사업의 운전 업무에 종사한 경우
⑤ 화물자동차를 운전할 수 있는 「도로교통법」에 따른 운전면허가 취소된 경우
⑥ 교통사고로 부정한 방법으로 보험금을 청구하여 금고 이상의 형을 선고받고 그 형이 확정된 경우

12) 적재물배상보험등의 의무 가입
① 최대 적재량이 5톤 이상이거나 총중량이 10톤 이상인 화물자동차 중 국토교통부령으로 정하는 화물자동차를 소유하고 있는 운송사업자

② 국토교통부령으로 정하는 화물을 취급하는 운송주선사업자
③ 운송가맹사업자
④ **적재물배상보험의 최소 보험금액**: 적재물배상보험 또는 공제에 가입하는 자는 구분에 따라 사고 건당 2천만 원(이사화물운송주선사업자는 500만 원) 이상의 보험금이 지급되는 보험 등에 가입하여야 한다.
    ㄱ. 운송사업자: 각 화물자동차별로 가입
    ㄴ. 운송주선사업자: 각 사업자별로 가입
    ㄷ. 운송가맹사업자: 화물자동차 소유자는 각 화물자동차별 및 각 사업자별로 가입
    ㄹ. 그 외는 각 사업자별로 가입
⑤ **운송사업자의 책임**: 화물의 멸실(滅失)·훼손(毁損) 또는 인도(引渡)의 지연으로 발생한 운송사업자의 손해배상 책임은 「상법」 제135조 준용

▶ **참고**
① 화물자동차 운송사업의 허가, 및 변경 → 국토교통부
② 장관운임 및 요금 신고 및 변경 → 국토교통부장관
③ 운송약관 신고 → 국토교통부장관
④ 운송사업의 양도와 양수 → 국토교통부장관
⑤ 화물자동차 운송사업의 상속(90일 이내) → 국토교통부장관
⑥ 화물자동차 운송사업의 휴업 및 폐업 → 국토교통부장관

13) 화물자동차 종류

(1) 일반 화물자동차
① **일반형**: 보통의 일반화물운송용
② **덤프형**: 적재함을 원동기의 힘으로 기울여 적재물을 중력에 의하여 쉽게 미끄러뜨리는 구조의 화물운송용
③ **밴형**: 지붕구조의 덮개가 있는 화물운송용
④ **특수용도형**: 특정한 용도를 위하여 특수한 구조로 하거나, 기구를 장치한 화물운송용

(2) 특수자동차
① **견인형**: 피견인차의 견인을 전용으로 하는 구조
② **구난형**: 고장·사고 등으로 운행이 곤란한 자동차를 구난·견인할 수 있는 구조

③ **특수작업형**: 위의 어느 형에도 속하지 아니하는 특수작업용

(3) 한국공업규격에 의한 화물자동차의 종류

구분	특성
보닛트럭	원동기부와 덮개가 운전실의 앞쪽에 나와 있는 트럭
캡오버트럭	원동기의 전부 또는 대부분이 운전실의 아래쪽에 있는 트럭
밴(van)	상자형 화물실을 갖춘 트럭으로 지붕이 없는 것(open-top)도 포함
픽업(pick up)	화물실의 지붕이 없고, 옆판이 운전대와 일체로 되어 있는 소형 트럭
특별차 (special vehicle)	특별한 장비를 한 사람 및 물품의 수송차량. 차량운반차, 쓰레기운반차, 모터개러반, 탈착보디 부착트럭, 컨테이너운반차 등
냉장(냉동)차	냉각제를 이용하여 수송물품을 냉각(동)하는 설비를 갖춘 트럭
탱크차	탱크모양의 용기와 펌프 등을 갖추고 물, 휘발유 등과 같은 액체를 수송하는 특별장비차
덤프차	화물대를 기울여 적재물을 중력으로 쉽게 미끄러지게 내리는 구조의 특별장비차로 리어덤프, 사이드덤프 등
믹서차	시멘트, 골재(모래·자갈), 물을 드럼 내에서 혼합 반죽해서 콘크리트로 하는 특별장비차(생콘크리트를 교반하면서 수송하는 것을 아지테이터(agitator))라고 함.
레커차	크레인 등을 갖추고 고장차의 앞 또는 뒤를 매달아 올려서 수송하는 차
트럭 크레인	크레인을 갖추고 작업을 하는 특별장비차로 통상 레커는 제외
크레인 붙이트럭	차에 실은 화물의 쌓기·내리기용 크레인을 갖춘 특별장비차
풀트 레일러용 트랙터	주로 풀트레일러를 견인하도록 설계된 모터비이클. 풀트레일러를 견인하지 않는 경우는 트럭으로서 사용
세미트 레일러용 트랙터	세미트레일러를 견인하도록 설계된 모터비이클
폴트 레일러용 트랙터	폴트레일러를 견인하도록 설계된 모터비이클

(4) 트레일러(피견인차량)의 종류

트레일러란 동력을 갖추지 않고, 모터비이클에 의하여 견인되고, 사람 및 물품을 수송하도록 설계되어 도로상을 주행하는 차량으로 자동차를 동력 부분(견인차 또는 트랙터)과 적하 부분(피견인차)으로 나누었을 때 적하부분을 지칭하며, 일반적으로 세미트레일러, 풀트레일러, 폴트레일러의 3가지로 구분하고, 여기에 돌리(dolly)를 추가하여 4가지로 대별하기도 한다.

① 풀트레일러(full trailer)

트랙터와 트레일러가 완전히 분리되어 있고 트랙터 자체도 보디를 가지고 있으며, 총하중을 트레일러만으로 지탱되도록 설계되어 선단에 견인구, 즉 트랙터를 갖춘 트레일러로서 돌리와 조합된 세미트레일러는 풀트레일러라 한다.

② 세미트레일러(semi-trailer)

세미트레일러용 트랙터에 연결하여, 총하중의 일부분이 견인하는 자동차에 의해서 지탱되도록 설계된 트레일러로서 잡화수송에는 밴형 세미트레일러, 중량물에는 중량용 세미트레일러, 또는 중저상식 트레일러 등이 사용되고 있다.

③ 폴트레일러(pole trailer)

기둥, 통나무 등 장척의 적하물 자체가 트랙터와 트레일러의 연결 부분을 구성하는 구조의 트레일러로서, 파이프나 H형강 등 장척물의 수송을 목적으로 한다.

④ 돌리(dolly)

세미트레일러와 조합해서 풀트레일러로 하기 위한 견인구를 갖춘 대차를 말한다.

기출문제 및 예상문제

01 화물자동차운수사업법 제정 목적이라고 할 수 없는 것은?

① 화물자동차운수사업의 효율적 관리를 위해
② 화물운수사업의 건전한 육성을 위해
③ 화물의 원활한 운송을 위해
④ 화물운수사업자의 복리와 이익을 위해

02 화물자동차 운수사업의 종류로 구분되지 않는 것은?

① 화물자동차운송사업
② 화물자동차운송 주선사업
③ 화물자동차운송 가맹사업
④ 화물자동차운송 체인사업

03 다음 중 자동차운송사업에 대한 기술로 가장 타당한 것은?

① 자동차로써 사업을 위한 타인에게 임대한 사업
② 타인의 수요에 의한 여객을 운송한 사업
③ 자동차를 사용하여 여객, 화물을 유상운송하는 행위
④ 공산물을 수송하거나 공사를 하는 사업

해 자동차운송사업은 자동차를 사용하여 여객, 화물을 유상운송하는 행위이다.

04 화물자동차 운송사업의 종류 중 화물자동차 1대로 화물을 운송하는 사업을 무엇이라 하는가?

① 일반화물자동차 운송사업
② 개별화물자동차 운송사업
③ 용달화물자동차 운송사업
④ 특수화물자동차 운송사업

05 다음 중 타인의 수요에 의하여 유상으로 화물운송계약을 중개, 대리하거나 경영하는 자의 운송수단을 이용하여 자기의 명의로 화물운송을 하는 사업은?

① 화물자동차운송사업
② 화물자동차운수사업
③ 운송운전자
④ 운송주선사업

해 운송주선사업의 특징은 자기의 명의와 계산으로 화물을 운송하는 데 있다.

06 화물자동차운송사업협회의 설립에 관한 설명으로 옳지 않은 것은?

① 협회는 주 사무소의 소재지에서 설립등기를 함으로써 성립한다.
② 운수사업자는 정관이 정하는 규정에 의해 협회에 가입할 수 있다.
③ 협회는 법인으로 한다.
④ 정관을 변경하려면 국토교통부장관에게 신고만 하면 된다.

정답 01 ④ 02 ④ 03 ③ 04 ② 05 ④ 06 ④

07 화물자동차 종류의 세부기준 중 대형화물차의 기준으로 맞는 것은?

① 배기량이 1,000cc 미만, 길이 3.6m, 넓이 1.6m, 높이 1.0m 이하이다.
② 최대적재량 5t 이상, 총중량 10t 이상인 화물자동차
③ 최대적재량 1t 이상, 총중량 3.5t 이상인 화물자동차
④ 최대적재량 1t 이하, 총중량 3t 미만인 화물자동차

해 화물자동차의 기준
① **경차** : 배기량이 800cc 미만, 길이 3.5m, 너비 1.5m, 높이 2.0m 이하
② **소형** : 최대적재량 1t 이하, 총중량 3.5t 이하
③ **중형** : 최대적재량 1t 초과 5t 미만, 총중량 3.5t 초과 10t 미만
④ **대형** : 최대적재량 5t 이상, 총중량 10t 이상

08 운행제한차량이 운행허가를 위한 허가신청서에 첨부되는 서류에 해당하지 않는 것은?

① 사업자등록증
② 차량 등록증
③ 차량 중량표
④ 구조물 통과 하중 계산서

09 다음 중 화물자동차운수사업법상의 운수종사자란?

① 화물의 운송에 관한 사무를 취급하는 관리자
② 화물자동차의 운전자
③ 화물의 운송 또는 운송주선에 관한 사무를 취급하는 관리자
④ 화물의 운송 또는 운송주선에 관한 관리자 및 이를 보조하는 보조자 기타 화물자동차운송사업에 종사하는 자

해 화물자동차의 운전자, 화물의 운송 또는 운송주선에 관한 사무를 취급하는 사무원 및 이를 보조하는 보조원, 기타 화물자동차운수사업에 종사하는 자를 운수종사자라고 한다.

10 공영차고지 또는 화물 터미널의 주차장, 차고지 또는 지방자치단체의 조례로 정하는 시설 및 장소에서만 밤샘 주차할 수 있도록 되어 있는 화물자동차는?

① 모든 화물자동차
② 1.5톤 이하 화물자동차
③ 10톤 이하 화물자동차
④ 25톤 이하 화물자동차

11 화물운수사업법상 화물의 기준에 포함되지 않는 것은?

① 화주 1명당 화물 중량이 20kg 이하인 것
② 악취가 나는 농산물, 수산물 또는 축산물
③ 기계, 기구류 등 공산품
④ 폭발성, 인화성 또는 부식성 물품

| 정답 | 07 ② | 08 ① | 09 ④ | 10 ② | 11 ① |

12 화물자동차 운행을 4시간 연속운전한 경우 휴게시간은 어느 정도 이상을 갖어야 하나?

① 30분 ② 1시간
③ 2시간 ④ 3시간

13 운수종사자의 금지 사항이라고 볼 수 없는 경우는?

① 정당한 사유 없이 화물을 중도에서 내리게 하는 행위
② 정당한 사유 없이 화물의 운송을 거부하는 행위
③ 부당한 운송 요금을 요구하거나 받는 행위
④ 종사자의 가정사로 인하여 휴무를 요하는 행위

14 화물자동차 운송사업의 허가 또는 변경신고는 누구에게 해야 하는가?

① 시장 또는 구청장 ② 관할 경찰서장
③ 화물자동차 운수조합 ④ 국토교통부장관

15 다음 중 화물자동차운송사업을 경영하고자 하는 자는 누구의 허가를 받아야 되는가?

① 국무총리 ② 국토교통부장관
③ 외무통상부장관 ④ 경찰청장

해 화물자동차운송사업을 경영하고자 하는 자는 국토교통부령이 정하는 바에 따라 국토교통부장관의 허가를 받아야 한다.

16 국토교통부장관의 업무개시 명령을 정당한 사유없이 운송사업자가 거부하면 이에 대한 행정처분 기준은?

① 1차 : 경고, 2차 : 자격정지 20일
② 1차 : 자격정지 30일, 2차 : 자격정지 60일
③ 1차 : 자격정지 30일, 2차 : 자격취소
④ 1차 : 자격취소

17 다음 중 운임 및 요금을 사전에 신고해야 하는 운송업자는?

① 경형 화물자동차를 이용한 운송사업자
② 구난형 특수자동차를 이용한 고장차량 운송사업자
③ 대형 화물자동차를 이용한 운송사업자
④ 대형 자동차를 직접 소유한 운송화물업자

해 구난형 특수자동차를 사용하여 고장차량, 사고차량 등을 운송하는 운송사업자 또는 운송가맹사업자 및 견인형 특수자동차를 사용하여 컨테이너를 운송하는 운송사업자 또는 운송가맹사업자는 운임 및 요금을 정하여 미리 국토교통부장관에게 신고하여야 한다.

18 화물자동차운수사업상 허가사항에 대한 변경신고 사항이 아닌 것은?

① 운수사업의 상호 변경
② 법인인 경우 대표자 변경
③ 화물영업소 및 취급소의 설치, 이전 및 폐지
④ 화물자동차 정기검사일자 변경

19 다음 중 화물자동차운송사업의 운전업무에 종사할 수 있는 자격이 있는 자는?

① 금치산자
② 파산선고 받은 자
③ 운수사업법을 위반하여 법원으로부터 실형선고를 받고 그 집행이 종료된지 3년이 경과된 자
④ 위반하여 실형선고 후 집행유예를 선고받고 유예기간 중인 자

해 화물자동차운수사업법을 위반하여 징역 이상의 실형을 선고받고 그 집행이 종료되거나 집행이 면제된 날부터 2년이 경과되지 아니한 자는 운전업무종사자격을 취득할 수 없으므로 ③은 해당사항이 없다.

20 화물자동차 운송사업의 양도와 양수가 있는 경우 신고해야 할 관청은?

① 관할 시 또는 구청   ② 한국교통안전공단
③ 화물자동차 운수조합 ④ 국토교통부

21 다음 중 운송종사자자격증 분실시 재교부신청기관은?

① 국토교통부   ② 한국교통안전공단
③ 시·도지사   ④ 경찰청

해 운송종사자자격증 분실시 재교부신청기관은 한국교통안전공단이다.

22 다음 중 화물운송종사자 자격이 취소된 경우 다시 자격을 취득하려면 몇 년이 경과되어야 하는가?

① 1년   ② 2년
③ 3년   ④ 5년

해 다만, 음주운전으로 운전면허가 취소된 경우에는 화물운송종사자 자격증이 동시 취소되며 취소된 화물운송종사자 자격을 다시 취득하려면 5년 후에야 가능하다.

23 다음 중 화물운송종사자 자격증명은 자동차의 어느 부위에 부착하는가?

① 자동차 앞 좌측 상단에 부착한다.
② 자동차 앞 우측 상단에 부착한다.
③ 자동차 앞 좌측 하단에 부착한다.
④ 자동차 앞 중앙 앞면부에 부착한다.

해 화물운송종사자 자격증명은 자동차 우측 상단에 부착한다.

24 화물자동차운수사업법 벌칙에 의한 과징금의 사용용도로서 적절하지 않은 것은?

① 화물 터미널의 건설 및 확충
② 화물 공영 차고지의 시설 및 운영
③ 신고포상금의 지급
④ 화물운수사업조합의 운영

25 화주와 운송사업자 간의 분쟁이 발생된 경우 국토교통부장관은 어느 곳에 분쟁조정업무를 위탁할 수 있는가?

① 한국교통안전공단
② 행정심판위원회
③ 한국소비자원
④ 화물운수사업조합연합회

26 다음 중 운송사업자에게 부과하는 과징금은?

① 과징금 1천만 원 이하
② 과징금 2천만 원 이하
③ 과징금 3천만 원 이하
④ 과징금 4천만 원 이하

해 국토교통부장관은 운송사업자가 사업정지처분을 하여야 하는 경우로서 그 사업정지처분이 당해 화물자동차운송사업의 이용자에게 심한 불편을 주거나 기타 공익을 해할 우려가 있는 때에는 사업정지 처분에 갈음하여 2천만 원 이하의 과징금을 부과할 수 있다.

27 다음 운전적성검사 중 특별검사대상자는?

① 교통사고 사망, 3주 이상 치료를 요하는 상해를 입힌 자
② 과거 1년 운전면허처분 누산점수 75점 이상자
③ 운송자격증을 취득하고자 하는 자
④ 운송자격증을 취득한 지 2년이 경과한 자

해 특별검사대상자
① 교통사고를 일으켜 사람을 사망하게 하거나 3주 이상의 치료를 요하는 상해를 입힌 자
② 과거 1년간 운전면허 행정처분기준에 의하여 산출된 누산점수가 81점 이상인 자

28 다음 중 운송사업자의 운송약관은 누구에게 신고해야 하는가?

① 국토교통부장관
② 행정안전부장관
③ 환경부장관
④ 지식경제부장관

해 운송사업자는 운송약관을 정하여 국토교통부장관에게 신고하여야 하고, 이를 변경하고자 하는 때에도 또한 같다.

29 다음 중 자가용 화물자동차로서 시·도지사에게 신고할 자동차의 톤수는?

① 최대적재량이 2t 이상의 자가용 화물자동차이다.
② 최대적재량이 2.5t 이상의 자가용 화물자동차이다.
③ 최대적재량이 5t 이상의 자가용 화물자동차이다.
④ 최대적재량이 10t 이상의 자가용 화물자동차이다.

해 사용신고대상 자가용 화물자동차
① 특수자동차
② 특수자동차를 제외한 화물자동차로서 최대적재량이 2.5t 이상인 화물자동차

30 다음 중 화물자동차운수사업협회의 설립과 관련된 내용이 아닌 것은?

① 국토교통부는 협회설립을 인정하여 줄 것을 공고해야 한다.
② 협회의 설립은 국토교통부의 인가사항이다.
③ 협회는 자동차운수사업의 종류, 시·도별로 설립할 수 있다.
④ 협회설립규정은 연합회설립규정에 준용된다.

해 협회설립인가시 공고는 시·도지사의 의무이다.

31 다음 중 운수종사자의 준수사항이 아닌 것은?

① 신고한 운송약관의 내용준수
② 차량의 청결상태유지
③ 운행 전 일상점검 및 확인
④ 적재화물의 이탈방지조치

해 운송약관내용의 준수규정은 운송사업자의 준수사항이다.

32 다음 중 화물운송사업 허가를 받을 수 없는 결격사유에 해당되지 않는 사람은?

① 파산선고를 받고 복권되지 아니한 자
② 난폭운전으로 면허가 취소된 경력이 있는 자
③ 화물운송사업 위반으로 징역 이상의 실형(實刑)을 선고받고 그 집행이 끝나거나 집행이 면제된 날부터 2년이 지나지 아니한 자
④ 사업허가가 취소된 후 2년이 지나지 아니한 자

33 다음 중 자가용 화물자동차의 사용 후 신고에 관한 규정으로 맞는 것은?

① 자가용 화물의 사용 후 폐지한 때 폐지한 날로부터 30일 이내에 시·도지사에게 신고한다.
② 자가용 화물의 사용 후 폐지한 때 폐지한 날로부터 60일 이내에 시·도지사에게 신고한다.
③ 자가용 화물의 사용 후 폐지한 때 폐지한 날로부터 1년 이내에 시·도지사에게 신고한다.
④ 자가용 화물의 사용 후 폐지한 때 폐지한 날로부터 1년 6월 이내에 시·도지사에게 신고한다.

해 자가용 화물자동차의 사용 후 그 내용을 폐지한 때에는 폐지한 날로부터 30일 이내에 시·도지사에게 신고한다.

34 화물운송종사자격증 시험에 합격한 사람을 대상으로 하는 교육기관과 교육이수 시간을 올바르게 나타낸 것은?

① 한국교통안전공단 - 8시간
② 관할 교통 연수원 - 4시간
③ 거주지 관할 경찰서 - 8시간
④ 자격응시 시험장 - 4시간

35 다음 중 일반 화물자동차의 종류에 속하지 않는 것은?

① 일반형   ② 덤프형
③ 밴형   ④ 구난형

해 구난형은 특수화물자동차로서 고장이나 사고 등으로 운행이 곤란한 자동차를 구난·견인할 수 있는 구조가 된 자동차이다.

36 다음 중 트레일러(피견인차량)의 종류에 속하지 않는 것은?

① 풀트레일러(full trailer)
② 세미트레일러(semi-trailer)
③ 폴트레일러(pole trailer)
④ 픽업(pick up)

해 트레일러란 동력을 갖추지 않고, 모터비이클에 의하여 견인되고, 사람 및 물품을 수송하도록 설계되어 도로상을 주행하는 차량으로 종류는 풀트레일러(full trailer), 세미트레일러(semi-trailer), 폴트레일러(pole trailer), 돌리(dolly) 등 4종류이다.

37 화물운송종사자격증이 취소되는 사유가 되지 않는 것은?

① 화물운송 종사자격증을 다른 사람에게 빌려준 경우
② 화물운송 종사자격 정지기간 중에 화물자동차를 운전한 경우
③ 화물 운송 중 화물을 멸실한 경우
④ 부정한 방법으로 보험금을 청구하여 금고 이상의 형을 선고받고 그 형이 확정된 경우

38 다음 중 화물자동차 운수사업의 설명이 잘못된 것은?

① 화물자동차 운송사업이란 화물자동차를 사용하여 화물을 유상으로 운송하는 사업이다.
② 화물자동차 운송주선사업은 유상으로 화물운송계약을 중개·대리하는 사업이다.
③ 화물자동차 운송가맹사업은 유상으로 화물을 운송하거나 소속 화물자동차 운송가맹점에 의뢰하여 화물을 운송하게 하는 사업이다.
④ 용달화물자동차 운송사업은 15톤 이상의 대형 화물자동차를 사용하여 화물을 운송하는 사업이다.

39 다음 중 운수사업상 운수종사자에 포함되지 않는 자는?

① 화물자동차의 운전자
② 화물운송 및 운송주선에 관한 사무원 및 이를 보조하는 보조원
③ 적재물 보험을 취급하는 보험설계사
④ 화물자동차 운수사업에 종사하는 자

40 다음 중 화물자동차 운송사업 허가가 취소되는 사유에 포함되지 않는 것은?

① 부정한 방법으로 허가, 변경허가를 받거나, 변경허가를 받지 않고 허가사항을 변경한 경우
② 화물운송 종사자격이 없는 자에게 화물을 운송하게 한 경우
③ 교통사고 후 운송종사자가 사고조치 없이 도주한 경우
④ 교통사고로 부정한 방법으로 보험금을 청구하여 금고 이상의 형을 선고받고 그 형이 확정된 경우

| 정답 | 37 ③ | 38 ④ | 39 ③ | 40 ③ |

제5장 자동차 관리법

1) 목적
자동차의 등록, 안전기준, 자기인증, 제작결함시정, 점검, 정비, 검사 자동차리사업 등에 한 사항을 정하여 자동차를 효율적으로 처리하고 자동차의 성능 및 안전을 확보함으로써 공공의 복리를 증진함을 목적으로 한다.

2) 용어의 정의

(1) 자동차
원동기에 의하여 육상에서 이동할 목적으로 제작한 용구 또는 이에 견인되어 육상을 이동할 목적으로 제작한 용구로 다음의 것을 제외한다.
① 건설기계관리법에 의한 건설기계
② 농업기계화촉진법에 의한 농업기계
③ 군수품관리법에 의한 차량
④ 궤도 또는 공중선에 의하여 운행되는 차량

(2) 자동차 분류
① 승용자동차

형태	배기량	크기
경형	1,000㏄ 미만	길이 3.6미터, 너비 1.6미터, 높이 2.0미터 이하
소형	1,600㏄ 미만	길이 4.7미터, 너비 1.7미터, 높이 2.0미터 이하
중형	1,600㏄ 이상 2,000㏄ 미만	길이·너비·높이 중 어느 하나라도 소형을 초과
대형	2,000㏄ 이상	길이·너비·높이 모두 소형을 초과

② 승합자동차

형태	배기량 또는 승차인원	크기
경형	배기량 1,000㏄ 미만	길이 3.6미터, 너비 1.5미터, 높이 2.0미터 이하
소형	승차정원 15인 이하	길이 4.7미터, 너비 1.7미터, 높이 2.0미터 이하

중형	승차정원16인 이상 35인 이하	길이·너비·높이 중 어느 하나라도 소형을 초과
대형	승차정원이 36인 이상	길이·너비·높이 모두 소형을 초과

③ 화물자동차

형태	배기량 또는 적재량	크기
경형	1,000cc 미만	길이 3.6미터, 너비 1.6미터, 높이 2.0미터 이하
소형	최대적재량 1톤 이하	총중량 3.5톤 이하
중형	최대적재량 1톤 초과 5톤 미만	중량이 3.5톤 초과 10톤 미만
대형	최대적재량 5톤 이상	총중량이 10톤 이상

④ 특수자동차

형태	배기량 또는 적재량	크기
경형	1,000cc 미만	길이 3.6미터, 너비 1.6미터, 높이 2.0미터 이하
소형	총중량 3.5톤 이하	
중형	총중량 3.5톤 초과 10톤 미만	
대형	총중량이 10톤 이상	

⑤ 이륜자동차

형태	배기량 또는 적재량	크기
경형	배기량 50cc 미만	최고정격출력 4킬로와트 이하
소형	배기량 100cc 이하	최고정격출력 11킬로와트 이하 최대적재량 60킬로그램 이하
중형	배기량 100cc 초과 260cc 이하	최고정격출력 1킬로와트 초과 1.5킬로와트 이하 최대적대량이 60킬로그램 초과 100킬로그램 이하
대형	배기량 260cc	최고정격출력 1.5킬로 와트 초과

(3) 운행

사람 또는 화물의 운송 여부에 관계없이 자동차를 그 용법에 따라 사용하는 것

(4) 자동차사용자

자동차소유자 또는 자동차소유자로부터 자동차의 운행 등에 관한 사항을 위탁받은 자

3) 자동차의 등록

자동차(이륜자동차를 제외)는 자동차등록원부에 등록한 후가 아니면 이를 운행하지 못한다. 다만, 임시 운행허가를 받은 경우에는 예외로 한다.

(1) 자동차등록원부 관리
① 시·도지사는 등록원부를 비치·관리한다.
② 시·도지사는 등록원부의 전부 또는 일부가 멸실된 때에는 그 회복을 위하여 필요한 조치를 하여야 한다.
③ 국토교통부장관 또는 시·도지사는 등록원부 및 그 기재사항의 멸실·훼손 기타 부정한 유출 등을 방지하고 그 보존을 위하여 필요한 조치를 하여야 한다.
④ 등록원부의 열람이나 그 등본 또는 원본을 교부 받고자 하는 자는 시·도지사에게 신청하여야 한다.
⑤ 시·도지사는 등록원부를 열람하게 하거나 그 등본 또는 원본을 교부하는 경우 개인정보의 유출을 방지하기 위하여 그 내용의 일부를 표시하지 아니할 수 있다.

(2) 자동차등록의 종류
① **신규등록**: 신규로 자동차에 관한 등록을 하고자 하는 자는 시·도지사에게 신규자동차등록을 신청하여야 한다.
② **변경등록**: 등록원부의 기재사항에 변경(이전등록 및 말소등록에 해당되는 경우를 제외)이 있을 때에는 시·도지사에게 변경등록을 신청하여야 한다.
③ 이전등록
ㄱ. 등록된 자동차를 양수받는 자는 시·도지사에게 자동차소유권의 이전등록을 신청하여야 한다.
ㄴ. 매매의 경우: 매수한 날로부터 15일 이내
ㄷ. 증여의 경우: 증여를 받은 날로부터 20일 이내
ㄹ. 상속의 경우: 상속을 받은 날로부터 3개월 이내
④ **말소등록**: 등록된 자동차가 다음의 사유에 해당하는 경우에는 자동차등록증·등록번호판 및 봉인을 반납하고 시·도지사에게 말소등록을 신청하여야 한다.
ㄱ. 자동차폐차업자에게 폐차요청을 한 경우
ㄴ. 자동차 제작·판매자 등에게 반품한 경우
ㄷ. 여객자동차운수사업법에 의한 차령이 경과된 경우
ㄹ. 여객자동차운수사업법 및 화물자동차운수사업법에 의하여 면허·등록·인가 또는 신고가 실효되거나 취소된 경우

ㅁ. 천재지변·교통사고 또는 화재로 기능을 회복할 수 없게 되거나 멸실이 된 경우
ㅂ. 수출하는 경우
ㅅ. 압류등록을 마친 후에도 환가절차 등 후속 강제집행절차가 진행되고 있지 아니하는 차량 중 차령 등 환가가치가 남아 있지 아니하다고 인정되는 경우
ㅇ. 자동차를 교육·연구목적으로 사용에 해당하는 경우
⑤ **압류 등록**: 체납처분이나 법원의 압류명령에 의한 세무서장 또는 법원의 압류등록에 대한 촉탁이 있을 때 행하는 등록
⑥ **부활 등록**: 말소 후 재등록이나 용도변경 비사업용에 행하는 등록

4) 자동차등록번호판

① 시·도지사는 자동차등록번호판을 붙이고 봉인을 하여야 한다.
② 등록번호판 봉인은 시·도지사의 허가를 받은 경우와 다른 법률에 특별한 규정이 있는 경우를 제외하고는 이를 떼지 못한다.
③ 등록번호의 부착 또는 봉인을 하지 아니한 자동차는 이를 운행하지 못한다. 다만, 임시운행허가번호판을 붙인 때에는 예외로 한다.
④ 누구든지 등록번호판을 가리거나 알아보기 곤란하게 하여서는 아니 되며, 그러한 자동차를 운행하여서는 아니 된다.

5) 자동차등록증 비치

자동차사용자는 자동차 안에 자동차등록증을 비치하여 운행하여야 한다. 다만, 임시운행허가증을 비치하는 경우와 피견인자동차의 경우에는 예외로 한다.
※ 관련법규 위반 시 과태료 5만 원

6) 자동차의 운행제한

① 국토교통부장관은 다음에 해당하는 사유가 있다고 인정될 때에는 미리 경찰청장과 협의하여 자동차의 운행제한을 명할 수 있다.
ㄱ. 전시, 사변 또는 이에 준하는 비상사태의 대치
ㄴ. 극심한 교통체증지역의 발생예방 또는 해소
ㄷ. 대기오염방지 기타 대통령령이 정하는 사유
② 국토교통부장관은 운행제한을 하고자 할 때에는 미리 그 목적, 기간, 지역, 제한내용 및 대상자동차의 종류 기타 필요한 사항을 공고하여야 한다.

7) 자동차의 안전기준 및 자기인증

(1) 자동차의 구조 및 장치
자동차의 구조 및 장치가 안전운행에 필요한 성능과 기준에 적합하지 아니하면 이를 운행하지 못한다.

(2) 자동차의 구조·장치의 변경
① 자동차의 구조·장치를 변경하고자 하는 때에는 자동차의 소유자가 시장·군수 또는 구청장의 승인을 얻어야 한다.
② 시장·군수 또는 구청장은 자동차 구조·장치의 변경승인에 관한 권한을 한국교통안전공단에 위탁한다.

8) 자동차의 검사 및 정비
① 자동차소유자는 일정한 차령이 경과한 경우 정기검사를 받아야 한다.
② 자동차소유자는 정기검사 결과 안전기준에 적합하지 아니하거나 안전운행에 지장이 있다고 인정될 때에는 자동차를 정비하여야 한다.
③ 점검 및 정비명령 등
　ㄱ. 시장·군수 또는 구청장은 다음에 해당하는 자동차의 소유자에게 점검·정비·검사 또는 원상복구를 명할 수 있다. 이 경우 기간을 정하여 당해 자동차의 운행정지를 함께 명할 수 있다.
　　• 안전기준에 적합하지 아니하거나 안전운행에 지장이 있다고 인정되는 자동차
　　• 승인을 얻지 아니하고 구조 또는 장치를 변경한 자동차
　　• 정기검사를 받지 아니한 자동차
　　• 여객자동차운수사업법 또는 화물자동차운수사업법의 규정에 의한 중대한 교통사고가 발생한 사업용 자동차
　ㄴ. 시장·군수 또는 구청장은 점검·정비 또는 원상복구를 명하고자 할 경우 필요하다고 인정되는 때에는 임시검사를 받을 것을 함께 명할 수 있다.
④ 자동차 검사의 종류
　ㄱ. 신규 검사
　ㄴ. 정기 검사
　ㄷ. 튜닝 검사
　ㄹ. 수시검사
⑤ 자동차검사 내용과 의의

ㄱ. 운행 중인 자동차의 안전도 적합 여부 확인(브레이크, 전조등세기와 방향, 앞바퀴 정렬, 속도계)
ㄴ. 배출가스 및 소음으로부터 환경오염 예방
ㄷ. 자동차 등록 원부와 동일성 여부 확인
ㄹ. 불법구조 변경 및 개조 방지로 운행질서 확립
ㅁ. 자동차 사고로부터 국민의 생명과 재산 보호

검사 대상		적용 차량	검사 유효 기간
승용자동차	비사업용	차령 4년 초과 차량	2년
	사업용	차령 2년 초과 차량	1년
경형, 소형 승합 및 화물자동차	비사업용	차령 3년 초과 차량	1년
	사업용	차령 2년 초과 차량	1년
사업용 대형화물자동차		차령 2년 초과 차량	6개월

⑥ 차종별 검사주기(자동차정기검사는 유효기간 만료일 31일 전후 가능)

기출문제 및 예상문제

01 다음 중 자동차관리법의 목적으로 볼 수 없는 것은?

① 자동차의 안전도 확보
② 자동차의 효율적인 관리
③ 자동차의 안전기준
④ 대기환경보존기준

해 자동차의 등록·안전기준·자기인증·제작결함시정·점검·정비·검사 및 자동차관리사업 등에 관한 사항을 정하여 자동차를 효율적으로 관리하고 자동차의 성능 및 안전을 확보함으로써 공공의 복리를 증진함을 목적으로 한다.

02 다음 중 자동차관리법의 규정에 의한 자동차의 범위에 속하는 것은?

① 중고자동차
② 건설기계관리법에 의한 건설기계
③ 농업기계화촉진법 의한 농기구
④ 군수품관리법에 의한 차량

해 건설기계관리법에 의한 건설기계, 농업기계화촉진법에 의한 농업기계, 군수품관리법에 의한 차량, 궤도 또는 공중선에 의하여 운행되는 차량은 자동차의 범위에서 제외된다.

03 다음 중 자동차관리법상 자동차 종류의 구분기준이 아닌 것은?

① 자동차의 구조   ② 원동기의 종류
③ 자동차의 크기   ④ 자동차의 성능

해 자동차의 구분기준 : 자동차의 크기·구조, 원동기의 종류, 총 배기량, 정격출력 등

04 다음 중 자동차의 종류로 적합한 것은?

① 승용자동차, 승합·화물자동차, 특수·이륜자동차
② 승용자동차, 승합·화물자동차, 이륜자동차
③ 승용자동차, 승합·화물자동차, 견인자동차, 이륜자동차
④ 승용자동차, 승합·특수자동차, 이륜자동차

해 자동차는 자동차의 크기·구조, 원동기의 종류, 총 배기량 또는 정격출력 등 국토교통부령이 정하는 구분기준에 의하여 승용자동차, 승합자동차, 화물자동차, 특수자동차 및 이륜자동차로 구분한다.

05 자동차관리법상 자동차의 종류 설명 중 잘못된 것은?

① 승용자동차 - 승차정원 10인 이하의 자동차
② 승합자동차 - 승차정원 11인 이상의 자동차
③ 화물자동차 - 화물을 운송하기에 적합하게 제작된 자동차
④ 특수자동차 - 가스 또는 유류 운송을 위해 제작된 자동차

06 다음 중 자동차의 운행을 위한 법적 조치사항에 해당되는 것은?

① 신고   ② 등록
③ 허가   ④ 말소

해 자동차는 자동차등록원부에 등록한 후가 아니면 이를 운행하지 못한다.

정답 01 ④ 02 ① 03 ④ 04 ① 05 ④ 06 ②

07 다음 중 자동차등록원부의 기재사항이 변경될 때 실시하는 등록은?

① 이전등록 ② 말소등록
③ 신규등록 ④ 변경등록

해 자동차소유자는 등록원부의 기재사항에 변경(이전등록 및 말소등록에 해당되는 경우를 제외)이 있을 때에는 대통령령이 정하는 바에 의하여 시·도지사에게 변경등록을 신청하여야 한다.

08 신규등록을 하기 위해 임시로 차량을 운행할 수 있는 임시운행 기간은 얼마인가?

① 5일 이내 ② 10일 이내
③ 20일 이내 ④ 1개월 이내

09 자동차 등록원부상의 변경등록을 해야 하는 사유가 아닌 것은?

① 소유권의 변경
② 원동기 형식 및 장치변경
③ 사용본거지의 변경
④ 소유자의 성명 변경

10 자동차 등록원부상의 변경등록은 사유가 발생한 날로부터 며칠 이내에 변경등록 신청을 해야 하나?

① 5일 이내 ② 10일 이내
③ 20일 이내 ④ 30일 이내

11 자동차 관리법상 자동차 검사의 종류에 포함되지 않는 것은?

① 정기검사 ② 임시검사
③ 튜닝검사 ④ 특별검사

12 다음 중 화물운송시 적재공간의 바닥면적은 최소 몇 m² 이상 인가?

① 2m² 이상 ② 5m² 이상
③ 7m² 이상 ④ 10m² 이상

해 화물운송시 적합한 바닥면적은 최소 2m² 이상의 화물적재공간을 갖추어야 한다.

13 자동차관리법상 승객의 1인당 중량은 몇 kg으로 규정하는가?

① 60kg ② 65kg
③ 70kg ④ 75kg

해 승객의 1인 중량(무게)은 평균 65kg 기준으로 한다.

14 다음 중 자동차관리법상 자동차 검사의 종류에 해당 되지 않는 것은?

① 신규검사 ② 정기검사
③ 재검사 ④ 튜닝검사

해 자동차검사는 신규·정기·튜닝(구조변경)검사 및 임시검사로 구분한다.

15 화물차(디젤연료차량) 운행시 연료가 연소할 때 머플러를 통해 분출되는 미세 입자의 공해 물질은?

① 일산화탄소 ② 매연
③ 공해가스 ④ 황산

16 자동차 관리법상 자동차 튜닝을 하기 위해서는 누구의 승인을 받아야 하나?

① 국토교통부 장관　② 시장, 군수, 구청장
③ 지방경찰청장　　④ 경찰서장

17 자동차 튜닝검사에서 승인되는 것은?

① 총중량 증가
② 자동차 종류변경
③ 안전도 저하
④ 불법구조제거로 원상회복

18 다음 중 자동차 운행 시 해당차량에 비치하고 운행해야 하는 것은?

① 자동차 보험증권
② 자동차 등록증
③ 자동차보험료 납입영수증
④ 자동차 영수증

해 해당차량에 비치하고 운행할 관계서류는 자동차 등록증·검사증이다.

19 다음 중 자동차등록원부상 기재변경사유가 발생할 때 하는 등록으로 맞는 것은?

① 예고등록　　② 변경등록
③ 갱신등록　　④ 이전등록

해 자동차등록원부상 기재변경사유가 발생할 때 하는 등록은 변경등록으로 시·도지사에게 신청하여야 한다.

20 사업용 화물차의 정기검사기간을 차량에 따라 올바르게 설명된 것은?

① 2년 이하 차량 - 3년. 2년 초과 차량 - 2년 마다
② 2년 이하 차량 - 2년. 2년 초과 차량 - 1년 마다
③ 2년 이하 차량 - 2년. 2년 초과 차량 - 6개월 마다
④ 2년 이하 차량 - 1년. 2년 초과 차량 - 6개월 마다

21 자동차정기검사는 검사유효기간 만료일 전후 각각 며칠 이내에 받으면 검사유효기간 만료일에 검사를 받은 것으로 하는가?

① 15일 이내　　② 31일 이내
③ 90일 이내　　④ 6개월 이내

22 자동차관리법상 화물자동차의 규모별 종류로 분류한 내용이 틀린 것은?

① 경형 : 배기량 1000cc 미만, 길이 3.6m 너비 1.6m, 높이 2m 이하인 것
② 소형 : 최대적재량이 1톤 이하인 것으로서 총중량이 3.5톤 이하인 것
③ 중형 : 최대적재량이 1톤 초과 5톤 미만이거나 총중량이 3.5톤 초과 10톤 미만인 것
④ 대형 : 최대적재량이 5톤 이상이거나 총중량이 10톤 이하인 것

23 화물자동차를 매매한 경우 매수자는 이전등록을 며칠 이내에 하여야 하나?

① 10일 이내　　② 15일 이내
③ 20일 이내　　④ 30일 이내

정답　16 ②　17 ④　18 ②　19 ②　20 ④　21 ②　22 ④　23 ②

24 도로관리청이 운행을 제한할 수 있는 차량으로 틀린 것은?

① 축하중이 10톤 초과 또는 총중량이 40톤을 초과하는 차량
② 폭 2.5m, 높이 4.0m, 길이 16.7m를 초과하는 차량
③ 도로관리청장이 인정 또는 고시로 높이 5m 이상인 차량
④ 도로 구조의 안전에 지정이 있다고 제한하는 차량

25 정비불량으로 위험이 발생될 우려가 있는 경우 정비명령을 내리고 운행을 정지시킬 수 있는 주체는?

① 경찰서장
② 시장, 군수
③ 지방경찰청장
④ 국토교통부장관

26 자동차관리법에 따라 화물차량이 차내에 비치하여야 할 것은?

① 자동차 등록증
② 자동차등록원부
③ 보험가입증서
④ 소유자증명서

27 자동차 관리법상 자동차사용자가 자동차 안에 비치하고 운행하여야 할 것은?

① 자동차 등록증
② 운송사업 허가증
③ 보험가입 증서
④ 자동차 취득 허가증

28 자동차의 소유자에게 자동차의 점검·정비·검사 또는 원상복구를 명령하는 자는?

① 시장, 군구 또는 구청장
② 지방경찰청장
③ 관할경찰서장
④ 도로관리청장

해 시장, 군구 또는 구청장은 다음과 같이 명할 수 있다.
- 안전기준에 적합하지 아니하거나 안전운행에 지장이 있다고 인정되는 자동차
- 승인을 얻지 아니하고 구조 또는 장치를 변경한 자동차
- 정기검사를 받지 아니한 자동차
- 여객자동차운수사업법 또는 화물자동차운수사업법의 규정에 의한 중대한 교통사고가 발생한 사업용자동차에 대하여 점검·정비·검사 또는 원상복구

29 다음 중 자동차검사 내용이 아닌 것은?

① 운행 중인 자동차의 안전도 검사
② 배출가스 및 소음 검사
③ 자동차 등록 원부와 동일성 확인
④ 자동차 종합보험 유효기간 확인

해 자동차검사 내용과 의의는 다음과 같다.
㉮ 운행 중인 자동차의 안전도 적합 여부 확인(브레이크, 전조등 세기와 방향, 앞바퀴 정렬, 속도계)
㉯ 배출가스 및 소음으로부터 환경오염 예방
㉰ 자동차 등록 원부와 동일성 여부 확인
㉱ 불법구조 변경 및 개조 방지로 운행질서 확립
㉲ 자동차 사고로부터 국민의 생명과 재산 보호

정답 | 24 ③ | 25 ② | 26 ① | 27 ① | 28 ① | 29 ④

PART 4

운송 서비스

화물운송종사자 자격시험 총정리 기출문제집

제1장 운송 서비스

제1장 직업운전자의 기본자세

① 오늘날 물류는 단순히 장소적 이동을 의미하는 운송(physical distribution)이 아니라 생산과 물류 관련 영역까지 포함되어 이를 로지스틱스(logistics)라고 한다.
② 운전자는 고객만족에 중요한 위치에 있어 고객서비스의 수준을 높이는 자가 바로 운전자이다.
③ **고객 서비스**(顧客-, 영어: customer service)는 상품을 구입한 고객에게 제공하는 사후 관리 서비스. 흔히 "애프터세일 서비스(After-Sales Service, 줄여서 A/S)" 또는 사후 관리(事後管理)라고도 한다.

▶ 서비스란
① 고객 만족 수준을 강화시키는 일련의 활동
② 고객만족을 높이기 위한 일련의 무형적 활동

제2장 고객만족

고객만족이란 고객이 무엇을 원하고 있으며 무엇이 불만인지 알아내어 고객의 기대에 부응하는 좋은 양질의 서비스를 제공함으로써 고객으로 하여금 만족감을 느끼게 하는 것이다.

1) 친절의 중요성
한 업체에서 고객이 거래를 중단하는 이유에서 종업원의 불친절(68%), 제품에 대한 불만(14%), 경쟁사의 회유(9%), 가격이나 기타(9%)로서 고객이 거래를 중단하는 큰 이유로 일선 종업원의 불친절이 고객에게 가장 큰 영향을 미치는 것으로 나타났다.

2) 고객의 욕구
① 기억되기를 바란다.
② 환영받고 싶어 한다.
③ 관심을 가져주기를 바란다.
④ 중요한 사람으로 인식되기를 바란다.
⑤ 칭찬받고 싶어 한다.

⑥ 기대와 욕구를 수용하여 주기를 바란다.

제3장 고객서비스

1) 서비스 성격
① 무형성 - 보이지 않는다.
② 동시성 - 생산과 소비가 동시에 발생한다.
③ 이질성 - 사람에 의존한다.
④ 소멸성 - 즉시 사라진다.
⑤ 무소유권 - 가질 수 없다.

2) 고객만족을 위한 서비스 품질 3요소
① 상품품질
② 영업품질
③ 서비스품질

3) 서비스 품질을 평가하는 고객의 기준
① 신뢰성
② 신속한 대응
③ 정확성
④ 편의성
⑤ 태도
⑥ 커뮤니케이션(Communication)
⑦ 신용도
⑧ 안전성
⑨ 고객의 이해도
⑩ 환경

제4장 서비스 예절

1) 기본 예절
① 상대방을 알아준다.
② 약간의 어려움을 감수하는 것은 좋은 인간관계 유지를 위한 투자이다.
③ 상스러운 말을 하지 않는다.
④ 상대에게 관심을 갖는 것은 상대로 하여금 내게 호감을 갖게 한다.
⑤ 상대방의 입장을 이해하고 존중한다.
⑥ 상대방의 여건, 능력, 개인차를 인정하여 배려한다.
⑦ 상대의 결점을 지적할 때에는 진지한 충고와 격려로 한다.
⑧ 진실한 마음으로 고객을 대한다.
⑨ 성실성으로 상대는 신뢰를 갖는다.

2) 고객만족 행동예절

(1) 인사
인사는 서비스의 첫 동작이요 마지막 동작이다. 인사는 서로 만나거나 헤어질 때 말·태도 등으로 존경, 사랑, 우정을 표현하는 행동양식이다.

① 인사의 중요성
   ㄱ. 인사는 애사심, 존경심, 우애, 자신의 교양과 인격의 표현이다.
   ㄴ. 인사는 서비스의 주요 기법이다.
   ㄷ. 인사는 고객과 만나는 첫걸음이다.
   ㄹ. 인사는 고객에 대한 마음가짐의 표현이다.
   ㅁ. 인사는 고객에 대한 서비스 정신의 표시이다.

② 인사의 마음가짐
   ㄱ. 정성과 감사의 마음으로
   ㄴ. 예절바르고 정중하게
   ㄷ. 밝고 상냥한 미소로 경쾌하고 겸손한 인사말과 함께

(2) 올바른 인사방법

① 머리와 상체를 숙인다.

② 머리와 상체를 직선으로 하여 상대방의 발끝이 보일 때까지 천천히 숙인다.

③ 항상 밝고 명랑한 표정의 미소를 짓는다.

④ 인사하는 지점의 상대방과의 거리는 약 2m 내외가 적당하다.

⑤ 턱을 지나치게 내밀지 않도록 한다.

⑥ 손을 주머니에 넣거나 의자에 앉아서 하는 일이 없도록 한다.

- 가벼운인사 : 15°
- 보통인사 : 30°
- 정중한인사 : 45°

목례	보통례	정중례
15°	30°	45°
친한 사람, 협소한 장소, 화장실, 복도에서 사용하는 인사	일반적인 인사, 만나고 헤어질 때의 보통인사	사과, 감사를 표할 때의 정중한 인사

(3) 올바른 악수방법

① 상대와 적당한 거리에서 손을 잡는다.

② 손은 반드시 오른손을 내민다.

③ 손이 더러울 땐 양해를 구한다.

④ 상대의 눈을 바라보며 웃는 얼굴로 악수한다.

⑤ 계속 손을 잡은 채로 말하지 않는다.

⑥ 손을 너무 세게 쥐거나 또는 힘없이 잡지 않는다.

(4) 호감 받는 표정관리

① 표정의 중요성

ㄱ. 표정은 첫인상을 크게 좌우한다.

ㄴ. 첫인상은 대면 직후 결정되는 경우가 많다.

ㄷ. 첫인상이 좋아야 그 이후의 대면이 호감 있게 이루어질 수 있다.

ㄹ. 밝은 표정은 좋은 인간관계의 기본이다.

ㅁ. 밝은 표정과 미소는 자신을 위하는 것이라 생각한다.

② 시선
  ㄱ. 자연스럽고 부드러운 시선으로 상대를 본다.
  ㄴ. 눈동자는 항상 중앙에 위치하도록 한다.
  ㄷ. 가급적 고객의 눈높이와 맞춘다.

> **고객이 싫어하는 시선**
> 위로 치켜뜨는 눈, 곁눈질, 한 곳만 응시하는 눈, 위·아래로 훑어보는 눈

(5) 고객 응대 마음가짐 10가지
① 사명감을 가진다.
② 고객의 입장에서 생각한다.
③ 항상 긍정적으로 생각한다.
④ 고객이 호감을 갖도록 한다.
⑤ 공사를 구분하고 공평하게 대한다.
⑥ 투철한 서비스 정신으로 예의를 지켜 겸손하게 대한다.
⑦ 자신감을 갖는다.

(6) 언어예절
① 불평불만을 함부로 떠들지 않는다.
② 독선적, 독단적, 경솔한 언행을 삼가한다.
③ 욕설, 독설, 험담을 삼가한다.
④ 매사 침묵으로 일관하지 않는다.
⑤ 불가피한 경우를 제외하고 논쟁을 피한다.
⑥ 쉽게 흥분하거나 감정에 치우치지 않는다.
⑦ 매사 함부로 단정하지 않고 말한다.
⑧ 일부분을 보고 전체를 속단하여 말하지 않는다.
⑨ 도전적 언사는 가급적 자제한다.
⑩ 고객이 이야기하는 도중에 분별없이 차단하지 않는다.
⑪ 엉뚱한 곳을 보고 말을 듣고 말하지 않는다.

3) 삼가야 할 운전행동

① 욕설이나 경쟁 운전행위
② 도로상에 차량을 세워 둔 채로 시비, 다툼 등의 행위를 하여 다른 차량의 통행을 방해하는 행위
③ 음악이나 경음기 소리를 크게 하여 다른 운전자를 놀라게 하거나 불안하게 하는 행위
④ 신호등이 바뀌기 전에 빨리 출발하라고 전조등을 켰다 껐다 하거나 경음기로 재촉하는 행위
⑤ 자동차 계기판 윗부분 등에 발을 올려놓고 운행하는 행위
⑥ 교통 경찰관의 단속 행위에 불응하고 항의하는 행위
⑦ 방향지시등을 켜지 않고 갑자기 끼어들거나, 버스 전용차로를 무단 통행하거나 갓길로 주행하는 행위

4) 운송종사자의 서비스 자세

(1) 운송 직업의 특성

물류수송 중 육로 수송은 직접 차량을 운행하게 되므로 작업적 특성을 가지는데 화물차량 운전자의 특성은 다음과 같다.

① 현장의 작업에서 화물적재 차량이 출고되면 모든 책임은 회사의 간섭을 받지 않고 운전자의 책임으로 이어진다.
② 화물과 서비스가 함께 수송되어 목적지까지 운반된다.

(2) 화물차량 운전의 특성

① 차량의 장시간 운전으로 제한된 활동
② 주·야간의 운행으로 생활리듬의 불규칙한 생활
③ 공로운행에 따른 타 차량과 교통사고에 대한 위기의식 잠재

(3) 화물운송 시 자세

① 화물운송의 기초로서 도착지의 주소가 명확한지 재확인하고 연락 가능한 전화번호 기록을 유지한다.
② 현지에서 화물의 파손위험 여부 등 사전 점검 후 최선의 안전수송을 하여 착지의 화주에 인수인계한다.
③ 화물운송 시에는 자신의 물건으로 여기고 소중히 수송하여야 한다.
④ 화물운송시 안전도를 위하여 중간지점(휴게소)에서 화물점검과 결속 풀림상태, 차량점검 등을 반드시 한다.
⑤ 화주가 요구하는 최종지점까지 배달하고 특히, 택배차량은 신속하고 편리함을 추구하여 자택까지 수송하여야 한다.

(4) 운전자세
① 다른 자동차가 끼어들더라도 안전거리를 확보하는 여유를 가진다.
② 운전이 미숙한 자동차의 뒤를 따를 경우 서두르거나 선행자동차의 운전자를 당황하게 하지 말고 여유 있는 자세로 운행한다.
③ 일반 운전자는 화물차의 뒤를 따라가는 것을 싫어하고, 틈만 있으면 화물차의 앞으로 추월하려는 마음이 강하기 때문에 적당한 장소에서 후속자동차에게 진로를 양보하는 미덕을 갖는다.
④ 직업운전자는 다른 차가 끼어들거나 운전이 서툴러도 상대에게 화를 내거나 보복하지 말아야 하며, 고객을 소중히 여기고, 친절하고 예의 바른 서비스를 하여 고객과 불필요한 마찰을 일으키지 않는다.
⑤ 자동차에 대한 점검 및 정비를 철저히 하여 자동차를 항상 최상의 상태로 유지한다.
⑥ 안전운행이나 고객의 서비스에 있어서 운전자의 건강이 중요하므로 자신의 건강을 항상 가장 좋은 상태로 유지하도록 건강관리를 한다.

5) 용모 · 복장
① 인성과 습관의 중요성
운전자 성격은 운전 행동에 지대한 영향을 끼치게 되며 운전 태도로 인격을 알 수 있으므로 올바른 운전 습관을 통해 훌륭한 인격을 쌓도록 노력해야 한다.
② 운전자의 습관 형성
ㄱ. 습관은 후천적으로 형성되는 조건반사 현상이므로 무의식중에 어떤 것을 반복적으로 행하게 될 때 자기도 모르게 습관화된 행동이 나타난다.
ㄴ. 습관은 본능에 가까워 나쁜 운전습관이 오래되면 고치기 어려우며 잘못된 습관은 교통사고로 이어진다.
③ 고객에게 불쾌감을 주는 몸가짐
ㄱ. 충혈된 눈
ㄴ. 잠잔 흔적이 남은 머릿결
ㄷ. 정리되지 않은 덥수룩한 수염
ㄹ. 길게 자란 코털
ㅁ. 지저분한 손톱
ㅂ. 무표정 등
④ 단정한 용모 · 복장의 중요성
ㄱ. 첫인상
ㄴ. 고객과의 신뢰형성

ㄷ. 활기찬 직장 분위기 조성
ㄹ. 일의 성과
ㅁ. 기분전환 등

6) 집하와 배달 예절

(1) 집하시 행동방법
① 집하는 서비스의 출발점이라는 자세로 한다.
② 인사와 함께 밝은 표정으로 정중히 두 손으로 화물을 받는다.
③ 책임 집배달 구역을 정확히 인지하고, 배달 불가 지역에 대한 배달점소의 사정을 고려하여 집하한다.
④ 2개 이상의 화물은 반드시 분리 집하한다.
⑤ 취급제한 물품은 그 취지를 알리고 정중히 집하를 거절한다.
⑥ 택배운임표를 고객에게 제시 후 운임을 수령한다.
⑦ 운송장 및 보조송장 도착지란에 주소지를 정확하게 기재하여 터미널 오분류를 방지할 수 있도록 한다.
⑧ 송하인용 운송장을 절취하여 고객에게 두 손으로 건네준다.
⑨ 화물 인수 후 감사의 인사를 한다.

(2) 배달시 행동방법
① 배달은 서비스의 완성이라는 자세로 한다.
② 긴급배송을 요하는 화물은 우선 처리하고, 모든 화물은 반드시 기일 내 배송한다.
③ 수하인 주소가 불명확할 경우 사전에 정확한 위치를 확인 후 출발한다.
④ 무거운 물건일 경우 손수레를 이용하여 배달한다.
⑤ 고객이 부재 시에는 "부재중 방문표"를 반드시 이용한다.
⑥ 방문 시 밝고 명랑한 목소리로 인사하고 화물을 정중하게 고객이 원하는 장소에 가져다 놓는다.
⑦ 인수증 서명은 반드시 정자로 실명 기재 후 받는다.
⑧ 배달 후 돌아갈 때는 이용해 주셔서 고맙다는 뜻을 밝히며 밝게 인사한다.

7) 고객불만 발생 시 행동방법
① 고객의 감정을 상하게 하지 않도록 불만 내용을 끝까지 참고 듣는다.
② 불만사항에 대하여 정중히 사과한다.

③ 고객의 불만, 불편사항이 더 이상 확대되지 않도록 한다.
④ 고객불만을 해결하기 어려운 경우 적당히 답변하지 말고 관련부서와 협의 후에 답변을 하도록 한다.
⑤ 책임감을 갖고 전화를 받는 사람의 이름을 밝혀 고객을 안심시킨 후 확인 연락을 할 것을 전해준다.
⑥ 불만전화 접수 후 우선적으로 빠른 시간 내에 확인하여 고객에게 알린다.

8) 고객 상담시의 대처방법
① 전화벨이 울리면 즉시 받는다
② 밝고 명랑한 목소리로 받는다.
③ 집하의뢰 전화는 고객이 원하는 날, 시간 등에 맞추도록 노력한다.
④ 배송확인 문의전화는 영업사원에게 시간을 확인한 후 고객에게 답변한다.
⑤ 고객의 문의전화, 불만전화 접수 시 해당 점소가 아니더라도 확인하여 고객에게 친절히 답변한다.
⑥ 담당자가 부재중일 경우 반드시 내용을 메모하여 전달한다.
⑦ 전화가 끝나면 마지막 인사를 하고 상대편이 먼저 끊은 후 전화를 끊는다.

9) 운전자의 기본적 주의사항

(1) 법규 및 사내 안전관리 규정 준수

(2) 운행 전 준비
① 용모 및 복장 확인
② 고객 및 화주에게 불쾌한 언행금지
③ 화물의 외부덮개 및 결박상태를 철저히 확인한 후 운행
④ 세차 및 운전석 내부를 항상 청결하게 유지
⑤ 일상점검을 철저히 하고 이상 발견 시는 정비관리자에게 즉시 보고하여 조치 받은 후 운행
⑥ 배차사항 및 지시, 전달사항을 확인하고 적재물의 특성을 확인하여 특별한 안전조치가 요구되는 화물에 대하여는 사전 안전장비 장치 및 휴대 후 운행

10) 신상변동 등의 보고
① 결근, 지각, 조퇴가 필요하거나 운전면허증 기재사항 변경, 질병 등 신상변동시 회사에 즉시 보고
② 운전면허 일시정지, 취소 등의 면허행정 처분시 즉시 회사에 보고하여야 하며 어떠한 경우라도 운전금지

제5장 직업관

1) 직업의 4가지 의미
① **경제적 의미** : 일터, 일자리, 경제적 가치 창출
② **정신적 의미** : 직업의 사명감과 소명의식
③ **사회적 의미** : 맡은 역할 수행의 능력 인정받는 곳
④ **철학적 의미** : 일하는 인간의 기본 권리

2) 직업의 3가지 태도
① 애정
② 긍지
③ 열정

제6장 교통사고발생조치

① 교통사고를 발생시켰을 때에는 현장에서의 인명구호, 관할경찰서에 신고 등의 의무를 성실히 수행
② 어떠한 사고라도 임의처리는 불가하며 사고발생 경위를 육하원칙에 의거 거짓없이 정확하게 회사에 즉시 보고
③ 사고로 인한 행정, 형사처분(처벌) 접수 시 임의처리 불가하며 회사의 지시에 따라 처리
④ 형사합의 등과 같이 운전자 개인의 자격으로 합의 보상 이외 회사의 어떠한 경우라도 회사손실과 직결되는 보상업무는 일반적으로 수행불가
⑤ 회사소속 차량 사고를 유·무선으로 통보 받거나 발견 즉시 최인근 점소에 기착 또는 유·무선으로 육하원칙에 의거 즉시 보고

제7장 택배서비스의 기본

1) 고객의 불만사항
① 약속시간을 지키지 않는다.
② 전화도 없이 불쑥 나타난다.

③ 임의로 다른 사람에게 맡기고 간다.
④ 너무 바빠서 질문을 해도 도망치듯 가버린다.
⑤ 불친절하다.
⑥ 사람이 있는데도 경비실에 맡기고 간다.
⑦ 화물을 함부로 다룬다.
⑧ 화물을 무단으로 방치해 놓고 간다.
⑨ 전화로 불러낸다.
⑩ 길거리에서 화물을 건네준다.
⑪ 배달이 지연된다.
⑫ 기타
　ㄱ. 포장이 되지 않았다고 그냥 간다.
　ㄴ. 운송장을 고객에게 작성하라고 한다.
　ㄷ. 전화 응대가 불친절하다(통화중, 여러 사람 연결).
　ㄹ. 사고배상 지연 등

2) 고객요구 사항
① 할인 요구
② 포장불비로 화물 포장 요구
③ 착불요구(확실한 배달을 위해)
④ 냉동화물 우선 배달
⑤ 규격 초과화물, 박스화되지 않은 화물 인수 요구

3) 택배종사자의 서비스 자세
① 애로사항이 있더라도 극복하고 고객만족을 위하여 최선을 다한다.
② 진정한 택배종사자로서 대접받을 수 있도록 행동한다.
③ 상품을 판매하고 있다고 생각한다.
④ 택배종사자의 용모와 복장
　ㄱ. 복장과 용모, 언행을 통제한다.
　ㄴ. 고객도 복장과 용모에 따라 대한다.
　ㄷ. 신분확인을 위해 명찰을 패용한다.
　ㄹ. 선글라스와 슬리퍼는 혐오감을 준다.
　ㅁ. 항상 웃는 얼굴로 서비스 한다.

⑤ 택배차량의 안전운행과 차량관리
  ㄱ. 사고와 난폭운전은 회사와 자신의 이미지 실추
  ㄴ. 골목길 처마, 간판주의
  ㄷ. 어린이, 노인 주의
  ㄹ. 후진 주의
  ㅁ. 후문은 확실히 잠그고 출발
  ㅂ. 골목길 난폭운전은 고객들의 이미지 손상
  ㅅ. 차량의 외관은 항상 청결하게 관리

⑥ 택배화물의 배달방법
  ㄱ. 배달 순서 계획
   • 관내 상세지도를 보유한다.
   • 배달표에 나타난 주소대로 배달할 것을 표시한다.
   • 우선적으로 배달해야 할 고객의 위치를 표시한다.
   • 배달과 집하 순서를 표시한다.
  ㄴ. 개인고객에 대한 전화
   • 전화를 100% 하고 배달할 의무는 없다.
   • 전화는 해도 불만, 안해도 불만을 초래할 수 있다. 그러나 전화를 하는 것이 더 좋다.
   • 위치 파악, 방문예정 시간 통보, 착불요금 준비를 위해 방문예정시간은 여유를 갖고 약속한다.
   • 전화를 안 받는다고 화물을 안 가지고 가면 안 된다.
   • 방문예정시간에 수하인 부재중일 경우 반드시 대리 인수자를 지명받아 그 사람에게 인계해야 한다.
   • 약속시간을 지키지 못할 경우에는 재차 전화하여 예정시간을 조정한다.
  ㄷ. 고객 문전 행동방법
   • **배달의 개념**: 가정이나 사무실에 배달
   • **인사방법**: 초인종을 누른 후 인사한다. 사람이 안나온다고 문을 쾅쾅 두드리거나 발로 차지 않는다.
   • 화물인계방법
    ✓ ○○에서 소포가 왔습니다. 또는 ○○회사의 상품을 배달하러 왔습니다. 겉포장의 이상 유무를 확인한 후 인계한다.
    ✓ 배달표 수령인 날인 확보
   • 고객의 문의 사항이 있을 시 성실히 답변한다.
   • 불필요한 말과 행동을 하지 않는다.
   • 화물에 이상이 있을 시 인계방법

- ✓ 약간의 문제가 있을 시는 잘 설명한다.
- ✓ 완전히 파손, 변질 시에는 진심으로 사과하고 회수 후 변상하고, 내품에 이상이 있을 시는 전화할 곳과 절차를 알려준다.
- ✓ 배달완료 후 파손, 기타 이상이 있다는 배상 요청 시 반드시 현장 확인을 한다.
- 반드시 약속시간(기간) 내에 배달한다.
- 과도한 서비스 요청 시에는 정중히 거절한다.

ㄹ. 고객부재 시 방법
- 부재 안내표의 작성 및 투입
  - ✓ 반드시 방문시간, 송하인, 화물명, 연락처 등을 기록하여 문안에 투입한다.
- 대리인 인계가 되었을 때는 다시 전화로 재확인한다.

ㅁ. 기타 배달시 주의 사항
- 화물에 부착된 운송장의 기록을 잘 확인한다.
- 중량초과화물 배달 시는 조력자를 요청한다.
- 야간에는 손전등 준비한다.

⑦ 택배 집하 방법

ㄱ. 집하의 중요성
- 집하는 택배사업의 기본
- 집하가 배달보다 우선되어야 한다.
- 배달 있는 곳에 집하가 있다.
- 집하를 잘 해야 고객불만이 감소한다.

ㄴ. 방문 집하 방법
- 방문 약속시간의 준수
- 기업화물 집하 시 행동 : 화물이 준비되지 않았다고 운전석에 앉아있거나 빈둥거리지 않는다.
- 운송장 기록을 정확하게 기재하지 않고 부실하게 기재하면 오도착, 배달불가, 배상금액 확대, 화물파손 등의 문제점이 발생된다.

▶ **정확히 기재해야 할 사항**
- 수하인 전화번호
- 정확한 화물명
- 화물가격

- 포장의 확인 : 화물종류에 따른 포장의 안전성 판단. 안전하지 못할 경우에는 보완을 요구한다.

기출문제 및 예상문제

01 고객만족을 위한 서비스에 대한 품질이라고 볼 수 없는 것은?

① 상품 품질　　② 서비스 품질
③ 영업 품질　　④ 공장환경 품질

02 직업운전자의 기본예절에 대한 설명으로 옳은 것은?

① 상대에게 항상 관심을 갖고 상대로 하여금 호감을 갖게 만든다.
② 상대방에게 관심을 가짐으로써 상호관계가 저해된다.
③ 상대방과의 인간관계는 경제적 이익을 바탕으로 한다.
④ 자신의 것만 챙기는 것은 좋은 인간관계를 유지하는 목적이다.

해 직업운전자의 기본예절
　① 자신의 것만 챙기는 것은 바람직한 인간관계를 저해한다.
　② 예의란 인간관계에서 지켜야 할 도덕이다.
　③ 상호 상대방에게 관심을 가짐으로써 인간관계가 형성된다.
　④ 감당할 수 있는 약간의 어려움은 감수한다.

03 고객과의 정중한 인사는 머리와 상체의 각도가 어느정도인가?

① 신체각도 15°　　② 신체각도 30°
③ 신체각도 45°　　④ 신체각도 90°

04 고객이 거래를 중단하는 이유 중에 가장 큰 요인이 되는 것은?

① 경쟁회사의 회유　　② 종사자의 불친절
③ 상품에 대한 불만　　④ 제품가격과 운송비

05 고객 서비스 행동예절인 인사에 대한 설명으로 올바르지 않은 것은?

① 서비스의 첫 시작은 인사로 시작된다.
② 서비스의 마무리는 인사로 마무리 된다.
③ 인사는 존경과 우정을 표현하는 행동이다.
④ 인사는 개인의 인격표현과는 관계가 없다.

06 일반적인 인사과정에서 고객과의 거리는 어느 정도 거리를 두는 것이 적정한가?

① 약 1m 안　　② 약 2m 거리
③ 약 3m 거리　　④ 약 5m 거리

07 고객과의 대화과정에서 바람직한 시선이라고 할 수 없는 것은?

① 고객과의 눈높이를 가능한 맞춘다.
② 고객의 시선을 가능한 따라간다.
③ 부드러운 시선으로 고객을 본다.
④ 화물을 이동해야 하므로 곁눈질로 응대한다.

정답　01 ④　02 ①　03 ③　04 ②　05 ④　06 ②　07 ④

08 직업운전자로서 고객과의 만남에서의 올바른 마음가짐이라고 볼 수 없는 것은?

① 정성과 감사의 마음으로 표현한다.
② 무표정한 얼굴로 인사한다.
③ 밝고 상냥한 미소 띤 얼굴로 인사한다.
④ 가급적 고객의 눈높이와 맞추어 눈으로 인사한다.

해 인사의 마음가짐 : 예절바르고 정중하게, 경쾌하고 겸손한 인사말과 함께 인사한다.

09 고객과의 악수하는 예절로 적합하지 않은 것은?

① 상대의 눈을 보며 웃으면서 악수한다.
② 반드시 오른손을 내밀어 악수한다.
③ 상대방에 따라서 10~15° 정도 굽히며 악수한다.
④ 자신의 손이 지저분하면 악수하지 않는다.

해 악수의 기본예절 : 손은 윗사람이나 고객이 먼저 내밀어야 하며, 10~15° 정도 몸을 굽히며 한다. 손이 지저분하다면 상대방에게 양해를 구한다.

10 고객과의 대화 중 호감 받는 표정관리와 관계가 먼 것은?

① 사명감을 가지고 고객의 입장에서 생각한다.
② 부드러운 말투로 대화하며 긍정적으로 생각한다.
③ 고객의 불만은 겸허히 받아드린다.
④ 대충 대화하며 결정은 하지 않는다.

11 화물운송종사자 직업의 의미 중에 포함되지 않는 것은?

① 경제적 의미   ② 정신적 의미
③ 철학적 의미   ④ 환경적 의미

12 직업운전자가 고객과의 대화시 유의해야 할 사항에 해당되지 않는 것은?

① 욕설, 폭언, 험담을 하지 않는다.
② 상대방의 약점을 함부로 지적하지 않는다.
③ 매사 침묵으로 일관한다.
④ 불평, 불만을 함부로 말하지 않는다.

해 매사에 침묵으로 일관하는 것은 상대방으로 하여금 무시하는 듯한 느낌을 갖게 한다.

13 다음 중 직업의 3가지 태도에 포함되지 않는 것은?

① 애정   ② 긍지
③ 열정   ④ 감동

14 운전자가 지켜야 할 예절로 옳지 않은 것은?

① 보행자 발견시 일단정지하여 보행자보호 후 운행한다.
② 교차로 정체현상시 급히 진입하여 자신만 신속히 통과한다.
③ 교차로나 좁은 길에서 마주 오는 차와 서로 양보해 준다.
④ 야간에 마주 오는 차와 만나면 먼저 전조등을 하향한다.

해 교차로에서는 방향지시등을 켜고 끼어들려고 할 때는 상호양보한다. 교차로 정체현상시 여유를 가지고 서서히 출발한다.

15 다음 중 고객서비스란 개념을 올바르게 설명된 것은?

① 서비스는 상품과는 관계없는 별개의 사후관리 과정이다.
② 서비스는 제품의 판매와 동시에 마무리된다.
③ 서비스는 고객의 만족도와는 관계가 없다.
④ 서비스는 고객에게 지속적으로 제공하는 모든 활동이다.

16 고객과의 인사하는 방법의 설명으로 적절하지 않은 것은?

① 인사에는 애사심과 고객에 대한 존경심이 베어 있어야 한다.
② 인사는 서비스의 기본이며, 고객과 만남의 시작이다.
③ 인사는 서비스 자세의 기본이다.
④ 고객에 대한 인사는 항상 90°의 신체각도로 한다.

17 다음 중 운전자의 운행 전 준비사항에 해당되지 않는 것은?

① 고객, 화주에게 불쾌한 표정이나 언행을 금지한다.
② 화주의 관리 및 지시에 먼저 따른다.
③ 용모 및 복장을 확인한다.
④ 배차사항 및 지시 등을 사전에 확인한다.

18 고객과 대화를 할 때 종사자로서의 올바른 자세가 아닌 것은?

① 불만과 불편 사항을 메모하는 자세를 갖는다.
② 불가피한 경우를 제외하고 논쟁을 하지 않는다.
③ 목청을 높이거나 공격적인 언사는 삼가한다.
④ 고객의 불만에 대해서는 본사와 해결하라고 한다.

19 고객이 불만을 이야기할 때 종사자로서 대처하는 방법으로 적절하지 않은 것은?

① 고객의 불만이나 불편 사항이 더 확대되지 않도록 예방한다.
② 책임감을 갖고 이름과 전화번호 등을 밝혀 고객이 알 수 있도록 한다.
③ 불만에 대한 내용을 정확히 파악하고 가능한 빠른 시간 안에 해결되도록 한다.
④ 불만의 내용이 본인과의 관계가 없으면 더 이상의 고객과 응대를 피한다.

20 다음 중 운전자의 용모와 복장에 대한 기본원칙이 아닌 것은?

① 용모는 항상 깨끗하게 한다.
② 신발로 샌들이나 슬리퍼를 신는다.
③ 복장은 계절에 맞게 착용한다.
④ 복장은 통일감 있게 착용한다.

해 운전자의 용모와 복장에 관한 기본원칙
① 깨끗하게, 단정하게, 품위 있게, 규정에 맞게
② 통일감 있게 착용, 계절에 맞게 착용
③ 가급적 편한 신발(슬리퍼 삼가) 착용

21 화물운송종사자로서 확인해야 할 사항이 아닌 것은?

① 적재화물의 포장상태 확인
② 과적 여부 확인
③ 적재물의 사용용도와 제작회사
④ 적재상태의 균형

정답 | 15 ④ 16 ④ 17 ② 18 ④ 19 ④ 20 ② 21 ③

22 운전 중 삼가야 할 운전행동이 아닌 것은?

① 사고로 인한 도로상에서의 시비·다툼행위
② 안전운행을 위해 남을 배려하는 행위
③ 음악 등 소리를 크게 틀고 도로에 쓰레기(담배꽁초 등)를 버리는 행위
④ 욕설을 하거나 경쟁심으로 타인을 유해하는 행위

해 삼가야 할 운전행동 : 신호등이 바뀌기 전에 급출발하는 행위, 도로상에서의 시비·다툼행위, 쓰레기(담배꽁초 등)를 버리는 행위 등

23 직업특성상 화물운송종사자의 어려움이라고 볼 수 없는 것은?

① 장거리 운행으로 인한 피로도가 항상 잠재해 있다.
② 차량과 운전자의 이동은 사업체가 이동하는 것과 같은 특성이 있다.
③ 화물 적재물이 바뀌어 출고되는 것은 출고자의 절대적 책임특성이 있다.
④ 주, 야간 운행으로 생활리듬이 불규칙한 특성이 있다.

24 고객 서비스에 대한 설명 중 올바르지 않은 것은?

① 서비스는 소유하는 것이 아니라 누리는 것이다.
② 서비스의 행위는 형태로서 바로 나타난다.
③ 서비스는 공급자가 제공하는 것으로 고객에 의해 소비된다.
④ 서비스 형태는 무형이기에 고객이 느낄 수 없다.

25 화물운송종사자의 인성과 습관의 중요성에 적절하지 않은 것은?

① 운송종사자의 성격은 서비스에 영향을 준다.
② 안전 운전과 고객만족의 서비스를 위해 인격을 쌓도록 한다.
③ 올바른 습관과 태도를 갖도록 노력한다.
④ 운송종사자의 태도는 화주의 태도에 의해 변하므로 화주의 인격이 중요하다.

26 배달업무를 하는 업무 행동방법으로 올바르지 않은 것은?

① 배달의 완성은 서비스 완성으로 볼 수 있다.
② 긴급배송 화물은 우선 처리하고 모든 화물은 약속일을 지키도록 한다.
③ 인수증을 받을 때는 실명으로 받고 도장을 찍도록 한다.
④ 고객이 부재 시에는 부재 중 방문표를 반드시 이용한다.

27 다음 중 고객에게 불쾌감을 주는 몸가짐이라고 볼 수 없는 것은?

① 덥수룩한 수염 및 코털
② 충혈된 눈
③ 단정한 복장
④ 지저분한 손톱

해 고객에게 불쾌감을 주는 몸가짐
 ① 욕설을 하거나 무표정한 얼굴
 ② 덥수룩한 수염 및 코털
 ③ 지저분한 손톱
 ④ 충혈된 눈, 잠잔 후 흔적이 남은 머리

28 택배화물의 배달방법 중 운송자가 운전행동 방법에 올바르지 않은 것은?

① 먼저 문을 흔들지 않고 초인종을 누르거나 가볍게 노크하도록 한다.
② 누구 앞으로 배달된 화물임을 알리고 배송물을 정중히 전달한다.
③ 불필요한 말이나 음료수 등을 요구하지 않는다.
④ 인수자의 이름을 정자로 써 줄 것을 요구한다.

29 택배화물 배달 과정에서 미배달 화물에 대한 조치방법으로 옳은 것은?

① 옆집에 맡겨 놓고 수하인이 찾아가도록 한다.
② 미배달 사유를 기록하여 회사 관리자에게 제출하고 화물을 재입고 한다.
③ 화물 인수자가 장기 부재인 경우에는 계속 싣고 다닌다.
④ 수하인 거주지 지역으로 가는 동료에게 배달을 의뢰한다.

30 화물운송자로서 서비스 자세로 올바르다고 볼 수 없는 것은?

① 자신의 물건으로 여기고 화물을 소중히 다룬다.
② 화물 도착지의 주소가 정확한지 재확인하고 전화연락번호를 기록해 둔다.
③ 운송도중 화물의 파손은 화물 결속을 잘못한 화주의 책임으로 돌린다.
④ 화물을 인계하기 전에 운송 중 파손여부 등을 확인하고 화물을 인계할 때 확인을 받아 둔다.

31 다음 중 고객의 욕구라고 할 수 없는 것은?

① 기억되기를 바란다.
② 칭찬받고 싶어 한다.
③ 환영받고 싶어 한다.
④ 관심 갖는 것을 싫어한다.

32 고객과의 대화 시 유의사항에 해당하지 않는 것은?

① 고객과의 논쟁은 가능한 하지 않도록 한다.
② 불평불만을 고객에게 하지 않도록 한다.
③ 거친 행동이나 억양을 높이지 않는다.
④ 고객과의 대화 시 침묵으로 일관한다.

33 운전자가 정당한 사유 없이 다른 사람에게 피해를 주는 소음을 발생시키는 행위에 속하지 않는 것은?

① 자동차를 급히 출발시키거나 속도를 급격히 높이는 행위
② 원동기 동력을 차의 바퀴에 전달시키지 아니하고 원동기의 회전수를 증가시키는 행위
③ 반복적이거나 연속적으로 경음기를 울리는 행위
④ 엔진브레이크를 사용하기 위해 고단기어에서 저단기어로 변속하는 행위

34 다음 중 운송종사자로서 배달시 행동방법이 잘못 된 것은?

① 화물 인수증 서명은 필히 운송자가 서명하도록 한다.
② 긴급배송을 요하는 화물은 우선 처리하고, 모든 화물은 반드시 기일 내 배송한다.
③ 수하인 주소가 불명확할 경우 사전에 정확한 위치를 확인 후 출발한다.
④ 무거운 물건일 경우 손수레를 이용하여 배달한다.

| 정답 | 28 ④ | 29 ② | 30 ③ | 31 ④ | 32 ④ | 33 ④ | 34 ① |

PART 안전 운행

화물운송종사자 자격시험 총정리 기출문제집

제1장 안전운전과 방어운전

1) 안전운전

(1) 안전운전의 정의
안전운전이란 운전자가 자동차를 그 본래의 목적에 따라 운행함에 있어서 운전자 자신이 위험한 운전을 하거나 교통사고를 유발하지 않도록 주의하여 운전하는 것

(2) 안전운전의 자세
① 남의 생명을 내 생명같이 존중한다.
② 교통법규 지키기를 습관화한다.
③ 심신상태를 안정시킨다.
④ 추측운전은 하지 않는다.
⑤ 주의력을 운전에만 집중한다.
⑥ 여유있는 마음가짐으로 운전한다.

2) 방어운전

(1) 방어운전의 정의
방어운전이란 운전자가 다른 운전자나 보행자가 교통법규를 지키지 않거나 위험한 행동을 하더라도 이에 대처 할 수 있는 운전자세를 갖추어 미리 위험한 상황을 피하여 운전하는 것, 위험한 상황을 만들지 않고 운전하는 것, 위험한 상황에 직면했을 때는 이를 효과적으로 회피할 수 있도록 운전하는 것

(2) 방어운전의 기본
① 능숙한 운전기술
② 정확한 운전지식
③ 세심한 관찰력
④ 예측능력과 판단력
⑤ 양보와 배려의 실천
⑥ 교통상황정보 수집

⑦ 반성의 자세
⑧ 무리한 운행배제

3) 실전 방어운전 방법
① 운전자는 앞차의 전방까지 시야를 멀리 둔다. 장애물이 나타나 앞차가 브레이크를 밟았을 때 즉시 브레이크를 밟을 수 있도록 준비 태세를 갖춘다.
② 뒤차의 움직임을 룸미러나 사이드미러로 확인하면서 방향지시등이나 비상등으로 자기 차의 진행방향과 운전의도를 분명히 알린다.
③ 교통신호가 바뀐다고 해서 급출발하지 말고 주위 자동차의 움직임을 확인한 후 진행한다.
④ 보행자가 갑자기 나타날 수 있는 골목길이나 주택가에서는 상황을 예견하고 속도를 줄여 충돌을 피할 시간적, 공간적 여유를 확보한다.
⑤ 기상변화에 대비해 체인이나 스노타이어 등을 미리 준비한다. 눈이나 비가 올 때는 가시거리 단축, 수막현상 등 위험요소를 염두에 두고 운전한다.
　ㄱ. 교통량이 많은 길이나 시간을 피해 운전하도록 한다. 교통이 혼잡할 때는 교통의 흐름을 따르고, 끼어들기 등을 삼가한다.
⑥ 과로로 피로하거나 심리적으로 흥분된 상태에서의 운전은 자제한다.
⑦ 앞차가 급제동을 하더라도 추돌하지 않도록 차간거리를 충분히 유지한다. 2～3대 앞차의 움직임까지 살핀다.
⑧ 뒤에 다른 차가 접근해 올 때는 속도를 낮춘다. 뒤차가 앞지르기를 하려고 하면 양보해 준다. 뒤차가 바싹 뒤따라올 때는 가볍게 브레이크 페달을 밟아 제동등을 켠다.
⑨ 진로를 바꿀 때는 상대방이 잘 알 수 있도록 여유 있게 신호를 보낸다. 보낸 신호를 상대방이 알았는지 확인한 다음에 서서히 행동한다.
⑩ 교차로를 통과할 때는 신호를 무시하고 뛰어나오는 차나 사람이 있을 수 있으므로 반드시 안전을 확인한 뒤에 서서히 주행한다. 좌우로 도로의 안전을 확인한 후 주행한다.
⑪ 밤에 마주 오는 차가 전조등 불빛을 줄이거나 아래로 비추지 않고 접근해 올 때는 불빛을 정면으로 보지 말고 시선을 약간 오른쪽으로 돌린다. 감속 또는 서행하거나 일시 정지한다.
⑫ 밤에 커브 길을 통과할 때는 전조등을 상향과 하향을 번갈아 켜거나 껐다 켰다 해 자신의 존재를 알린다. 주위를 살피면서 서행한다.
　ㄱ. 횡단하려고 하거나 횡단 중인 보행자가 있을 때는 속도를 줄이고 주의해 진행한다. 보행자가 차의 접근을 알고 있는지 확인한다.

⑬ 이면도로에서 보행 중인 어린이가 있을 때는 어린이와 안전한 간격을 두고 서행 또는 안전이 확보될 때까지 일시 정지한다.
⑭ 다른 차의 옆을 통과할 때는 상대방 차가 갑자기 진로를 변경할 수 있으므로 미리 대비하여 충분한 간격을 두고 통과한다.
⑮ 대형 화물차나 버스의 바로 뒤에서 주행할 때는 전방의 교통상황을 파악이 어려우므로 함부로 앞지르기를 하지 않도록 하고, 또 시기를 보아서 대형차의 뒤에서 이탈해 주행한다.
⑯ 신호기가 설치되어 있지 않은 교차로에서는 좁은 도로로부터 우선순위를 무시하고 진입하는 자동차가 있으므로, 이런 때에는 속도를 줄이고 좌우의 안전을 확인한 다음에 통행한다.
⑰ 차량이 많을 때 가장 안전한 속도는 다른 차량의 속도와 같을 때이므로 법정한도 내에서는 다른 차량과 같은 속도로 운전하고 안전한 차간거리를 유지한다.

4) 상황별 방어운전 방법

(1) 출발할 때
① 차의 전·후, 좌·우는 물론 차의 밑과 위까지 안전을 확인한다.
② 도로의 가장자리에서 도로를 진입하는 경우에는 반드시 신호를 한다.
③ 교통류에 합류할 때에는 진행하는 차의 간격상태를 확인하고 합류한다.

(2) 주행 시 속도조절
① 교통량이 많은 곳에서는 속도를 줄여서 주행한다.
② 노면의 상태가 나쁜 도로에서는 속도를 줄여서 주행한다.
③ 기상상태나 도로조건 등으로 시계조건이 나쁜 곳에서는 속도를 줄여서 주행한다.
④ 해질무렵, 터널 등 조명조건이 나쁠 때는 속도를 줄여서 주행한다.
⑤ 주택가나 이면도로 등에서는 과속이나 난폭운전을 하지 않는다.
⑥ 곡선반경이 작은 도로나 좁은 도로에서는 속도를 낮추어 안전하게 통과한다.
⑦ 주행하는 차들과 물 흐르듯 속도를 맞추어 주행한다.

(3) 주행차로의 사용
① 자기 차로를 선택하여 가능한 한 변경하지 않고 주행한다.
② 필요한 경우가 아니면 중앙의 차로를 주행하지 않는다.
③ 갑자기 차로를 바꾸지 않는다.

④ 차로를 바꾸는 경우에는 반드시 신호를 한다.

(4) 앞지르기할 때

① 꼭 필요한 경우에만 앞지르기한다.
② 앞지르기가 허용된 지역에서만 앞지르기한다.
③ 마주 오는 차의 속도와 거리를 정확히 판단한 후 앞지르기한다.
④ 반드시 안전을 확인한 후 앞지르기한다.
⑤ 앞지르기에 적당한 속도로 주행한다.
⑥ 앞지르기 후 뒤차의 안전을 고려하여 진입한다.
⑦ 앞지르기 전에 앞차에 신호로 알린다.

(5) 좌·우로 회전할 때

① 회전이 허용된 차로에서만 회전한다.
② 대향차가 교차로를 완전히 통과한 후 좌회전한다.
③ 우회전을 할 때 보도나 연석선을 타이어가 넘어가지 않도록 주의한다.
④ 미끄러운 노면에서는 급핸들 조작으로 회전하지 않는다.
⑤ 회전 시에는 반드시 신호를 한다.

(6) 정지할 때

① 운행 전에 제동등이 점등되는지 확인한다.
② 원활하게 서서히 정지한다.
③ 교통상황을 판단하여 미리미리 속도를 줄여 급정지하지 않도록 한다.
④ 미끄러운 노면에서는 급제동으로 차가 회전하는 경우가 발생하지 않도록 한다.

(7) 주차할 때

① 주차가 허용된 지역이나 안전한 지역에 주차한다.
② 주행차로에 차의 일부분이 돌출된 상태로 주차하지 않는다.
③ 언덕길 등 기울어진 길에는 바퀴를 고이거나 위험방지를 위한 조치를 취한 후 안전을 확인하고 차에서 떠난다.
④ 차가 노상에서 고장을 일으킨 경우에는 적절한 고장표지를 설치한다.

(8) 신호할 때
① 틀린 신호를 하지 않도록 한다.
② 경음기는 사용을 태만히 하거나 남용하여 사용하지 않도록 한다.

(9) 차간거리
① 앞차에 너무 밀착하여 주행하지 않도록 한다.
② 후진 시 후방의 물체와의 거리를 확인한다.
③ 좌·우측 차량과의 안전거리를 확인한다.
④ 다른 차가 끼어들기 하는 경우에는 양보하여 안전하게 진입하도록 한다.

(10) 감정의 통제
① 졸음이 오는 경우에 무리하여 운행하지 않도록 한다.
② 타인의 운전태도에 감정적으로 반응하여 운전하지 않도록 한다.
③ 술이나 약물의 영향이 있는 경우에는 운전을 삼가한다.
④ 몸이 불편한 경우에는 운전하지 않는다.

(11) 점검과 주의
① 운행 전·중·후에 차량점검을 철저히 한다.
② 자신의 차량이나 적재된 화물에 대하여 정확히 숙지한다.
③ 운행 전·후에는 차량의 문이나 결박상태를 확인한다.

제2장 상황별 안전운전

1) 이면도로

(1) 이면도로 운전의 위험성
① 도로의 폭이 좁고, 보도 등의 안전시설이 없다.
② 좁은 도로가 많이 교차하고 있다.
③ 상가와 주택 등이 밀집되어 있어 보행자 등이 아무곳에서나 횡단이나 통행을 한다.
④ 길가에서 어린이들이 뛰노는 경우가 많으므로, 어린이 사고가 일어나기 쉽다.

(2) 이면도로를 안전하게 통행하는 방법
① 항상 위험을 예상하면서 운전한다.
② 위험대상물을 계속 주시한다.

2) 교차로

(1) 사고발생 유형
① 앞쪽(또는 옆쪽) 상황에 소홀한 채 진행신호로 바뀌는 순간 급출발
② 정지신호임에도 불구하고 정지선을 지나 교차로에 진입하거나 무리하게 통과를 시도하는 행위
③ 교차로 진입 전 이미 황색신호 임에도 무리하게 통과시도

(2) 교차로에서의 안전운전·방어운전
① **신호등이 있는 경우**: 신호등이 지시하는 신호에 따라 통행
② **교통경찰관 수신호의 경우**: 교통경찰관의 지시에 따라 통행
③ **신호등 없는 교차로의 경우**: 통행우선순위에 따라 주의하며 진행커브길

(3) 커브길 주행요령
① 완만한 커브길
　ㄱ. 커브길의 편구배(경사도)나 도로의 폭을 확인하고 엔진브레이크로 속도를 줄인다.

ㄴ. 엔진브레이크만으로 속도가 충분히 떨어지지 않으면 풋브레이크를 사용하여 커브를 도는 중에 더 이상 감속할 필요가 없을 정도까지 줄인다.

ㄷ. 커브가 끝나는 조금 앞부터 핸들을 돌려 차체를 바르게 한다.

② 급커브길

ㄱ. 커브의 경사도나 도로의 폭을 확인하고 엔진브레이크가 작동하여 속도를 줄인다.

ㄴ. 풋 브레이크를 사용하여 충분히 속도를 줄인다.

ㄷ. 후사경으로 후방의 안전을 확인한다.

ㄹ. 저단기어로 변속한다.

ㅁ. 커브의 내각의 연장선에 차량이 이르렀을 때 핸들을 꺾는다.

ㅂ. 차가 커브를 돌았을 때 핸들을 되돌리기 시작한다.

(4) 커브 길에서의 안전운전 · 방어운전

① 커브 길에서는 미끄러지거나 전복될 위험이 있으므로 급핸들 조작이나 급제동은 하지 않는다.

② 핸들을 조작할 때는 가속이나 감속을 하지 않는다.

③ 중앙선을 침범하거나 도로의 중앙으로 치우쳐 운전하지 않는다.

④ 주간에는 경음기, 야간에는 전조등을 사용하여 내 차의 존재를 알린다.

⑤ 항상 반대 차로에 차가 오고 있다는 것을 염두에 두고 차로를 준수하며 운전한다.

⑥ 커브 길에서 앞지르기는 대부분 안전표지로 금지하고 있으나 금지표지가 없더라도 절대로 하지 않는다.

⑦ 겨울철의 노면이 빙판길이 있어 도로상태를 확인해 가며 운전한다.

3) 차로 폭

(1) 차로 폭의 개념

① 차로 폭이란 도로의 차선과 차선 사이의 최단거리를 말한다.

② 차로 폭은 관련기준에 따라 도로의 실제속도, 지형조건 등을 고려하여 달리할 수 있으나 대개 3.0 ~ 3.5m를 기준으로 한다.

③ 다만, 교량 위, 터널 내, 유턴차로(회전차로) 등에서 부득이한 경우 2.75mm로 할 수 있다.

④ 일반도로 및 고속도로 등에서는 도로 폭이 비교적 넓고, 골목길이나 이면도로 등에서는 도로폭이 비교적 좁다.

(2) 차로 폭에 따른 안전운전

① **차로 폭이 넓은 경우** : 주관적인 판단을 가급적 자제하고 계기판의 속도계에 표시되는 객관적인 속도를 준수하도록 노력한다.
② **차로 폭이 좁은 경우** : 보행자, 노약자, 어린이 등에 주의하여 즉시 정지할 수 있는 안전한 속도로 감속하여 운행한다.

4) 언덕길

(1) 내리막길 안전운전

① 내리막길을 내려가기 전에 미리 감속하며 엔진브레이크로 속도를 조절하는 것이 바람직하다.
② 엔진브레이크를 사용하면 페이드(fade)현상을 예방하여 운행 안전도를 더욱 높일 수 있다.
③ 도로의 오르막길 경사와 내리막길 경사가 같거나 비슷한 경우는 기어의 단수도 오르막, 내리막을 동일하게 사용하는 것이 적절하다.
④ 커브주행 시와 같이 중간에 불필요하게 속도를 줄인다든지 급제동하는 것은 삼가한다.
⑤ 경사가 가파르지 않은 긴 내리막길을 내려갈 때 시선은 먼 곳을 바라보는 경향이 있기 때문에 가속페달을 무심코 밟게 되어 자신도 모르게 순간속도가 높아질 위험이 있으므로 조심해야 한다.

(2) 오르막길 안전운전

① 정차할 때에는 앞차가 뒤로 밀려 충돌할 가능성을 염두에 두고 충분한 차간 거리를 유지한다.
② 오르막길의 사각지대는 정상부근이다. 마주 오는 차가 바로 앞에 다가올 때까지는 보이지 않으므로 서행하여 위험에 대비한다.
③ 정차 시에는 풋 브레이크와 핸드브레이크를 동시에 사용한다.
④ 출발 시에는 핸드브레이크를 사용하는 것이 안전하다.
⑤ 오르막길에서 앞지르기할 때에는 힘과 가속력이 좋은 저단기어를 사용하는 것이 안전하다.

(3) 언덕길 교행

올라가는 차량과 내려오는 차량의 교행 시에는 내려오는 차에 통행우선권이 있다. 이것은 내리막 가속에 의한 사고위험이 더 높다는 점을 고려한 것이다.

5) 앞지르기

(1) 앞지르기란
뒤차가 앞차의 좌측면을 지나 앞차의 앞으로 진행하는 것을 의미한다.

(2) 앞지르기할 때의 안전운전
① 자차가 앞지르기할 때
　ㄱ. 앞지르기에 필요한 속도가 그 도로의 최고속도 범위 이내일 때 앞지르기를 시도한다.
　ㄴ. 앞지르기에 필요한 충분한 거리와 시야가 확보되었을 때 앞지르기를 시도한다.
　ㄷ. 앞차가 앞지르기를 하고 있을 때는 앞지르기를 시도하지 않는다.
　ㄹ. 앞차의 오른쪽으로 앞지르기하지 않는다.
　ㅁ. 점선의 중앙선을 넘어 앞지르기 할 때에는 대향차의 움직임에 주의한다.
② 다른 차가 자차를 앞지르기할 때
　ㄱ. 자차의 속도를 앞지르기를 시도하는 차의 속도 이하로 적절히 감속한다.
　ㄴ. 앞지르기 금지장소나 앞지르기를 금지하는 때에도 앞지르기하는 차가 있다는 사실을 항상 염두에 두고 주의운전한다.

6) 철길건널목에서의 안전운전

① **일시정지 후 좌우의 안전을 확인**: 건널목 직전에서 일시정지 후 확인하며, 차단기가 내려지고 있거나, 경보음이 울릴 때, 건널목 앞쪽이 혼잡하여 건널목을 완전히 통과 할 수 없게 될 염려가 있을 때에는 진입하지 않는다.
② **건널목 통과시 기어변속금지**: 엔진이 정지되지 않도록 가속페달을 조금 힘주어 밟고 건널목을 통과하고 있을 때에는 기어변속과정에서 엔진이 멈출 수 있으므로 가급적 기어변속을 하지 않고 통과한다(수동변속기).
③ 건널목 건너편 여유공간 확인 후 통과 앞차량을 따라 계속 건너 갈 때에는 앞차량이 건너간 맞은편에 자기 차가 들어갈 여유공간이 있을 때 통과한다.
④ 철길건널목 내 차량고장 대처요령
　ㄱ. 즉시 동승자를 대피시킨다.
　ㄴ. 철도공무원에게 알리고 차를 건널목 밖으로 이동시키도록 조치한다.

ㄷ. 시동이 걸리지 않을 때에는 당황하지 말고 기어를 1단 위치에 넣은 후 클러치페달을 밟지 않은 상태에서 엔진키를 돌리면 시동모터의 회전으로 바퀴를 움직여 철길을 빠져 나올 수 있다.

7) 고속도로

① 속도의 흐름과 도로사정, 날씨 등에 따라 안전거리를 충분히 확보한다.
② 주행 중 속도계를 수시로 확인하여 법정속도를 준수한다.
③ 차로 변경시는 최소한 100m 전방으로부터 방향지시등을 켜고, 전방 주시점은 속도가 빠를수록 멀리 둔다.
④ 앞차의 움직임뿐 아니라 가능한 한 앞차 앞의 3~4대 차량의 움직임도 살핀다.
⑤ 고속도로 진·출입 시 속도감각에 유의하여 운전한다.
⑥ 고속도로 진입 시 충분한 가속으로 속도를 높인 후 주행차로로 진입하여 주행차에 방해를 주지 않도록 한다.
⑦ 주행차로 운행을 준수하고 두 시간마다 휴식한다.
⑧ 고속도로 안전운전 방법
  ㄱ. **전방주시**: 고속도로 교통사고 원인의 대부분은 전방주시 의무를 게을리 한 탓이다. 운전자는 앞차의 뒷부분만 봐서는 안 되며 앞차의 전방까지 시야를 두면서 운전한다.
  ㄴ. **진입은 안전하게 천천히, 진입 후 가속은 빠르게**: 고속도로에 진입할 때는 방향지시등으로 진입 의사를 표시한 후 충분히 속도를 높이고, 다른 차량의 흐름을 살펴 안전을 확인한 후 진입한다. 진입한 후에는 빠른 속도로 가속해서 교통흐름에 방해가 되지 않도록 한다.
  ㄷ. **주변 교통흐름에 따라 적정속도 유지**: 고속도로에서는 주변 차량들과 함께 교통흐름에 따라 운전하는 것이 중요하며, 다른 차량의 운행과 교통흐름에 방해되지 않도록 최고속도 하에서 적정 속도를 유지해야 한다.
⑨ **전 좌석 안전띠 착용**: 전 좌석 안전띠를 착용해야 하며 고속도로 및 자동차 전용도로와 일반도로에서도 전 좌석 안전띠 착용이 의무되어 있다.
⑩ 후부 반사판 부착
  후부반사판은 화물차나 특수차량 뒷편에 부착해야 하는 안전표지판으로 야간에 후방에서 주행 중인 자동차가 전방을 잘 식별할 수 있다.

제3장 위험물 운송

1) 위험물 개요
① **위험물의 성질**: 발화성, 인화성, 또는 폭발성 등의 성질
② **위험물의 종류**: 고압가스, 화약, 석유류. 독극물, 방사성물질 등

2) 위험물의 적재방법
① **운반용기와 포장외부에 표시해야 할 사항**: 위험물의 품목, 화학명 및 수량
② 운반도중 그 위험물 또는 위험물을 수납한 운반용기가 떨어지거나 그 용기의 포장이 파손되지 않도록 적재할 것
③ 수납구를 위로 향하게 적재할 것
④ 직사광선 및 빗물 등의 침투를 방지할 수 있는 덮개를 설치할 것
⑤ 혼재 금지된 위험물의 혼합 적재 금지

3) 운반 방법
① 마찰 및 흔들림 없도록 운반할 것
② 지정 수량 이상의 위험물을 차량으로 운반할 때는 차량의 전면 또는 후면의 보기 쉬운 곳에 표지를 게시할 것
③ 일시정차 시는 안전한 장소를 택하여 안전에 주의할 것
④ 해당 위험물에 적응하는 소화설비를 설치할 것
⑤ 독성가스를 운반하는 경우에는 당해 독성가스의 종류에 따른 방독면, 고무장갑, 고무장화, 그 밖의 보호구 및 재해발생 방지를 위한 응급조치에 필요한 자재, 제독제 및 공구 등을 휴대할 것
⑥ 재해발생이 우려될 때에는 응급조치를 취하고 가까운 소방관서, 기타 관계기관에 통보하여 조치를 받아야 한다.

기출문제 및 예상문제

01 다음 중 방어운전의 기본사항이 아닌 것은?

① 양보와 배려의 실천
② 무리한 추월운행 배제
③ 자신의 운전기술 과시
④ 세심한 타인배려

해 방어운전의 기본 : 능숙한 운전기술, 정확한 운전지식, 세심한 관찰력, 예측능력과 판단력, 양보와 배려의 실천, 교통상황 정보수집, 반성의 자세, 무리한 운행배제 등

02 운전자로서 위험한 운전을 피하고, 교통사고를 유발하지 않도록 운전하는 것을 무엇이라 하는가?

① 안전 운전
② 방어 운전
③ 신속 운전
④ 법규 운전

03 안전운행의 올바른 습관으로 맞는 것은?

① 차선의 무리한 추월
② 급출발·급제동행위
③ 주의력 집중
④ 조급한 운전행동

해 올바른 운전습관은 운행 중 전방주시와 주의력을 집중하여 운전하는 것이다.

04 다음 중 방어운전의 기본이라고 볼 수 없는 것은?

① 능숙한 운전, 올바른 운전지식
② 예측 관찰력과 정확한 판단력
③ 상대보다 빠른 행동으로 과감한 운행
④ 양보와 배려, 교통상황의 정보습득

05 다음 중 교차로에서의 안전운행으로 틀린 것은?

① 교차로 내에서는 항상 정지할 수 있다는 마음자세로 운전한다.
② 교차로 내에서 다음 신호를 추측하고 운행한다.
③ 자신의 신호가 바뀌는 순간 주위를 살핀 후 주행한다.
④ 신호등이 없는 교차로에서는 통행우선순위에 따라 주행한다.

해 교차로 내에서는 섣부른 추측운전을 하지 않도록 한다.

06 다음 중 커브도로상에서의 교통사고 위험이 아닌 것은?

① 과속에 의한 사고위험이 적다.
② 도로주행 중 이탈위험이 항상 있다.
③ 시야의 불량으로 사고의 위험이 있다.
④ 커브길에서는 중앙선 침범사고의 위험이 있다.

해 커브길의 교통사고위험
① 도로 외 이탈의 위험이 뒤따른다.
② 중앙선을 침범하여 대향차와 충돌할 위험이 있다.
③ 시야불량으로 인한 사고의 위험이 있다.

정답 | 01 ③ 02 ① 03 ③ 04 ③ 05 ② 06 ①

07 운전자가 운행 중 시도하는 내용의 설명 중 잘못된 것은?

① 인지 : 교통상황 등을 알아차리는 것
② 판단 : 상황에 따라 행동해야 할 것을 결정하는 것
③ 조작 : 결정한 대로 자동차의 조향과 제동 등을 조작하는 것
④ 사고요인 : 인지, 판단, 조작과정의 한 과정에서만 발생되는 것

08 교차로의 황색신호가 의미하는 것으로 틀린 것은?

① 교통사고를 예방하기 위해 설치된 신호이다.
② 전신호와 후신호가 현시되는 사이에 주는 신호이다.
③ 전신호에 따라 주행하는 차량과 후신호에 따라 주행하는 차량과의 상충을 예방하기 위한 것이다.
④ 황색신호가 현시되는 시간은 통상 6초 이상이다.

09 다음 중 커브도로 주행 시 방어운전으로 부적합한 것은?

① 핸들조작시 가속이나 감속을 하지 않는다.
② 주간에는 전조등 사용으로 자신의 존재를 알린다.
③ 비, 눈, 빙판도로의 커브길을 조심한다.
④ 커브도로상 핸들과다조작을 금지한다.

해 주간에는 경음기, 야간에는 전조등을 사용하여 자기차의 존재를 알린다.

10 안개 낀 도로를 운행할 때 안전운전이라고 할 수 없는 것은?

① 안개 낀 구간은 속도를 낮춘다.
② 안개가 끼면 전조등, 미등을 켜고 안전운행한다.
③ 안개가 끼면 특히 커브길에서는 경음기를 사용한다.
④ 안개가 끼여 시야가 나쁜 날은 운전을 하지 않는다.

해 안개로 인해 시야의 장애가 발생되면 우선 차간 거리를 충분히 확보하고 앞차의 제동이나 방향 전환 등의 신호를 예의주시하며 천천히 주행해야 안전하다.

11 야간에 마주보고 운행하는 경우에 등화조작방법으로 옳은 것은?

① 전조등을 소등한다.
② 전조등의 방향을 하향으로 조작한다.
③ 앞차가 전조등을 아래로 향하지 않으면 하이빔으로 대응한다.
④ 전조등은 끄고 안개등을 켠다.

해 모든 차의 운전자는 밤에 차가 서로 마주보고 진행하거나 앞 차의 바로 뒤를 따라가는 경우에는 등화의 밝기를 줄이거나 상향일 경우 하향으로 하는 등의 필요한 조작을 하여야 한다.

12 야간에 앞차를 뒤따라가는 차량의 운전자로서 등화조작방법이 올바른 것은?

① 모든 등화를 소등한다.
② 전조등을 밝게 한다.
③ 전조등의 불빛을 아래로 향하게 한다.
④ 안개등을 켜고 전조등을 상향으로 한다.

해 전조등 불빛을 로우빔(하향)으로 하여야 한다.

13 다음 중 비가 올 때의 안전운행요령이 아닌 것은?

① 차간거리를 충분히 유지하여 추돌사고를 예방한다.
② 평소의 속도보다 감속하여 운행한다.
③ 규정속도보다 속도를 높여 운행한다.
④ 전방주시를 철저히 하고 운행한다.

해 비가 올 때에는 속도를 낮추고 전방주시를 철저히 하며 운행한다.

14 다음 중 커브도로상에서 원심력 작용에 대한 설명이 잘못된 것은?

① 미끄러운 도로를 운행할수록 원심력 작용이 커진다.
② 차량속도가 빠를수록 원심력 작용이 커진다.
③ 차량의 중량이 큰 대형차량이 원심력 작용이 더 크다.
④ 주행반경이 크면 원심력 작용이 커진다.

해 주행반경이 크면 원심력 작용이 작아진다.

15 다음 중 비포장도로에서의 안전운행요령이 아닌 것은?

① 비포장도로는 노면의 마찰계수가 낮고 미끄럽다.
② 차량의 하체에 돌 등이 접촉되지 않도록 서행한다.
③ 진흙에 빠지면 고속회전시켜 빠져 나온다.
④ 브레이킹, 가속페달을 조작하여 핸드링 등을 부드럽게 한다.

해 모래, 진흙 등에 빠졌을 때 주의할 점은 엔진을 고속회전시키지 않는다는 것이다. 몇 차례의 시도로 차가 밖으로 나오지 못하면 변속기의 손상과 엔진의 과열을 방지하기 위해 견인을 한다.

16 도로에 물이 고인 장소를 통과할 때 올바른 운행방법은?

① 일시정지 후 주의하면서 서행으로 운행한다.
② 물이 튀게 운행하여도 법적 처벌은 받지 않는다.
③ 물이 튀지 않게 속도를 감속하여 서행으로 운행한다.
④ 평균속도를 유지하며 진행한다.

해 도로상 물이 고인 장소에서는 감속·서행 운행하여야 한다.

17 다음 중 내리막길을 주행할 때 기어변속 요령이 잘못된 것은?

① 변속기어를 사용 시에는 도로의 흐름보다 신속히 시행한다.
② 변속할 때 클러치페달을 밟고 떼는 순간 동시 레버를 작동시킨다.
③ 내리막 도로상에서는 가능한 저속기어를 사용한다.
④ 내리막 도로상에서는 고속기어를 사용하고 과속으로 운행한다.

해 내리막 도로상에서는 저속기어를 사용하여 주행한다.

18 철길건널목에서의 안전운행이라고 볼 수 없는 것은?

① 일단정지하여 좌우 확인 후 안전하게 통과한다.
② 건널목을 통과할 때에는 기어변속을 하지 않는다.
③ 건널목에서 앞차가 일시정지하지 않고 운행하면 함께 통과한다.
④ 건널목 앞 도로의 여유공간을 확인하고 운행한다.

해 철길건널목에서는 일시정지한 후, 좌우의 안전을 확인한다.

19 오르막 도로상에서의 방어운전이 아닌 것은?

① 출발 시 핸드 브레이크를 이용한다.
② 정차 시에는 풋 브레이크만을 이용한다.
③ 오르막 도로 정상에서는 주위를 더 살피고 서행한다.
④ 좁은 도로상의 교행 시 내려오는 차에 양보한다.

해 오르막 도로에서 정차 시에는 풋 브레이크와 핸드 브레이크를 동시에 사용한다.

20 다음 중 주차장소를 올바르게 설명한 것은?

① 교차로, 횡단보도 등은 주차만 금지된다.
② 화재경보기로부터 3m 이내에는 주차가 금지된다.
③ 터널 안, 다리 위는 주차는 가능하다.
④ 도로공사구역 가장자리로부터 5m 이내에는 정차가 금지된다.

해 주차금지장소
① 터널 안, 다리 위
② 화재경보기로부터 3m 이내의 곳
③ 다음의 곳으로부터 5m 이내의 곳
  ㉠ 소방용 기계·기구가 설치된 곳
  ㉡ 소방용 방화물통
  ㉢ 흡수구나 흡수구멍
  ㉣ 도로공사하는 경우 양쪽 가장자리

21 교차로에 동시 진입한 경우 통행 우선순위에 대한 설명이 잘못된 것은?

① 직진하는 차량이 좌회전 차량보다 우선
② 우측도로에서 진입하는 차량이 우선
③ 폭이 좁은 도로에서 진입하는 차량이 우선
④ 긴급자동차가 통행우선

22 정지거리에 대한 설명 중 옳지 않은 것은?

① 젖어 있는 아스팔트 도로는 마찰에 의한 정지거리가 짧다.
② 제동거리는 새 타이어가 낡은 타이어 보다 짧다.
③ 공주거리에다 제동거리를 더한 것이다.
④ 차량속도가 빠르면 길어진다.

해 '정지거리 = 공주거리 + 제동거리'이고 젖은 도로에서는 제동 거리가 증가하므로 정지거리가 길어진다. 운전자의 과로·음주·피로·졸음운전 시 공주거리는 길어진다.

23 다음 중 야간주행 시 주의할 사항이 아닌 것은?

① 야간에는 주간보다 속도를 다소 낮춰서 운행하도록 한다.
② 커브도로에는 더욱 더 속도를 감속하고 운행하도록 한다.
③ 교행 중일 때에는 서로 불빛을 상향조정하고 운행하도록 한다.
④ 야간에도 보행인이 보행하므로 주의를 철저히 한다.

해 교행 중일 때에는 불빛을 하향 조정하고 운행한다.

24 눈길 운행 시 안전운행요령이 아닌 것은?

① 눈길에서는 20% 감속운행한다.
② 앞차와 충분한 안전거리를 2배 이상 두고 운행한다.
③ 차량의 체인장치 후 과속으로 운행한다.
④ 비탈길 내리막 도로에는 저속기어와 엔진브레이크를 사용하여 운행한다.

해 체인은 구동바퀴에만 장착하며 벗겨질 염려가 있으므로 과속하지 않도록 한다.

25 앞지르기할 때 운전자의 행동으로 올바른 것은?

① 전조등을 등화한 후 양쪽으로 앞지르기할 수 있다.
② 터널 안은 앞지르기할 수 있는 장소이다.
③ 앞차의 좌측으로 앞지르기 한다.
④ 앞차의 우측으로 앞지르기 한다.

26 다음 중 여름철 자동차관리요령이 아닌 것은?

① 냉각장치, 와이퍼 작동상태 등을 점검한다.
② 타이어의 마모상태를 확인하고 교체한다.
③ 차가 물에 빠졌을 때에는 즉시 시동을 걸어 운행한다.
④ 배터리 및 전기배선 등을 점검한다.

해 폭우 등으로 물에 잠긴 차량의 경우는 각종 배선에서 수분이 완전히 제거되지 않아 합선이 일어날 수 있으므로 시동을 건다든지 전기장치를 작동시키지 말고 전문가의 도움을 받는다.

27 다음 중 겨울철 안전운행이라고 볼 수 없는 것은?

① 커브도로, 그늘진 도로에서는 감속운행한다.
② 눈길에서는 20~50% 감속운행한다.
③ 전후방을 살펴 안전하게 운행한다.
④ 오르막 도로에서는 앞차를 바짝 따라 운행한다.

해 오르막 도로에서는 차간거리를 유지하면서 운행하여야 한다.

28 자동차 운행 중 정지해야 할 장소가 아닌 곳은?

① 보도를 횡단하기 직전에
② 철길건널목을 통과하기 전에
③ 횡단보도에서 보행자가 횡단할 때
④ 비탈길의 고갯마루 부근에서

29 교통안전표지의 노면표시가 점선-실선-복선으로 표시된 경우 무엇을 의미하는 것인가?

① 허용-제한-강조
② 허용-강조-제한
③ 제한-허용-강조
④ 강조-제한-허용

30 다음 중 위험물을 싣는 화물자동차로서 안전운행 요령이 아닌 것은?

① 긴급한 상황의 발생 시 즉시 회사에 연락하여야 한다.
② 노면이나 나쁜 도로통과 시에는 도로점검 후 운행한다.
③ 차량이 철교 밑을 통과 시에는 높이를 확인하며 서행한다.
④ 육교의 높이제한표시가 없을 때에는 신속히 주행한다.

해 높이제한표시가 없더라도 주의하여 서행 운전하여야 한다.

31 다음 중 저장시설에서 차량의 고정된 탱크에 가스주입 시 작업의 안전기준이 아닌 것은?

① 위험물가스 작업 시에는 안전수칙을 반드시 준수한다.
② 가스의 이송 후에는 별도의 조치를 취할 필요가 없다.
③ 차량의 움직임을 방지하고자 고인목을 바퀴에 고정한다.
④ 가스누설 발견 시 즉시 차단밸브를 잠그고 신속히 관리자에게 보고한다.

해 가스를 이송한 후에도 탱크 속에는 잔가스가 남아 있으므로 가스를 이입할 때와 동일하게 취급한다.

정답 | 25 ③ 26 ③ 27 ④ 28 ④ 29 ① 30 ④ 31 ②

32 자동차 서행을 올바르게 설명한 것은?

① 자동차를 즉시 정지시킬 수 있는 정도의 느린 속도로 주행하는 것
② 자동차를 즉시 주차시킬 수 있는 정도의 느린 속도로 주행하는 것
③ 자동차가 미끄러지지 않도록 핸드브레이크로 제동하는 것
④ 자동차를 1분 이내로 정지시킬 수 있는 정도의 느린 속도로 주행하는 것

33 자동차 운행 중 서행해야 하는 경우라고 볼 수 없는 것은?

① 신호기가 없거나 교통정리를 하고 있지 않는 교차로
② 구부러진 도로를 운행할 때
③ 안전표지 등으로 지방경찰청장이 지정한 장소
④ 교차로 등에서 긴급자동차가 진입하는 경우

34 자동차의 서행 또는 일시정지해야 할 상황과 장소에서의 설명 중 틀린 것은?

① 교차로상에서 좌회전 또는 우회전 할 경우에는 서행한다.
② 황색신호시 정지선이 앞에 있는 경우에는 정지선 전에 정지한다.
③ 횡단보도에 보행자가 횡단할 때는 횡단보도 전에서 정지한다.
④ 건물 또는 주차장 등에서 도로로 진입할 때는 서행한다.

35 도로교통법상 자동차의 타이어가 일시적으로 정지되는 상태를 무엇이라 하나?

① 정차   ② 주차
③ 서행   ④ 일시정지

36 운행하는 차량에서 도로에 물건을 던지는 행위를 하였을 때 부과되는 범칙금액은?

① 3만 원   ② 4만 원
③ 5만 원   ④ 7만 원

37 이면도로를 주행하는 차량으로서 안전운행과 거리가 먼 것은?

① 위험을 예상하며 속도를 줄여 운행한다.
② 위험이 있을 경우 즉시 정차할 수 있는 속도로 운행한다.
③ 이륜차 또는 어린이의 돌출을 예상한다.
④ 교통량이 적은 도로이므로 속도를 높여 급히 빠져 나온다.

38 자동차가 운행 중 엔진 과열현상이 있을 때 점검대상이 아닌 것은?

① 냉각팬과 워터 펌프의 작동상태 확인
② 서머스태트의 작동상태 확인
③ 냉각수와 엔진오일양의 확인 및 누출여부 상태 확인
④ 에어클리너 오염상태 확인

해 에어클리너 오염상태를 확인하는 것은 연료계통을 점검하는 것으로 엔진과열과는 관계가 없다.

정답 | 32 ① 33 ④ 34 ④ 35 ④ 36 ③ 37 ④ 38 ④

39 곡선도로에 설치된 방어울타리의 기능이라고 할 수 없는 설명은?

① 자동차가 도로를 이탈하는 것을 예방한다.
② 운전자의 시선을 유도한다.
③ 자동차의 안전운행을 유도한다.
④ 운전자의 졸음을 예방한다.

40 갓길의 역할을 잘못 설명한 것은?

① 사고 시 교통의 혼잡을 방지하고 대비의 역할을 한다.
② 도로 측면에 여유폭으로 교통의 안전성을 도모한다.
③ 도로 유지관리 작업이나 교통사고 차량 대치 장소 역할을 한다.
④ 교통체증 시 주행할 수 있는 역할을 한다.

41 중앙분리대를 설치하는 주된 기능이라고 볼 수 없는 것은?

① 상하 차로의 통합을 위해.
② 사고차량 또는 고장차량이 정지할 수 있는 경우는 광폭분리대를 설치한다.
③ 유턴을 방지할 수 있다.
④ 대향 자동차의 현광으로 인한 위험을 줄일 수 있다.

42 다음 중 자동차 자가점검을 위한 오감으로 이상 징후를 판별할 때 가장 활용도가 낮은 것은?

① 촉각　② 시각
③ 청각　④ 미각

43 60km/h의 속도로 주행하고 있는 경우 1초 동안 차가 주행하는 거리는?

① 16.7m　② 22m
③ 30.3m　④ 60m

해 km를 m로 환산한 후 시간을 분으로, 분을 초로 환산하여 계산한다. 60km는 60,000m이며 1시간은 3,600초 이므로 60,000÷3,600≒16.7m

44 과적차량을 제한하는 이유로 볼 수 없는 것은?

① 제동장치 기능의 저하를 예방하기 위하여
② 고속운행 상태에서 충돌사고 발생을 줄이기 위해
③ 핸들 조작의 무리와 타이어 파손을 줄이기 위해
④ 도로포장 상태의 균열과 도로 파손을 예방하기 위해

45 화물자동차의 후부반사판에 대한 설명 중 틀린 것은?

① 고속도로운행 시 모든 화물자동차는 후부반사판을 부착해야 한다.
② 특수자동차는 후부반사판을 부착해야 한다.
③ 차량 총중량 7.5톤 이상 화물자동차는 후부반사판을 부착해야 한다.
④ 후부반사판은 야간 주행 시 후방차량 주행에 도움을 준다.

46 주행 중 급제동을 할 경우 차량정지에 영향을 주는 것으로 관계가 없는 것은?

① 운전자의 반응 시간
② 운전자의 판단 능력
③ 브레이크와 타이어의 상태
④ 엔진 성능

정답　39 ④　40 ④　41 ①　42 ④　43 ①　44 ②　45 ①　46 ④

47 적재량을 초과하여 운행하는 경우 자동차 조작에 영향을 주지 않는 것은?

① 제동장치 조작
② 조향장치 조작
③ 속도 조절 조작
④ 등화장치 조작

48 운행 중 차량이 제동하는 순간 차체의 관성에 의해 앞범퍼부분이 내려앉는 현상을 무엇이라 하는가?

① 로즈 업 현상
② 로즈 다운 현상
③ 슬립 현상
④ 휠밸런스 현상

49 적재중량 및 적재용량 등에 관한 운행상의 안전기준을 초과하고자 하는 경우에는 누구의 허가를 받아야 하는가?

① 출발지를 관할하는 경찰서장
② 출발지를 관할하는 시·도지사
③ 도착지를 관할하는 경찰서장
④ 도착지를 관할하는 시·도지사

50 다음 중 운전자의 인지 지연반응 시간 중 가장 짧은 반응시간으로 맞는 것은?

① 반사적 반응
② 단순한 반응
③ 복잡한 반응
④ 분별적 반응

51 고속도로에서 앞차와의 안전거리는 몇 m 이상 유지하여야 하는가?

① 300m
② 200m
③ 100m
④ 500m

해 고속도로에서는 앞차와 100m 이상의 충분한 거리를 두고 운전하여야 한다.

52 자동차의 운행상 안전기준에 대한 설명으로 올바른 것은?

① 화물의 최대길이는 화물적재함 길이의 20분의 1을 더한 길이이다.
② 화물자동차의 적재량은 최재량의 15할 이내이다.
③ 고속도로에서는 어느 자동차이건 승차정원을 넘을 수 없다.
④ 일반도로에서는 승차정원의 20할 이상을 넘을 수 없다.

해 화물자동차의 적재함 길이는 적재함 길이에 그 길이의 1/10의 길이를 더한 길이다. ② 구조 성능에 따르는 적재량의 11할 이내이다. ④ 11할 이내이다.

53 도로에 물이 고인 장소를 통과할 때 올바른 운전방법은?

① 일시정지 후 주의하면서 서행으로 운전한다.
② 물이 튀게 운전하여도 아무런 처벌을 받지 않는다.
③ 물이 튀지 않게 속도를 감속하여 서행으로 운전한다.
④ 그대로 진행한다.

해 도로상 물이 고인 장소에서는 감속·서행운전하여야 한다.

54 커브 길에 대한 설명으로 옳지 않은 것은?

① 도로가 왼쪽 또는 오른쪽으로 굽은 곡선부의 도로구간을 말한다.
② 곡선반경이 길수록 완만한 커브길이 된다.
③ 곡선반경이 짧을수록 완만한 커브길이 된다.
④ 곡선부위 곡선반경이 극단적으로 길어져 무한대에 이르면 안전한 직선도로가 된다.

55 다음 중 공주거리를 올바르게 설명한 것은?

① 제동거리는 반드시 정지할 때 나타난다.
② 위험을 느끼고 가속페달에서 발을 옮기어 브레이크 페달을 밟아 자차가 정지할 때까지 주행한 거리
③ 위험을 느끼고 가속페달에서 발을 옮기어 제동페달을 밟아서 제동효과가 나타나기 전까지 주행한 거리
④ 위험을 느끼고 가속페달에서 발을 옮기어 제동페달까지 옮기는데 걸리는 시간

해 운전자가 위험을 느끼고 브레이크가 듣기 시작할 때까지 주행한 거리를 공주거리라 한다.

56 정지거리에 대한 설명 중 옳지 않은 것은?

① 젖어 있는 아스팔트 도로는 마찰에 의한 정지거리가 짧다.
② 공주거리는 새 타이어가 낡은 타이어보다 짧다.
③ 공주거리에다 제동거리를 더한 것이다.
④ 차량속도가 빠르면 길어진다.

해 '정지거리 = 공주거리 + 제동거리'이고 젖은 도로에서는 제동거리가 증가하므로 정지거리가 길어진다. 운전자의 과로·음주·피로·졸음운전 시 공주거리는 길어진다.

57 급커브길 주행 요령에 대한 설명으로 틀린 것은?

① 풋 브레이크를 사용하여 충분히 속도를 줄인다.
② 후사경으로 오른쪽 후방의 안전을 확인한다.
③ 고단기어로 변속한다.
④ 커브 내각의 연장선에 이르렀을 때 핸들을 꺾는다.

58 커브 길의 교통사고 위험을 설명한 것으로 적합하지 않은 것은?

① 시야 불량으로 인한 사고의 위험이 있다.
② 중앙선을 침범하여 대향차와 충돌할 위험이 있다.
③ 도로 외로 차량이 이탈할 위험이 있다.
④ 시야의 확보가 쉬우므로 사고 위험이 적다.

59 커브길 주행시의 안전운전 및 방어운전에 대한 설명으로 적합하지 않은 것은?

① 커브 길에서 앞지르기 금지 안전표지가 없는 경우에는 앞지르기를 하라는 것을 의미한다.
② 항상 반대 차로에서 차가 오고 있다는 것을 염두에 두고 차로를 준수하여 운행한다.
③ 중앙선을 침범하거나 도로의 중앙으로 치우쳐 운전하지 않는다.
④ 커브 길에서는 미끄러지거나 전복될 위험이 있으므로 가능한 급핸들 조작이나 급제동을 하지 않는다.

60 우리나라 교통사고 중 교통사고 발생 빈도가 가장 높은 법규위반은?

① 횡단보도 보행자 보호의무 위반
② 중앙선 침범
③ 앞지르기 금지 또는 방법위반
④ 과속사고

61 다음 중 위험물의 성질이라고 볼 수 없는 것은?

① 발화성　　② 인화성
③ 내열성　　④ 폭발성

제4장 교통심리

1) 제1절: 교통사고의 요인

(1) 도로교통체계 구성 요소
① 운전자 및 보행자 등 도로사용자
② 도로 및 교통신호등 등의 환경
③ 차량

한편, 교통사고 4대 요인은 인적요인(운전자, 보행자 등), 차량요인, 도로·환경요인과 도로·환경요인을 도로요인과 환경요인으로 나누어 4대 요인으로 분류하기도 한다.

ㄱ. 인적요인은 신체, 생리, 심리, 적성, 습관, 태도 요인 등을 포함하는 개념으로 운전자 또는 보행자의 신체적·생리적 조건, 위험의 인지와 회피에 대한 판단, 심리적 조건 등에 관한 것과 운전자의 적성과 자질, 운전습관, 내적태도 등에 관한 것이다.

ㄴ. 차량요인은 차량구조장치의 분제와 적하(積荷) 등이다.

ㄷ. 도로·환경요인은 자연환경, 교통환경, 사회환경, 구조환경 등으로 구성된다. 자연환경은 기상, 일광 등 자연조건에 관한 것이며 교통환경은 차량 교통량, 운행 차 구성, 보행자 교통량 등 교통상황에 관한 것이다. 사회환경은 일반국민·운전자·보행자 등의 교통도덕, 정부의 교통정책, 교통단속과 형사처벌 등에 관한 것이다. 구조환경은 교통여건변화, 차량점검 및 정비관리자와 운전자의 책임한계 등을 말한다.

2) 제2절: 운전특성

(1) 인지. 판단. 조작
자동차 운전자는 운행 중 교통상황을 인지하고 어떻게 자동차를 움직여 운전할 것인가를 결정하고(판단), 그 결정에 따라 자동차를 움직이는 운전행위(조작)에 이르는 "인지-판단-조작"의 과정을 수없이 반복한다. 운전자 요인에 의한 교통사고는 이세 가지 과정의 어느 특정한 과정 또는 둘 이상의 연속된 과정의 결함에서 비롯된다.

(2) 운전특성

운전자의 정보처리과정은 감각기관으로 입수되는 교통정보(운전정보)는 구심성 신경을 통하여 정보처리부인 뇌로 전달된다. 이렇게 전달된 교통정보는 운전자의 지식·경험·사고·판단을 바탕으로 의사결정과정을 거쳐 다시 원심성 신경을 통해 효과기(운동기)로 전달되어 운전조작행위가 이루어진다.

이 같은 과정은 매우 짧은 매 순간마다 행해지며, 동시에 수정·보완되는 피드백(Feed-Back) 과정을 끊임없이 반복한다.

'내외의 교통환경을 인지하고 이에 대응하는 의사결정과정'과 '운전행위로 연결되는 운전과정'에 영향을 미치는 운전자의 신체·생리적 조건은 피로·약물·질병 등이며, 심리적 조건은 흥미·욕구·정서 등이다. 이들은 인간-기계(차량)의 정보처리과정 또는 행동을 촉진하거나 억제한다.

(3) 시각특성

운전자는 운전 중 필요한 정보를 얻기 위해 다른 감각보다 시각에 대부분 의존한다. 운전에서 차지하는 시각의 중요성은 절대적이다.

① 운전과 관련되는 시각의 특성
ㄱ. 운전자는 운전에 필요한 정보의 대부분을 시각을 통하여 획득한다.
ㄴ. 속도가 빨라질수록 시력은 떨어진다.
ㄷ. 속도가 빨라질수록 시야의 범위가 좁아진다.
ㄹ. 속도가 빨라질수록 전방주시점은 멀어진다.

② **정지시력** : 아주 밝은 상태에서 전방의 상태를 읽을 수 있는 것을 의미한다.

③ **동체시력** : 움직이는 물체(자동차, 사람 등) 또는 움직이면서(운전하면서) 다른 자동차나 사람 등의 물체를 보는 시력을 말한다.

④ **야간시력** : 야간에 전방의 상태를 읽을 수 있는 것을 의미한다.

ㄱ. 사람이 입고 있는 옷 색깔의 영향
- 야간에 하향 전조등만으로 서로 다른 색깔의 옷을 입고 있는 사람을 인지, 확인, 동작의 방향을 알아맞히게 한 연구에 의하면, 무엇인가 있다는 것을 인지하기 쉬운 옷색깔은 흰색, 엷은 황색의 순이며 흑색이 가장 어렵다. 무엇인가가 사람이라는 것을 확인하기 쉬운 옷 색깔은 적색, 백색의 순이며 흑색이 가장 어렵다. 주시대상인 사람이 움직이는 방향을 알아맞히는데 가장 쉬운 옷 색깔은 적색이며 흑색이 가장 어려웠다. 흑색의 경우는 신체의 노출정도에 따라 영향을 받는데 노출정도가 심할수록 빨리 확인할 수 있다.

ㄴ. 통행인의 노상위치와 확인거리

- 주간의 경우 운전자는 중앙선에 있는 통행인을 갓길에 있는 사람보다 쉽게 확인할 수 있지만 야간에는 대향차량간의 전조등에 의한 현혹현상(눈부심 현상)으로 중앙선상의 통행인을 우측 갓길에 있는 통행인보다 확인하기 어렵다.

ㄷ. 야간운전 주의사항
- 운전자가 눈으로 확인할 수 있는 시야의 범위가 좁아진다.
- 마주 오는 차의 전조등 불빛에 현혹되는 경우 물체식별이 어려워진다.
- 술에 취한 사람이 차도에 뛰어드는 경우에 주의해야 한다.
- 전방이나 좌우 확인이 어려운 신호등 없는 교차로나 커브길 진입 직전에는 전조등(상향과 하향을 2~3회 변환)으로 차가 진입하고 있음을 알리도록 한다.
- 보행자와 자동차의 통행이 빈번한 도로에서는 항상 전조등의 방향을 하향하여 운행한다.

(4) 명순응과 암순응

① **암순응**: 일광 또는 조명이 밝은 조건에서 어두운 조건으로 변할 때 사람의 눈이 그 상황에 적응하여 시력을 회복하는 것을 말한다. 즉, 맑은 날 낮 시간에 터널 밖을 운행하던 운전자가 갑자기 어두운 터널 안으로 주행하는 순간 일시적으로 일어나는 운전자의 심한 시각장애를 말하며, 시력회복이 명순응에 비해 매우 느리다.

② **명순응**: 일광 또는 조명이 어두운 조건에서 밝은 조건으로 변할 때 사람의 눈이 그 상황에 적응하여 시력을 회복하는 것을 말한다. 즉, 암순응과는 반대로 어두운 터널을 벗어나 밝은 도로로 주행할 때 운전자가 일시적으로 주변의 눈부심으로 인해 물체가 보이지 않는 시각장애를 말한다. 상황에 따라 다르지만 명순응에 걸리는 시간은 암순응보다 빨라 수초~1분에 불과하다.

(5) 심시력

전방에 있는 대상물까지의 거리를 목측하는 것을 심경각이라고 하며, 그 기능을 심시력이라고 한다. 심시력의 결함은 입체공간 측정의 결함으로 인한 교통사고를 초래할 수 있다.

(6) 시야

① 시야와 주변시력

정지한 상태에서 눈의 초점을 고정시키고 양쪽 눈으로 볼 수 있는 범위를 시야라고 한다. 정상적인 시력을 가진 사람의 시야범위는 180°~200°이다. 시야 범위 안에 있는 대상물이라 하더라도 시축에서 벗어나는 시각(視角)에 따라 시력이 저하된다.

그 정도는 시축(視軸)에서 시각 약 3° 벗어나면 약 80%, 6° 벗어나면 약 90%, 12° 벗어나면 약 99%가 저하되며, 한 쪽 눈의 시야는 좌·우 각각 약 160° 정도이며 양쪽 눈으로 색채를 식별할 수 있는 범위는 약 70°이다.

② 속도와 시야

시야의 범위는 자동차 속도에 반비례하여 좁아진다. 정상시력을 가진 운전자의 정지 시 시야범위는 약 180~200°이지만, 매시 40km로 운전 중이라면 그의 시야범위는 약 100°, 매시 70km면 약 65°, 매시 100km면 약 40°로 속도가 높아질수록 시야의 범위는 점점 좁아진다.

③ 주의의 정도와 시야

어느 특정한 곳에 주의가 집중되었을 경우의 시야범위는 집중의 정도에 비례하여 좁아진다. 운전 중 불필요한 대상에 주의가 집중되어있다면 주의를 집중한 것에 비례하여 시야범위가 좁아지고 교통사고의 위험은 그만큼 커진다.

④ 주행시공간(走行視空間)의 특성

속도가 빨라질수록 주시점은 멀어지고 시야는 좁아진다.

3) 제3절 : 사고의 심리

(1) 사고의 원인과 요인

교통사고에는 반드시 원인과 요인이 있다. 교통사고의 원인이란 반드시 사고라는 결과를 초래하며, 사고의 요인이란 교통사고원인을 초래한 인자를 말한다.

(2) 사고의 심리적 요인

교통사고 관련자(운전자, 보행자 등)는 특성 및 특유의 심리가 있다.

① 교통사고 운전자의 특성

교통사고를 유발한 운전자의 특성은

ㄱ. 선천적 능력(타고난 심신기능의 특성) 부족

ㄴ. 후천적 능력(학습에 의해서 습득한 운전에 관계되는 지식과 기능) 부족

ㄷ. 바람직한 동기와 사회적 태도(운전상태에 대하여 인지, 판단, 조작하는 태도) 결여

ㄹ. 불안정한 생활환경 등이다.

② **착각** : 착각의 정도는 사람에 따라 다소 차이가 있지만, 착각은 사람이 태어날 때부터 지닌 감각에 속한다.

ㄱ. 크기의 착각 : 어두운 곳에서는 가로 폭보다 세로 폭을 보다 넓은 것으로 판단한다.

ㄴ. 원근의 착각 : 작은 것은 멀리 있는 것 같이, 덜 밝은 것은 멀리 있는 것으로 느껴진다.
ㄷ. 경사의 착각
- 작은 경사는 실제보다 작게, 큰 경사는 실제보다 크게 보인다.
- 오름 경사는 실제보다 크게, 내림경사는 실제보다 작게 보인다.

ㄹ. 속도와 착각(상반의 착각)
- 주시점이 가까운 좁은 시야에서는 빠르게 느껴진다. 비교 대상이 먼 곳에 있을 때는 느리게 느껴진다.
- 상대 가속도감(반대방향), 상대 감속도감(동일방향)을 느낀다.
- 주행 중 급정거 시 반대방향으로 움직이는 것처럼 보인다.
- 큰 물건들 가운데 있는 작은 물건은 작은 물건들 가운데 있는 같은 물건보다 작아 보인다.
- 한쪽 방향의 곡선을 보고 반대 방향의 곡선을 봤을 경우 실제보다 더 구부러져 있는 것처럼 보인다.

ㅁ. 예측의 실수
- 감정이 격앙된 경우
- 고민거리가 있는 경우
- 시간에 쫓기는 경우

4) 제4절 : 운전피로

(1) 운전피로

운전에 의해서 일어나는 신체적인 변화, 심리적으로 느끼는 무기력감, 객관적으로 측정되는 운전기능의 저하를 총칭한다. 순간적으로 변화하는 운전환경에서 오는 운전피로는 신체적 피로와 정신적 피로를 동시에 수반하지만, 신체적인 부담보다 오히려 심리적 부담이 더 크다.

(2) 피로와 교통사고

운전자의 피로가 지나치면 과로가 되고 정상적인 운전이 곤란해진다. 그 결과는 교통사고로 연결될 수 있다.

① 피로의 진행과정
ㄱ. 피로의 정도가 지나치면 과로가 되고 정상적인 운전이 곤란해 진다.
ㄴ. 피로 또는 과로 상태에서는 졸음운전이 발생될 수 있고 이는 교통사고로 이어질 수 있다.
ㄷ. 연속운전은 일시적으로 급성피로를 낳게 한다.
ㄹ. 매일 시간상 또는 거리상으로 일정 수준 이상의 무리한 운전을 하면 만성피로를 초래한다.

② 운전피로와 교통사고

대체로 운전피로는 운전조작의 잘못, 주의력 집중의 편재, 외부의 정보를 차단하는졸음 등을 불러와 교통사고의 직접-간접원인이 된다.

③ 장시간 연속운전

장시간 연속운전은 심신의 기능을 현저히 저하시킨다. 운행계획에 휴식시간을 삽입하고 생활 관리를 철저히 해야 한다.

④ 수면부족

적정한 시간의 수면을 취하지 못한 운전자는 교통사고를 유발할 가능성이 높음으로 운전계획이 세워지면 출발 전에 충분한 수면을 취한다.

⑤ 피로와 운전착오

피로가 운전기능에 미치는 영향의 정도는 확실치 않지만, 피로가 발생되면 운전자의 정보수용기구(감각, 지각), 정보처리기구(판단, 기억, 의사결정), 그리고 정보효과기구(운동기관)의 각 기구에 어떤 부정적인 영향을 준다.

5) 제5절 : 음주와 운전

(1) 과다음주(알콜 남용)의 정의

과다음주(알콜 남용)란 알콜 중독보다는 경미한 상태로 의존적 증상은 없으나, 신체적·심리적·사회적 문제가 생길 정도로 과도하고 빈번하게 술을 마시는 것을 말한다.

(2) 과다음주의 문제점

① 질병

과다음주(알콜 남용)는 신체의 거의 모든 부분에 영향을 미쳐 간질환, 위염, 췌장염, 고혈압, 중풍, 식도염, 당뇨병, 그리고 심장병 등 많은 질환을 일으키는 것으로 보고되고 있다. 실제로 미국 질병관리센터에서는 병으로 인한 사망자중 알콜로 인한 사망자가 그렇지 않은 사람보다 식도암은 75%, 만성 췌장염은 60%, 구강 및 인두, 후두암, 간경변은 50%, 급성췌장염은 42% 높다고 밝힌 바 있다.

② 행동 및 심리

과도한 음주는 반사회적 행동, 정신장애, 기타 약물 남용, 강박신경증 등을 유발할 가능성이 높고, 우울증과 자살도 음주와 밀접한 관련이 있는 것으로 나타나고 있다. 문제성 음주는 본인뿐 아니라 가족 구성원들의 정서와 생활에 부정적인 큰 영향을 미쳐 가정의 가족응집력, 생활만족도가 일반 가족에 비해 낮아질 뿐만 아니라 문제성 음주자의 배우자들은 불안, 우울, 강박, 적대감 등이 높다.

③ 교통사고

과도한 음주가 아니더라도 음주는 안전한 교통생활에 매우 부정적인 영향을 미친다. 보행자의 경우도 음주보행은 교통사고의 위험을 증가시키며, 운전자의 경우는 더욱 위험하여 치명적인 교통사고로 연결되는 경우가 많다. 운전자의 음주운전은 개인적 사회적으로 치유하기 어려운 큰 손실을 초래한다.

(3) 음주운전 교통사고의 특징

① 주차 중인 자동차와 같은 정지물체 등에 충돌할 가능성이 높다.
② 전신주, 가로시설물, 가로수 등과 같은 고정물체와 충돌할 가능성이 높다.
③ 대향차의 전조등에 의한 현혹 현상 발생 시 정상운전보다 교통사고 위험이 증가된다.
④ 음주운전에 의한 교통사고가 발생하면 치사율이 높다.
⑤ 차량단독사고의 가능성이 높다(차량단독 도로이탈사고 등).

(4) 음주의 개인차

① 매일 알콜을 접하는 습관성 음주자는 음주 30분 후에 체내 알콜 농도가 정점에 도달하였지만 그 체내 알콜 농도는 중간적(평균적) 음주자의 절반 수준이었다.
② 중간적 음주자는 음주 후 60분에서 90분 사이에 체내 알콜 농도가 정점에 달하였지만 그 농도는 습관성 음주자의 2배 수준이었다.
③ 여자는 음주 30분 후에, 남자는 60분 후에 체내 알콜 농도가 정점에 도달하였다.
④ 이 밖에도 음주자의 체중, 음주시의 신체적 조건 및 심리적 조건에 따라 체내 알콜 농도 및 그 농도의 시간적 변화에 차이가 있다.
⑤ 체내알코올농도와 제거 소요시간후 체내 알콜 농도가 제거되는 시간에도 개인차가 존재하지만, 체내 알콜은 충분한 시간이 경과해야만 제거된다.
⑥ 음주가 사람에 미치는 영향에는 개인차가 있고 음주 후 체내 알콜 농도가 제거되는 시간에도 개인차가 존재하지만, 체내 알콜은 충분한 시간이 경과해야만 제거된다.

기출문제 및 예상문제

01 도로교통을 구성하는 요소가 아닌 것은?

① 운전자 및 보행자를 비롯한 사람
② 도로 및 교통신호 등의 환경
③ 자동차
④ 도로관련 법규

02 다음 중 교통사고 요인으로 볼 수 없는 것은?

① 운송비적 요인　② 인적인 요인
③ 환경적인 요인　④ 차량적인 요인

03 사고발생요인 중 가장 많은 비중을 차지하고 있는 것은?

① 교통수단의 요인　② 환경요인
③ 인적 요인　④ 횡단보도요인

해 사고발생요인인 인적 요인, 환경요인, 차량요인 중에서 운전자의 주의, 인식의 식별, 반응 등 운전자의 정보처리에 의한 인적 요인이 교통사고의 큰 비중을 차지하고 있다.

04 교통사고 요인 중 교통환경에 해당되지 않는 것은?

① 보행자 교통량　② 차량 교통량
③ 운행차 구성　④ 정부의 교통정책

해 정부의 교통정책은 교통사고의 전반적인 사회적 요인이다.

05 교통사고의 도로요인 중 도로구조요건에 해당되는 것은?

① 방호책(옹벽)　② 노면표시
③ 차로수(도로구조)　④ 신호등(신호기)

해 도로구조요건 : 도로의 선형, 노면, 차로수, 노폭, 구배 등

06 다음 중 교통사고의 환경요인에 적용되지 않는 것은?

① 교통환경　② 구조환경
③ 계절환경　④ 사회환경

해 교통사고의 환경요인 : 자연환경, 교통환경, 사회환경, 구조환경

07 다음 중 교통사고의 차량요인으로 맞는 것은?

① 각종 신호관련 표지판 등
② 차량구조장치, 적하 등
③ 도로안전시설 등
④ 운전자 또는 보행자, 신체적·생리적 조건, 심리적 조건 등

해 교통사고의 차량요인 : 차량구조장치, 부속품 또는 적하 등

정답　01 ④　02 ①　03 ③　04 ④　05 ③　06 ③　07 ②

08 교통사고의 개념에 가장 적합한 것은?

① 도로법에서 정한 도로상에서 운행 중에 차와 사람, 차와 차, 차와 기물 등이 접촉함으로써 전복·전도하여 인명의 사상, 기물의 손괴를 야기시키는 것이다.
② 도로교통법에서 정한 도로상에서 운행 중에 사고가 발생하여 인명의 사상, 기물의 손괴를 야기시키는 것이다.
③ 도로법에 의한 도로교통상에서 발생한 모든 사고를 말한다.
④ 삭도·궤도법에 의한 운행상의 모든 사고를 말한다.

해 교통사고란 운행 중 도로상에서 각종 교통수단이 다른 교통수단이나 사람 또는 기물 등과 충돌·접촉하여 사람을 사상하게 하거나 기물을 손괴하여 재산상의 손실을 야기시키는 것을 말한다.

09 교통사고가 발생되는 불안전한 환경이라고 볼 수 없는 것은?

① 격한 감정과 운전태도   ② 건강 상태
③ 음주   ④ 적재물의 가치

10 운전자가 운행 중 운전자로서 수행하는 기능을 순서대로 나열한 것은?

① 확인 - 예측 - 행동 - 결정
② 확인 - 행동 - 결정 - 예측
③ 확인 - 예측 - 결정 - 행동
④ 확인 - 결정 - 예측 - 행동

11 착각의 정도는 사람에 따라 다소 차이가 있지만 다음 중 착각이라고 볼 수 없는 것은?

① 크기의 착각   ② 원근의 착각
③ 작업의 착각   ④ 경사의 착각

12 다음 중 교통사고를 유발시키는 결정적 요인에 해당하는 것은?

① 교통의 인위적 환경   ② 인간손실
③ 배치차량의 선정   ④ 운전자 운행조사

해 차량 등의 운행 중 교통환경에 의한 인간손실로 말미암아 사고가 유발된다.

13 야간 운행시 마주오는 대향차의 조명 불빛으로 인해 전방의 보행자 등의 모습을 볼 수 없게 되는 현상을 무엇이라 하는가?

① 착시현상   ② 현혹현상
③ 증발현상   ④ 착각현상

14 다음 중 운전 피로에 영향이 될 수 없는 것은?

① 수면 부족 등의 생활환경
② 운행 조건 등의 운전작업상의 요인
③ 법규준수에 대한 부담요인
④ 신체 조건 및 질병 등의 요인

15 다음 중 운전자 시각 특성이라고 할 수 없는 것은?

① 운전자는 운전에 필요한 정보의 대부분은 느낌으로 획득한다.
② 속도가 빨라질수록 시력은 떨어진다.
③ 속도가 빨라질수록 시야는 좁아진다.
④ 속도가 빨라질수록 전방 주시가 저하된다.

16 전방의 대상물을 시각으로 확인하는 것을 심경각이라 하는데 이에 대한 기능은 무엇이라 하는가?

① 심시력　　　② 간접력
③ 목측력　　　④ 관통력

17 다음 중 암순응을 올바르게 표현되지 않은 것은?

① 밝은 조건에서 어두운 조건으로 변할 때 사람의 눈이 그 상황에 적응하며 시력을 회복하는 것이다.
② 터널 안에 들어가는 주행 시 순간 일시적으로 나타나는 하나의 시각장애를 말한다.
③ 터널 안을 주행하다 터널을 벗어나는 순간의 시각장애를 말한다.
④ 암순응의 온전한 적응은 터널의 경우 통상 5~10초 정도가 걸린다.

18 다음 중 명순응을 올바르게 설명된 것은?

① 일광 또는 조명이 어두운 곳에서 밝은 조건이 될 때 사람의 눈이 상황에 적응하여 회복하는 것을 말한다.
② 터널에서 나와 밝은 상태가 되었을 때 눈부심이 없이 순간 물체가 잘 보이는 현상이다.
③ 명순응에서 회복되는 시간은 암순응 보다 느리다.
④ 명순응은 운전경력으로 극복되는 것이다.

19 운전 중 전방의 물체를 확인한 후 예측하는 과정에서 실수를 범하는 요인이라고 볼 수 없는 것은?

① 격앙된 감정이 있을 때
② 고민과 걱정거리가 있을 때
③ 시간에 쫓기는 등 급할 때
④ 적재물이 고정된 상태가 아닐 때

20 교통사고 심리적 요인인 착각이라고 볼 수 없는 것은?

① 원근의 착각　　　② 경사의 착각
③ 중량의 착각　　　④ 속도의 착각

해 교통사고특성의 하나인 운전자 착각은 크기의 착각(어두운 곳에서는 가로폭보다 세로가 길게 보임), 원근의 착각 작은 것이 멀리 큰 것이 가깝게 느낌, 경사의 착각(오름경사는 실제보다 크게, 내림 경사는 실제보다 작게 보임), 속도의 착각(주시점이 가깝고 좁은 도로에서는 빠르게 느껴지고, 주시점이 먼곳에, 넓은 도로일수록 느리게 느껴짐), 상반의 착각(큰 것들 사이에 있는 적은 실제 보다 작게, 상대 속도보다 느린 경우 앞으로 가지만 뒤로 가는 느낌을 가진다)이 있다.

21 움직이는 물체를 보는 동체시력의 특성이라고 볼 수 없는 것은?

① 동체시력은 물체의 이동속도가 빠를수록 상대적으로 저하된다.
② 동체시력은 연령이 많을수록 저하된다.
③ 동체시력은 운전경력이 많을수록 높아진다.
④ 동체시력은 장시간 운전으로 인한 피로감이 높으면 저하된다.

22 교통사고 발생 시 운전자가 제일 먼저 확인해야 할 것은?

① 사고에 따른 가해·피해 여부
② 상대의 보험 가입여부 확인
③ 부상자에 대한 응급조치
④ 사고 목격자 신원확인

23 도로교통법상 술에 취한 상태의 기준을 올바르게 설명한 것은?

① 혈중알코올농도가 0.03% 이상이다.
② 혈중알코올농도가 0.05% 이상이다.
③ 혈중알코올농도가 0.08% 이상이다.
④ 혈중알코올농도가 0.10% 이상이다.

24 음주 측정 결과 혈중알코올 농도가 어느 정도 이상일 때부터 운전면허 취소 처분을 받게 되나?

① 0.03% 이상   ② 0.05% 이상
③ 0.08% 이상   ④ 0.10% 이상

25 혈중알코올 농도가 0.04%로 측정된 경우일 때 운전면허에 대한 행정처분은?

① 운전면허 정지 100일   ② 운전면허 취소 1년
③ 운전면허 영원히 박탈   ④ 행정처분 없음

26 3년 전 음주운전으로 면허정지처분을 받는 경력이 있는 운전자가 다시 음주운전으로 혈중알코올 농도가 0.05%로 측정된 경우 운전면허에 대한 처분은?

① 경고처분   ② 면허정지
③ 면허취소   ④ 운전면허 응시 박탈

해 일명 윤창호법에 의해 음주운전처벌 기준이 강화되어 음주운전 경력이 있는 자가 또 음주운전한 경우 혈중 알코올 농도가 비록 면허정지 기준인 0.03% ~ 0.08% 미만의 수치라 해도 운전면허 정지가 아닌 운전면허 취소 처분이 되는 즉, 2진 아웃이 된다.

27 음주상태에서 운전하여 사람을 사망케 한 경우 운전면허취소처분 기간은?

① 위반한 날로부터 1년
② 위반한 날로부터 2년
③ 위반한 날로부터 4년
④ 위반한 날로부터 5년

28 다음 중 운전면허 취소 처분이 되지 않는 경우는?

① 음주측정을 3회 이상 거부한 경우
② 음주운전으로 면허정지를 받은 경력이 있는자로서 혈중알코올농도가 0.06%로 단속된 경우
③ 혈중알코올농도가 0.09%로 단속된 경우
④ 국제면허증으로 운전한 경우

29 음주운전으로 교통사고를 야기시킨 경우 운전면허증이 취소되면 면허취득 응시기간은 몇 년간 제한되는가?

① 1년   ② 2년
③ 3년   ④ 4년

30 운전에 악영향을 주는 운전자 피로에 대한 설명으로 맞지 않는 것은?

① 피로가 가중되면 정상적인 운전이 곤란해 진다.
② 피로 또는 과로 상태는 졸음운전이 발생될 수 있다.
③ 피로는 하나의 질병으로 정신과 치료가 필요하다.
④ 일정 수준 이상의 무리한 운전은 만성피로를 초래한다.

제5장 자동차 특성요인과 안전운행

1) 자동차의 정의

자동차란 차체에 엔진의 동력을 이용하여 레일에 의하지 않고 노상을 자유로이 주행할 수 있는 차량을 말한다. 따라서 궤도차와 같이 궤도를 이용한 차량이나 트롤리버스(trolley bus)와 같이 가선(架線)을 사용하는 것은 자동차에 포함되지 않는다. 그러나 트랙터, 트럭이나 트레일러버스와 같이 견인차에 의해 견인되는 차량은 일반적으로 자동차에 포함한다.

2) 자동차의 제원

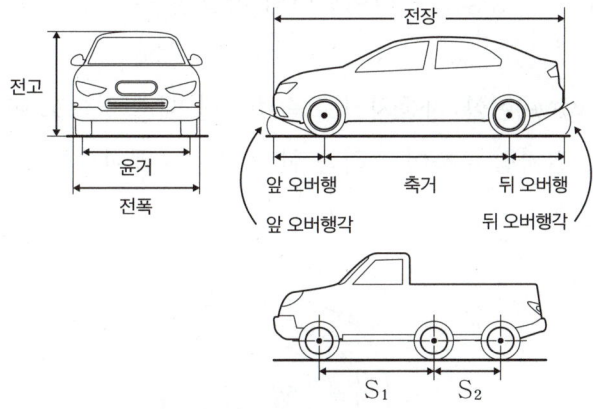

① **전장**(overall length) : 자동차의 범퍼, 미등 등을 포함한 자동차의 제일 앞쪽 끝에서 제일 뒤쪽까지의 전 길이
② **전폭**(overall width) : 자동차의 중심면에서 직각으로 측정하였을 경우 자동차의 최대폭. 단 백미러는 포함하지 않는다.
③ **전고**(overall height) : 접지면에서 자동차 최고부까지의 높이
④ **축거**(wheel base) : 전·후 차축의 중심에서 중심까지의 수평거리. 차축이 2개인 것은 앞차축 사이를 제1축거, 중간차축과 뒤차축 사이를 제2축거
⑤ **윤거**(tread) : 좌우 타이어의 중심거리를 윤거. 복륜의 경우는 복륜타이어의 중심에서 중심까지의 거리
⑥ **앞오버행** : 앞바퀴의 중심에서 범퍼, 훅(hook) 등을 포함한 앞부분까지의 거리
⑦ **뒤오버행** : 맨 뒷바퀴의 중심에서 범퍼 등을 포함한 뒷부분까지의 거리
⑧ **조향각**(steering angle) : 자동차가 방향을 바꿀 때 조향바퀴의 선회이동하는 각도

3) 자동차의 구성
① **차체**(body) : 사람이나 화물을 싣는 부분
② **섀시**(chassis) : 자동차의 차체를 제외한 나머지 부분으로 주행의 원동력이 되는 엔진, 동력전달장치, 제동장치, 조향장치, 현가장치, 주행장치 등

4) 자동차의 물리적 현상
① **베이퍼로크**(vapor lock)**현상** : 긴 내리막길 도로에서 풋브레이크를 많이 사용하면 브레이크의 드럼과 라이닝이 과열되어 휠실린더 등의 브레이크오일 속에 기포가 생기게 되며, 이에 따라 브레이크 페달을 밟아도 유압이 전달되지 않아 브레이크가 잘 작동되지 않는 현상
② **페이드**(Fade)**현상** : 고속주행 중 내리막길에서 짧은 시간 안에 풋브레이크를 지나치게 사용하면 브레이크라이닝이 과열되어 온도 상승으로 라이닝면의 마찰계수가 극히 작아져서 제동효과가 저하되는 현상
③ **스탠딩웨이브**(standing wave)**현상** : 자동차가 고속주행할 때 일정속도 이상이 되면, 타이어 접지부의 바로 뒷부분이 부풀어 물결처럼 주름이 잡히는 현상. 스탠딩웨이브현상을 예방하기 위해서는 속도를 낮추거나 공기압을 높인다.

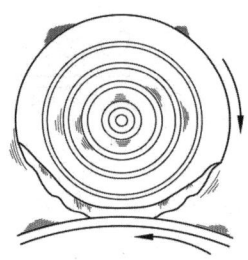

④ **수막현상**(hydroplaning) : 자동차가 물이 고인 노면을 고속으로 주행할 때 타이어는 골 사이에 있는 물을 배수하는 기능이 감소되어 물의 저항에 의해 노면으로부터 떠올라 물 위를 미끄러지듯이 도는 현상

⑤ **모닝로크(morning lock)현상** : 비가 자주오거나 습도가 높은 날, 또는 오랜 시간 주차한 후에 브레이크 드럼에 미세한 녹이 발생하는 현상. 이 현상이 발생하면 브레이크드럼과 라이닝, 브레이크패드와 디스크의 마찰계수가 높아져 평소보다 브레이크가 지나치게 예민하게 작동된다.

⑥ **내륜차** : 핸들을 돌렸을 때 안쪽 앞바퀴와 뒷바퀴가 그리는 원호의 반경차

⑦ **외륜차** : 바깥쪽 앞바퀴와 뒷바퀴가 그리는 원호의 반경차

⑧ **노즈다운(Nose down)** : 자동차를 제동할 때 바퀴는 정지하려 하고 차체는 관성에 의해 이동하려는 성질 때문에 앞범퍼 부분이 내려가는 현상. 다이브(Dive) 현상이라고도 한다.

⑨ **노즈업(Nose up)** : 자동차가 출발할 때 구동바퀴는 이동하려 하지만 차체는 정지하고 있기 때문에 앞범퍼 부분이 들리는 현상. 스쿼트(Squat) 현상이라고도 한다.

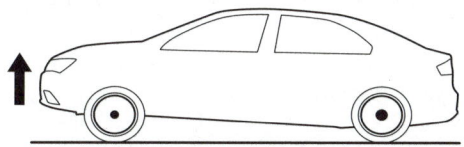

⑩ **원심력** : 돌멩이를 끈으로 매고 돌리면 돌멩이가 끈을 잡아당기는 것 현상으로 원의 중심으로부터 벗어나려는 힘. 원심력이 커지면 차는 도로 밖으로 기울면서 튀어나가게 되는데 원심력은 속도의 제곱에 비례한다. 원심력은 속도가 빠를수록, 커브가 작을수록, 또 중량이 무거울수록 커지게 된다.

5) 주요 안전장치

(1) 제동장치

제동장치는 주행하는 자동차를 감속 또는 정지시킴과 동시에 주차 상태를 유지하기 위한 장치

① 주차 브레이크

　차를 주차 또는 정차시킬 때 사용하는 제동장치로서 주로 손으로 조작하나, 일부 승용자동차의 경우는 발로 조작하는 경우로 뒷바퀴 좌·우가 고정된다.

② 풋 브레이크

　주행 중에 발로써 조작하는 주 제동장치로서 브레이크 페달을 밟으면 브레이크 마스터 실린더 내의 피스톤이 작동하여 브레이크액이 압축되고, 압축된 브레이크액이 파이프를 따라 휠 실린더로 전달되며, 휠 실린더의 피스톤에 의해 브레이크 라이닝을 밀어 주어 타이어와 함께 회전하는 드럼을 잡아 멈추게 한다(유압식 드럼브레이크).

③ 엔진 브레이크

가속 페달을 놓거나 저단기어로 바꾸게 되면 엔진 브레이크가 작용하여 속도가 감속된다. 이것은 구동바퀴에 의해 엔진이 역으로 회전하는 것과 같이 되어 그 회전 저항으로 제동력이 발생하는 것. 내리막길에서 풋 브레이크만 사용하게 되면 라이닝의 마찰에 의해 제동력이 떨어지므로 엔진 브레이크를 사용하는 것이 안전하다.

④ ABS(Anti-lock Brake System)

ABS는 자동차 각각의 네 바퀴에 달려있는 감지기(Sensor)를 통해 브레이크를 밟을 때 바퀴가 잠기는 현상을 감지한 뒤 브레이크를 풀어주어 바퀴가 다시 돌도록 한 후 바퀴가 움직이면 다시 브레이크를 작동해 바퀴가 잠기도록 반복하면서 노면의 상태에 따라 자동적으로 제동력을 제어하여 제동 안정성을 보다 높게 확보할 수 있는 제동장치. 즉, 빙판이나 빗길 미끄러운 노면상이나 통상의 주행에서 제동 시에 바퀴를 록(lock) 시키지 않음으로써 브레이크가 작동하는 동안에도 핸들의 조종이 용이하도록 하는 제동장치

> ▶ **자동차의 제동동작**
> ① 공주거리 : 운전자가 장애물을 발견하고 브레이크 페달에 발을 올려 브레이크가 작동되기 전까지
> ② 제동거리 : 브레이크에 발을 올려 브레이크가 막 작동을 시작하는 순간부터 자동차가 완전히 정지할 때까지 차량이 주행한 거리
> ③ 정지거리 : 운전자가 주행 중 위험을 인지하고 제동조작을 한 후 자동차가 정지할 때까지 진행한 거리(공주거리 + 제동거리)

(2) 타이어의 역할

① 휠의 림에 끼워져 회전하며 자동차가 달리거나 멈추는 것을 원활히 한다.
② 자동차의 중량을 받쳐 준다.
③ 지면으로부터 받는 충격을 흡수해 승차감을 좋게 한다.
④ 자동차의 진행방향을 전환시킨다.

(3) 앞바퀴 정렬

① 토우인(Toe-in)

앞바퀴를 위에서 보았을 때 앞쪽이 뒤쪽보다 좁은 상태

ㄱ. 토우인은 주행 중 타이어가 바깥쪽으로 벌어지는 것을 방지한다.
ㄴ. 캠버에 의해 토아웃 되는 것을 방지한다.
ㄷ. 주행저항 및 구동력의 반력으로 토아웃이 되는 것을 방지하여 타이어의 마모를 방지한다.

② 캠버(Camber)

자동차를 앞에서 보았을 때, 위쪽이 아래보다 약간 바깥쪽으로 기울어져 있는 상태는(+) 캠버, 위쪽이 아래보다 약간 안쪽으로 기울어져 있는 상태를(-) 캠버

ㄱ. 캠버는 앞바퀴가 하중을 받을 때 아래로 벌어지는 것을 방지한다.
ㄴ. 핸들조작을 가볍게 한다.
ㄷ. 수직방향 하중에 의해 앞차축의 휨을 방지한다.

③ 캐스터(Caster)

자동차를 옆에서 보았을 때 차축과 연결되는 킹핀의 중심선이 약간 뒤로 기울어져 있는 것

ㄱ. 캐스터는 주행 시 앞바퀴에 방향성(진행하는 방향으로 향하게 하는 것)을 부여한다.
ㄴ. 조향을 하였을때 직진 방향으로 되돌아오려는 복원력을 준다.

6) 현가장치

현가장치는 차량의 무게를 지탱하여 차체가 직접 차축에 얹히지 않도록 해주며 도로충격을 흡수하여 운전자와 화물에 더욱 유연한 승차를 제공

※현가장치 유형: 판 스프링(Leaf spring), 코일 스프링(Coil spring), 비틀림 막대 스프링(Torsion bar spring), 공기 스프링(Air spring) 등과 충격흡수장치(Shock absorber)으로 속 업소버는 ① 노면에서 발생한 스프링의 진동을 흡수하고, ② 승차감을 향상시키며, ③ 스프링의 피로를 감소시키고, ④ 타이어와 노면의 접착성을 향상시켜 커브길이나 빗길에 차가 튀거나 미끄러지는 현상을 방지한다.

7) 자동차의 진동

① **바운싱**(Bouncing: 상하 진동): 차체가 Z축 방향과 평행 운동을 하는 고유 진동
② **피칭**(Pitching: 앞뒤 진동): 차체가 Y축을 중심으로 하여 회전운동을 하는 고유 진동
③ **롤링**(Rolling: 좌우 진동): 차체가 X축을 중심으로 하여 회전운동을 하는 고유 진동
④ **요잉**(Yawing: 차체 후부 진동): 차체가 Z축을 중심으로 하여 회전운동을 하는 고유 진동

8) 자동차 일상점검

(1) 원동기
① 시동이 쉽고 잡음이 없는가?
② 배기가스의 색이 깨끗하고 유독가스 및 매연이 없는가?
③ 엔진오일의 양이 충분하고 오염되지 않으며 누출이 없는가?
④ 연료 및 냉각수가 충분하고 새는 곳이 없는가?
⑤ 연료분사펌프조속기의 봉인상태가 양호한가?
⑥ 배기관 및 소음기의 상태가 양호한가?

(2) 동력전달장치
① 클러치 페달의 유동이 없고 클러치의 유격은 적당한가?
② 변속기의 조작이 쉽고 변속기 오일의 누출은 없는가?
③ 추진축 연결부의 헐거움이나 이음은 없는가?

(3) 조향장치
① 스티어링 휠의 유동·느슨함·흔들림은 없는가?
② 조향축의 흔들림이나 손상은 없는가?

(4) 제동장치
① 브레이크 페달을 밟았을 때 상판과의 간격은 적당한가?
② 브레이크액의 누출은 없는가?
③ 주차 제동레버의 유격 및 당겨짐은 적당한가?
④ 브레이크액의 누출은 없는가?
⑤ 브레이크 파이프 및 호스의 손상 및 연결상태는 양호한가?
⑥ 에어브레이크의 공기 누출은 없는가?
⑦ 에어탱크의 공기압은 적당한가?

(5) 완충장치
① 새시스프링 및 쇽 업소버 이음부의 느슨함이나 손상은 없는가?
② 새시스프링이 절손된 곳은 없는가?
③ 쇽 업소버의 오일 누출은 없는가?

(6) 주행장치
① 휠너트(허브너트)의 느슨함은 없는가?
② 타이어의 이상마모와 손상은 없는가?
③ 타이어의 공기압은 적당한가?

(7) 기타
① 와이퍼의 작동은 확실한가?
② 유리세척액의 양은 충분한가?
③ 전조등의 광도 및 조사각도는 양호한가?
④ 후사경 및 후부반사기의 비침 상태는 양호한가?
⑤ 등록번호판은 깨끗하며 손상이 없는가?

(8) 차량점검 및 주의사항
① 운행 전 점검을 실시한다.
② 적색 경고등이 들어온 상태에서는 절대로 운행하지 않는다.
③ 운행 전에 조향핸들의 높이와 각도가 맞게 조정되어 있는지 점검한다.
④ 운행 중에는 조향핸들의 높이와 각도를 조정하지 않는다.
⑤ 주차 시에는 항상 주차브레이크를 사용한다.
⑥ 파워핸들(동력조향)이 작동되지 않더라도 트럭을 조향할 수 있으나 조향이 매우 무거움에 유의하여 운행한다.
⑦ 주차브레이크를 작동시키지 않은 상태에서 절대로 운전석에서 떠나지 않는다.
⑧ 트랙터 차량의 경우 트레일러 주차 브레이크는 일시적으로만 사용하고 트레일러 브레이크만을 사용하여 주차하지 않는다.
⑨ 라디에이터 캡은 주의해서 연다.
⑩ 캡을 기울일 경우에는 최대 끝 지점까지 도달하도록 기울이고 스트러트(캡 지지대)를 사용한다.
⑪ 캡을 기울인 후 또는 원위치 시킨 후에 엔진을 시동할 경우에는 반드시 기어레버가 중립위치에 있는지 확인한다.
⑫ 캡을 기울일 때 손을 머드가드(흙받이 밀폐고무) 부위에 올려놓지 않는다(손이 끼어서 다칠 우려가 있다).
⑬ 컨테이너 차량의 경우 고정장치가 작동되는지를 확인한다.

9) 오감으로 판별하는 자동차 이상 징후

오감이란 시각·청각·촉각·후각·미각의 다섯 가지 감각이며 오감으로 자동차의 고장을 사전에 예방하거나 빨리 발견할 수 있다.

감각	점검 방법	적용 사례
시각	부품이나 장치의 외부 굽음·변형·녹슴 등	물·오일·연료의 누설, 자동차의 기울어짐
청각	이상한 음	마찰음, 걸리는 쇳소리, 노킹소리, 긁히는 소리 등
촉각	느슨함, 흔들림, 발열 상태 등	볼트 너트의 이완, 유격, 브레이크 작동할 때 차량이 한쪽으로 쏠림, 전기 배선 불량 등
후각	고무 또는 오일 타는 냄새	배터리액의 누출, 연료 누설, 전선 등이 타는 냄새 등
미각	단맛 또는 쓴맛	엔진오일, 부동액의 상태 등

(1) 전조 현상을 잘 파악하면, 고장을 사전에 예방할 수 있다.

운전 중 또는 차량 점검 중 이상이 느껴지면 어느 곳에, 무엇이, 어떠한 현상으로 나타나는가를 잘 파악해야 한다. 만약, 이 전조 현상을 느끼고도 그대로 방치한다면, 결국 고장을 불러일으키게 된다.

(2) 고장이 자주 일어나는 부분

① 진동과 소리는 어떤 부분의 고장을 뜻할까?

ㄱ. 엔진의 점화 장치 부분

주행 전 차체에 이상한 진동이 느껴질 때는 엔진에서의 고장이 주원인이므로 플러그 배선 등이 빠져있는가를 확인한다.

ㄴ. 엔진의 이음

엔진의 회전수에 비례하여 쇠가 마주치는 소리인 이음은 밸브 장치의 문제로 밸브 간극 조정이 필요하다.

ㄷ. 팬벨트(fan belt)

가속 페달을 힘껏 밟는 순간 "끼익!"하는 소리가 나는 경우는 팬벨트 또는 기타의 V벨트가 이완되어 걸려 있는 풀리(pulley)와의 미끄러짐이 있다.

ㄹ. 클러치 부분

클러치를 밟고 있을 때 "달달달"떨리는 소리와 함께 차체가 떨리면, 클러치 릴리스 베어링의 고장이다.

ㅁ. 브레이크 부분

브레이크 페달을 밟을 때 바퀴에서 "끼익!"하는 소리가 나는 경우는 브레이크 라이닝의 마모가 심하거나 라이닝에 결함이 있을 때 일어나는 현상이다.

ㅂ. 조향장치 부분

차량이 어느 속도에 이르면 극단적으로 핸들 자체에 진동이 일어나면 앞바퀴 불량이 원인이므로 앞 차륜 정렬(휠 얼라인먼트)이나 휠 밸런스를 점검해야 한다.

ㅅ. 바퀴 부분

주행 중 하체 부분에서 비틀거리는 흔들림이 일어나거나 특히 커브를 돌 때 휘청거리는 느낌이 있는 경우는 휠 너트의 이완이나 타이어의 공기가 부족할 때이다.

ㅇ. 현가장치 부분

울퉁불퉁한 노면이나 비포장도로상을 주행할 때 "딱각딱각"하는 소리나 "킁킁"하는 소리가 날 때에는 현가장치인 쇽 업소버의 고장으로 볼 수 있다.

② 냄새와 열이 나는 것은 어느 부분의 이상인가?

ㄱ. 전기장치 부분

고무 같은 것이 타는 냄새는 엔진실 내의 전기 배선 등의 피복이 녹아 벗겨져 합선에 의해 전선이 타면서 나는 냄새이다.

ㄴ. 브레이크 부분

타는 냄새로서 단내가 나는 경우는 주브레이크의 간격이 좁든가, 주차 브레이크를 당겼다 풀었으나 완전히 풀리지 않았을 경우이다. 또한 긴 언덕길을 내려갈 때 계속 브레이크를 밟으면 이러한 현상이 일어나기 쉽다.

ㄷ. 바퀴 부분

바퀴의 드럼에 손을 대보면 어느 한쪽만 뜨거울 경우가 있는데, 이때는 브레이크 라이닝 간격이 좁아 브레이크가 끌리기 때문이다.

③ 배출가스로 구분할 수 있는 고장은?

자동차 머플러(소음기) 파이프에서 배출되는 가스의 색을 살펴보면, 엔진의 건강 상태를 알 수 있다.

ㄱ. **무색** : 완전연소 때 배출되는 가스의 색은 정상상태에서 무색 또는 약간 엷은 청색을 띤다.

ㄴ. **검은색** : 농후한 혼합가스로 불완전 연소되는 경우이다. 초크 고장이나 에어클리너 엘리먼트의 막힘, 연료장치 고장 등이 원인이다.

ㄷ. **백색(흰색)** : 엔진오일이 실린더 위로 올라와 연소되는 경우로, 헤드개스킷 파손, 밸브의 오일 씰 노후 또는 피스톤 링의 마모 등 엔진 보링을 할 시기가 된 상태이다.

기출문제 및 예상문제

01 다음 중 차량의 제원 중 축거의 설명으로 옳은 것은?

① 축거는 앞뒤차축의 끝부분에서 수평거리이다.
② 축거는 앞뒤차축의 중심에서 중심까지의 수평 거리이다.
③ 축거는 앞뒤차축의 중심에서 뒷범퍼까지 수평 거리이다.
④ 축거는 앞뒤차축의 중심에서 앞범퍼까지 수평 거리이다.

해 축거는 앞뒤차축의 중심에서 중심까지의 수평거리를 말하며, 세부사항으로 앞바퀴 중앙 중심에서 뒷바퀴 중앙 중심의 거리이다.

02 정비불량차라는 것은 어느 기준에 따른 것인가?

① 화물운수사업법에 저해되는 자동차
② 도로교통법에 의한 정비되지 않은 자동차
③ 자동차관리법의 안전기준에 적합하지 않은 자동차
④ 자동차 제작이 잘못된 자동차

03 다음 중 브레이크에 이용되는 주요한 물리적 힘은?

① 마찰력   ② 지렛대의 힘
③ 유동력   ④ 접착력

해 마찰력의 크기는 두 접촉면에 작용되는 수직력에 비례한다.

04 다음 중 브레이크가 잘 작용하지 않고 페달을 밟는 데 힘이 드는 원인이 아닌 것은?

① 타이어의 공기압이 고르지 못하다.
② 라이닝의 간극조정이 불량하다.
③ 피스톤 링의 간극이 불량하다.
④ 라이닝에 오일이 묻어 있다.

해 피스톤 링은 엔진계통으로 브레이크와 관계없다.

05 다음 중 엔진브레이크에 대한 설명으로 잘못된 것은?

① 내리막 운행에서는 풋브레이크와 엔진브레이크를 같이 사용하면 위험하다.
② 엔진브레이크는 구동바퀴에 의해 엔진에 저항을 주는 것과 같아 그 회전 저항으로 제동력이 발생한다.
③ 고단기어에서 저단기어로 변환시키면 엔진브레이크가 되어 속도가 떨어지게 된다.
④ 가속페달에서 발을 떼게 되면 엔진브레이크가 작동하여 속도가 떨어지게 된다.

06 브레이크를 반복하여 사용하면 마찰열에 의해 브레이크 파이프 등에 기포가 생기는 현상을 무엇이라 하는가?

① 베이퍼 록(Vapour Lock) 현상
② 스탠딩 웨이브(Standing Wave) 현상
③ 하이드로플레닝(Hydro Planing) 현상
④ 노즈다이브(Nose Dive) 현상

정답 01 ② 02 ③ 03 ① 04 ③ 05 ① 06 ①

07 브레이크의 반복 사용으로 마찰열이 라이닝에 축적되어 브레이크 제동력이 저하되는 현상을 나타낸 것은?

① 수막현상　　　② 페이드 현상
③ 발열 현상　　　④ 엔진브레이크 현상

08 다음 중 페이드현상은 어느 때 발생하는가?

① 비가 올 때
② 고속주행할 때
③ 브레이크를 자주 사용할 때
④ 비포장도로를 주행할 때

해 브레이크의 잦은 사용으로 라이닝의 마찰계수가 저하될 때 발생된다.

09 다음 차량운행 중 수막현상과 관련 있는 것은?

① 페이드현상　　　② 하이드로플래닝현상
③ 스탠딩웨이브현상　④ 시미현상

해 수막현상이란 물기 있는 도로주행시 노면과 타이어 사이에 물의 얇은 막이 생겨 그 압력에 의해 타이어가 노면으로부터 떨어지는 현상으로 영어로 표현은 하이드로 플레닝(Hydroplaning) 현상이라 한다.

10 하이드로 플레닝 현상을 올바르게 설명한 것은?

① 고속주행을 하면 노면에서 나타나는 진동현상이다.
② 액셀레이터를 급하게 밟으면 차체가 진동을 나타내는 현상이다.
③ 빗길을 고속 주행하면 타이어가 노면에서 뜨는 상태로 주행되는 현상이다.
④ 베이퍼 록 현상의 다른 표현이다.

11 다음 중 수막현상이 발생되는 요인과 관계가 없는 것은?

① 주행 속도　　　② 타이어 공기압
③ 변속 상항　　　④ 노면의 물의 양

12 스탠딩 웨이브 현상을 올바르게 설명한 것은?

① 고속 주행은 타이어 회전속도가 빨라지면서 노면에서 받은 타이어 변형이 복원되지 않은 가운데 다시 지면에 접지되며 물결 진동현상이 나타나는 것
② 타이어가 물속에 잠긴 상태에서 진동되는 현상
③ 타이어의 과마모로 노면에서 미끄러지는 현상
④ 하이드로플레닝 현상과 같다.

13 스탠딩웨이브 현상을 예방하는 방법은?

① 과속하지 않고 공기압을 높인다.
② 속도를 가속하고 공기압을 높인다.
③ 속도와 공기압을 높인다.
④ 타이어를 교환한다.

14 자동차 정지거리를 올바르게 나타낸 것은?

① 공주시간 동안 주행된 거리
② 제동시간 동안 주행된 거리
③ 공주거리와 제동거리를 합한 거리
④ 타이어가 미끄린 스키드마크 길이

15 운행 중 타이어의 마모에 영향을 주지 않는 것은?

① 하중, 브레이크작동　② 공기압, 노면상태
③ 속도, 커브　　　　　④ 변속

정답 07 ② 08 ③ 09 ② 10 ③ 11 ③ 12 ① 13 ① 14 ③ 15 ④

16 자동차가 운행 중 위험을 느끼고 브레이크 작동을 시작하는 순간부터 완전히 정지할 때까지 운행한 거리는?

① 제동거리 ② 정지거리
③ 공주거리 ④ 제동시간

해 운전자가 브레이크에 발을 올려 브레이크가 작동을 시작하는 순간부터 자동차가 완전히 정지할 때까지의 시간을 제동시간이라고, 이때까지 자동차가 진행한 거리를 제동거리라고 한다.

17 다음 중 제동장치가 아닌 것은?

① 주차 브레이크 ② ABS 시스템
③ 충격흡수장치 ④ 마스터실린더

18 다음 중 제동장치에 대한 설명으로 맞는 것은?

① 노면에서 전달진동을 흡수하는 역할이다.
② 자동차 주차시간을 사용하는 역할이다.
③ 주행차량의 감속·정지시키는 역할을 한다.
④ 자동차 진행방향을 바꾸는 역할을 한다.

해 제동장치는 주행할 때 감속 및 정지시키는 역할을 한다.

19 다음 중 자동차 제동장치라고 볼 수 없는 것은?

① 풋 브레이크 ② 주차 브레이크
③ ABS 브레이크 ④ 충격흡수시스템

해 ABS(Anti lock brake system) 브레이크는1929년 영국보쉬에서 개발, 1950년도 항공기에 이용 1972년부터 자동차에 이용. 2012년부터 우리나라에서 의무화되어 작동상태는 1분에 10번정도 작동됨.

20 운행 중 급제동하면서 노면에 타이어가 끌린 자국인 스키드 마크는 타이어가 어떤 상태일 때 나타나는가?

① 타이어가 고정된 상태
② 타이어가 구르는 상태
③ 제동이 되지 않은 상태
④ 핸들 조작이 안 된 상태

21 운행 중인 자동차가 제동될 때 관성에 의해 차체 앞 부분이 앞으로 내려가는 현상을 무엇이라 하는가?

① 노즈다이브(Nose Dive) 현상
② 베이퍼 록(Vapour Lock) 현상
③ 스탠딩 웨이브(Standing Wave) 현상
④ 스키드 마크 자국

22 자동차의 연료가 완전연소 때 머플러에서 배출되는 배기가스 색깔은?

① 무색 또는 엷은 청색 ② 백색
③ 검은색 ④ 우유색

23 자동차관리법 자동차안전기준에서 규정하고 있는 트레드 홈깊이 한계의 기준으로 올바른 것은?

① 1.6mm 이상 ② 2.4mm 이상
③ 3.2mm 이상 ④ 한계선의 의미가 없다.

24 자동차의 현가장치가 하는 역할이라고 볼 수 없는 것은?

① 적재물 무게 지탱 ② 노면의 충격 흡수
③ 유연한 승차감 확보 ④ 구동력을 노면에 전달

25 다음 중 자동차의 앞바퀴를 앞에서 관찰하면 바퀴의 윗부분이 아래쪽보다 더 벌어져 있는데, 이 벌어진 바퀴 중심선과 수직선 사이의 각을 무엇이라 하는가?

① 캠버　　　　　② 토인
③ 킹핀각도　　　④ 회전반경

해 앞바퀴를 앞에서 볼 때 바깥쪽으로 경사지게 결합되어 있으며, 바퀴의 중심선과 노면에 대한 수직선이 이루는 각도를 캠버(camber)라 한다.

26 주행 중 원활한 핸들 조작과 타이어의 불균형 마모 방지를 위한 앞바퀴 정렬에 포함되지 않는 것은?

① 캠버(Camber)　　② 캐스터(Caster)
③ 토우인(Toe-in)　　④ ABS 시스템

27 겨울철 주행 중 시동이 꺼지는 경우 점검조치방법이 아닌 것은?

① 연료탱크 내 이물질의 혼입 여부를 확인한다.
② 연료파이프 연결호스 부분을 확인한다.
③ 워터세퍼레이터 내 결빙을 확인한다.
④ 인젝션펌프의 에어빼기를 점검한다.

해 겨울철 주행 중 시동꺼짐의 점검 및 조치
　① 점검방법
　　㉠ 연료파이프 및 호스연결 부분 에어유입 확인
　　㉡ 연료 차단 솔레노이드밸브 작동상태 확인
　　㉢ 워터세퍼레이터 내 결빙 확인
　② 조치방법
　　㉠ 인젝션펌프 에어빼기작업
　　㉡ 워터세퍼레이트 수분 제거
　　㉢ 연료탱크 내 수분 제거

28 운전자로서 자동차의 점검방법 중 오감을 통한 점검에서 촉각으로 알 수 있는 것은?

① 흔들림, 느슨함, 발열 상태
② 배기 가스 상태
③ 타이어가 미끄러지는 상태
④ 엔진오일량 상태

29 농후한 혼합가스로 인해 배기가스 색이 검게 나타나는 불완전 연소의 원인이 아닌 것은?

① 에어클리너의 막힘　　② 연료장치의 고장
③ 브란자의 고장　　　　④ 피스톤 링의 마모

30 적재량 초과 상태인 과적으로 인한 피해라고 볼 수 없는 것은?

① 타이어 수명 단축 및 도로 파손의 원인이 된다.
② 차량에 무리한 하중으로 차량이 균형을 잃어 전도될 수도 있다.
③ 차량의 중량이 무거워짐에 따라 제동 시 제동거리가 짧아진다.
④ 차량 중량이 무거워져 사고 시 충격력도 높아진다.

31 자동차 머플러(소음기) 파이프에서 배출되는 가스의 색이 흰색인 경우의 원인은?

① 연료가 엔진안에서 완전연소될 때
② 농후한 혼합가스로 불완전 연소될 때
③ 엔진오일이 실린더 위로 올라와 연소될 때
④ 에어클리너가 오염되어 있을 때

해 한편, 에어클리너가 오염되어 있으면 농후한 혼합가스가 되어 불완전 연소되어 머플러파이프에서 배출되는 가스의 색은 검은색이 된다.

정답　25 ①　26 ④　27 ①　28 ①　29 ④　30 ③　31 ③

PART 화물 취급 요령

화물운송종사자 자격시험 총정리 기출문제집

제1장 화물운송장 작성 및 관리

1) 제1장: 운송장의 역할과 운영

(1) 운송장의 역할
① **운송장의 정의**: 운송장이란 고객의 화물을 특정지역에서 인도할 장소에까지 운송되는 과정에 따른 화물도난과 화물의 하역과정에서 바뀌는 사례를 방지하고자 화물을 수탁시켰다는 증빙과 함께 이를 증빙으로 손해배상을 청구할 수 있는 거래 쌍방 간의 법적인 권리와 의무를 나타내는 상업적 계약서이다.
② **운송장의 역할**: 계약서·화물인수증·운송요금영수증 역할, 정보처리 기본자료, 배달에 대한 증빙, 수입금 관리자료, 행선지 분류정보 제공 등

(2) 운송장의 형태
① **기본형 운송장**(포켓 타입): 기본적으로 운송회사(택배업체 등)에서 사용하고 있는 운송장은 업체별로 디자인에 다소 차이는 있으나 기록되는 내용은 대동소이하며 송하인용, 전산처리용, 수입관리용, 배달표용, 수하인용으로 구성된다.
② **보조운송장**: 동일 수하인에게 다수의 화물이 배달될 때 운송장비용을 절약하기 위하여 사용하는 운송장으로서 간단한 기본적인 내용과 원운송장을 연결시키는 내용만 기록한다.
③ **스티커형 운송장**: 운송장제작비와 전산입력비용을 절약하기 위하여 기업고객과 완벽한 EDI(전자문서교환) 시스템이 구축될 수 있는 경우 이용된다.
　ㄱ. 배달표형 스티커 운송장: 화물에 부착된 스티커형 운송장을 떼어 내어 배달표로 사용할 수 있는 운송장
　ㄴ. 바코드절취형 스티커 운송장: 스티커에 부착된 바코드만을 절취하여 별도의 화물배달표에 부착하여 배달확인을 받는 운송장

2) 제2장: 운송장 기재사항 및 부착요령

(1) 운송장 기재사항
① 송하인 기재사항
　ㄱ. 송하인의 주소, 성명(또는 상호) 및 전화번호

ㄴ. 수하인의 주소, 성명, 전화번호(거주지 또는 휴대폰번호)
ㄷ. 물품의 품명, 수량, 물품가격
ㄹ. 특약사항 약관설명 확인필 자필서명
ㅁ. 이송품 및 냉동·부패성 물품의 경우 면책확인서(별도양식) 자필 서명
② 집하담당자 기재사항
ㄱ. 접수일자, 발송점, 도착점, 배달예정일
ㄴ. 운송료
ㄷ. 집하자 성명 및 전화번호
ㄹ. 수하인용 송장상의 좌측 하단에 총수량 및 도착점 코드
ㅁ. 기타 물품의 운송에 필요한 사항

▶ **운송장의 기재사항**
① 운송장의 번호와 바코드
② 송하인의 주소·성명 및 전화번호
③ 수하인의 주소·성명 및 전화번호
④ 주문번호 또는 고객번호
⑤ 화물명·화물의 가격 및 수량, 화물의 크기(중량, 사이즈)
⑥ 운임의 지급방법
⑦ 운송요금
⑧ 발송지(집하점)
⑨ 도착지(코드)
⑩ 집하자
⑪ 인수자 날인
⑫ 특기사항
⑬ 면책사항

(2) 운송장 기재시 주의사항
① 수하인의 주소 및 전화번호가 맞는지 재차 확인한다.
② 도착점 코드가 정확히 기재되었는지 확인한다(유사지역과 혼동되지 않도록).
③ 특약사항에 대하여 고객에게 고지한 후 특약사항 약관설명 확인필에 서명을 받는다.
④ 파손, 부패, 변질 등 물품의 특성상 문제의 소지가 있을 때에는 면책확인서를 받는다.
⑤ 고가품에 대하여는 그 품목과 물품가격을 정확히 확인하여 기재하고, 할증료를 청구하여야 하며, 할증료 거절시 특약사항을 설명하고 보상한도에 대해 서명을 받는다.

⑥ 동일한 곳으로 2개 이상 보내는 물품에 대하여는 보조송장을 기재하며, 보조송장도 주송장과 같이 정확한 주소와 전화번호를 기재한다.
⑦ 산간오지, 섬지역 등 지역특성을 고려하여 배달예정일을 정한다.
⑧ 화물인수시 적합성 여부를 확인한 후, 고객이 직접 운송장 정보를 기입하도록 한다.

(3) 운송장 부착요령

① 운송장은 물품의 정중앙 상단에 뚜렷하게 보이도록 부착하고, 이것이 어려운 경우 최대한 잘 보이는 곳에 부착한다.
② 박스 모서리나 후면부 또는 측면 부착으로 혼동을 주어서는 안된다.
③ 운송장이 떨어지지 않도록 손으로 잘 눌러서 부착한다.
④ 운송장 부착시 운송장과 물품이 정확히 일치하는지 확인하여 부착한다.
⑤ 박스물품이 아닌 쌀, 매트, 카펫 등은 물품의 정중앙에 부착하며, 운송장이 떨어지지 않도록 테이프 등을 이용하여 이중부착하는 등의 방법으로 부착하되, 운송장의 바코드가 가려지지 않도록 한다.
⑥ 운송장이 떨어질 우려가 큰 물품의 경우 송하인의 동의를 얻어 포장재에 수하인의 주소 및 전화번호 등 필요한 사항을 기재한다.
⑦ 월불거래처의 경우 운송장 2개가 한 개의 물품에 부착되는 경우가 발생하지 않도록 상차시 확인하고, 혹 2개의 운송장이 부착된 물품이 도착되었을 때는 바로 집하지점에 통보하여 조치를 취할 수 있도록 한다.
⑧ 기존에 사용하던 박스 사용시 구운송장이 그대로 방치되면 물품의 오분류가 발생할 수 있으므로 반드시 구운송장은 제거한다.
⑨ 취급주의 스티커의 경우 운송장 바로 우측 옆에 붙여서 눈에 띄게 한다.
⑩ 운송장은 원칙적으로 접수장소에서 매 건마다 작성하여 화물에 부착한다.

기출문제 및 예상문제

01 사고발생 시에 화물을 수탁시켰다는 증빙서의 역할을 하는 것은?

① 운송장 ② 약관
③ 인수증 ④ 운송물

해 사고발생시에 화물을 수탁시켰다는 증빙서는 운송장으로 확인할 수 있다.

02 다음 중 운송장의 역할로서 볼 수 없는 것은?

① 행선지분류 정보제공
② 운송사고발생시 증빙서류
③ 운송요금의 영수증
④ 운송회사의 면책서류

해 운송장의 기능 : 계약서·화물인수증·운송요금영수증 역할, 정보처리 기본자료, 배달에 대한 증빙, 수입금관리자료, 행선지분류 정보제공 등

03 화물 운송장의 기능에 포함되지 않는 것은?

① 계약서 기능
② 화물 인수증 기능
③ 운송료의 영수증 기능
④ 지출금 관리 기능

04 화물 운송장의 형태에 분류되지 않는 것은?

① 기본 운송장 ② 보조 운송장
③ 스틱커형 운송장 ④ 전산처리 운송장

05 다음 중 운송장에 대한 내용이 아닌 것은?

① 비용절감을 위하여 보조운송장이 사용된다.
② 운송장은 화물에 대한 정보가 담겨 있다.
③ 운송장은 기본형 운송장, 보조운송장, 스티커형 운송장이 있다.
④ 운송장 전산시스템으로 제작비, 전산입력비용 절감효과가 있다.

해 운송장의 종류는 기본형 운송장, 보조운송장, 스티커형 운송장이 있다.

06 다음 중 운송장의 기본형이라 볼 수 있는 포켓타입을 사용하는 목적이라고 볼 수 없는 것은?

① 전산처리용 ② 지출관리용
③ 배달표용 ④ 수화인·송화인용

해 운송장의 지출, 수입관리를 위한 목적이 아니다.

07 운송장의 기록사항 중에서 파손이나 멸실되는 사고가 발생된 경우 기준이 되고 제한 품목 여부를 알기 위해 반드시 기록해야 할 것은?

① 화물 명 ② 운송장 번호
③ 화물 인수 일자 ④ 운송요금

정답 01 ① 02 ④ 03 ④ 04 ④ 05 ① 06 ② 07 ①

08 다음 중 운송장에 다수 화물의 수량을 기록하는 방법으로 옳은 것은?

① 물품개수를 기록한다.
② 총박스의 수량을 기록한다.
③ 개수를 최소단위로 기록한다.
④ 각 박스형태의 개수를 기록한다.

해 운송장에 다수 화물의 수량을 기록할 때에는 총 박스의 수를 기록한다.

09 동일 수하인에게 다수의 화물이 배달될 때 운송장비용을 절약하기 위하여 사용하는 운송장은?

① 기본형 운송장
② 보조운송장
③ 스티커형 운송장
④ 배달표형 스티커운송장

해 보조운송장은 간단한 기본적인 내용과 원 운송장을 연결시키는 내용만 기록한다.

10 깨지기 쉬운 물품의 포장 및 집하방법으로 적합하지 않은 것은?

① 도자기, 유리병 등 일부품목은 원칙적으로 집하금지품목이다.
② 반드시 플라스틱용기로 대체하여 충격완화포장을 해야 한다.
③ 부득이 병으로 집하하는 경우 면책확인서를 받는다.
④ 병이 움직이지 않도록 포장재를 보강하여 낱개로 포장한 뒤 박스로 포장하여 집하한다.

해 반드시 플라스틱용기로 대체해야 하는 것은 아니다.

11 다음 중 깨지기 쉬운 병제품의 포장방법이 아닌 것은?

① 부득이 병으로 집하하는 경우 면책확인서를 받는다.
② 포장재를 보강하여 낱개로 2중포장한다.
③ 가능한 한 플라스틱병으로 교체한다.
④ 우천시에 대비하여 비닐포장을 2중으로 한다.

해 병제품과 비닐포장은 무관하다.

12 운송화물의 포장이 불량한 경우 조치방법이 아닌 것은?

① 보강포장 시 별도의 포장비를 받을 수 없다.
② 고객이 포장보강을 거부할 경우 집하를 거절한다.
③ 화물위험시 포장을 고객에게 보강토록 한다.
④ 면책확인서에 고객의 자필서명을 받고 집하한다.

해 포장보강시 별도의 포장비를 받을 수 있다(실비의 재료비 수령).

13 다음 중 운송장에 화물명을 기록하는 방법으로 틀린 것은?

① 중고화물인 경우는 중고임을 기록한다.
② 하나의 박스에 여러 가지 화물을 포장하는 경우 화물명을 기록하지 않는다.
③ 화물명은 화물의 종류를 기록한다.
④ 수탁을 할 경우 운송회사가 금지품목임을 알고 책임져야 한다.

해 배달 후 일부품목의 부족사고 발생시 책임 여부를 규명하기 위해 여러 가지 화물을 하나의 박스에 포장하는 경우에도 중요한 화물명은 기록해야 한다.

14 운송장에 기록되어야 할 내용이 아닌 것은?

① 인수자 날인
② 운임의 지급 방법
③ 송수하인 주소, 성명, 전화번호
④ 수입내용

15 다음 중 운송장에 집하담당자의 기재사항이 아닌 것은?

① 운송료　　　② 접수일자
③ 수하인의 주소　④ 배달 예정일

해 집하담당자의 기재사항으로 접수일자 및 배달예정일, 운송료, 집하자 성명과 전화번호 등이나 수하인의 주소는 송하인의 기재 사항에 해당한다.

16 운송장기재 시 유의사항으로 옳지 않은 것은?

① 발송점의 코드가 정확히 기재되었는지 확인한다.
② 수하인의 주소 및 전화번호가 맞는지 재차 확인한다.
③ 특약사항을 고객에게 고지한 후 약관 설명 확인필에 서명을 받는다.
④ 화물인수 시 적합성 여부를 확인한 다음, 고객이 직접 운송장 정보를 기입하도록 한다.

17 화물 운송장 부착요령으로 맞지 않는 것은?

① 화물 인수 접수 장소에서 매 건마다 작성하여 화물에 부착한다.
② 운송장과 물품이 정확히 일치하는지 확인하고 부착한다.
③ 운송장은 물품의 정중앙 상단에 부착하여 눈에 잘 띄게한다.
④ 운송장은 화물의 모서리나 후면부 또는 측면에 부착한다.

18 운송장에 기록하여야 할 내용으로 알맞은 것은?

① 배송인 주소, 성명, 전화번호
② 주문번호 또는 고객번호
③ 화물 운송자 주소, 성명, 전화번호
④ 화물운송사업자 등록번호

19 다음 중 운송물의 수탁거절 사유가 될 수 없는 것은?

① 운송장에 필요한 기재 사항을 고객이 거부하는 경우
② 운송물이 도난품, 밀수품, 군수품 등 위법한 물품인 경우
③ 운송물이 사회질서, 법령 및 기타 풍속에 반하는 경우
④ 운송물 1포장의 가액이 200만 원을 초과하는 경우

20 운송장을 기재할 때 유의하여야 할 사항에 대한 설명으로 맞지 않은 것은?

① 고가품에 대하여는 품목과 가격을 정확히 확인하여 기재하고 할증료를 청구하여야 하며 할증료 거절시 특약사항을 설명하고 보상한도에 대해 서명을 받는다.
② 같은 곳으로 2개 이상 보내는 물품에 대하여는 보조송장을 기재하며 보조송장도 주송장과 같이 정확한 주소와 전화번호를 기재한다.
③ 산간, 오지 섬 지역 등 지역 특성을 고려하여 배달 예정일을 정한다.
④ 수하인의 주소 및 전화번호가 맞는지 확인은 하지 않아도 된다.

| 정답 | 14 ④　15 ③　16 ④　17 ④　18 ②　19 ④　20 ④

제2장 운송화물의 포장

1) 포장의 개념

포장이란 물품의 수송, 보관, 취급, 사용 등에 있어 물품의 가치 및 상태를 보호하기 위해 적절한 재료, 용기 등을 물품에 사용하는 기술 또는 그 상태를 말한다.

(1) 개장(個裝)

물품 개개의 포장. 물품의 상품가치를 높이기 위해 또는 물품 개개를 보호하기 위해 적절한 재료, 용기 등으로 물품을 포장하는 방법으로 낱개포장(단위포장)이라 한다.

(2) 내장(內裝)

화물 내부의 포장. 물품에 대한 수분, 습기, 광열, 충격 등을 고려하여 적절한 재료, 용기 등으로 물품을 포장하는 방법으로 속포장(내부포장)이라 한다.

(3) 외장(外裝)

화물 외부의 포장. 물품 또는 포장 물품을 상자, 포대, 나무통 및 금속관 등의 용기에 넣거나 용기를 사용하지 않고 결속하여 기호, 화물표시 등을 하는 방법으로 겉포장(외부포장)이라 한다.

2) 포장의 기능

(1) 보호성

내용물을 보호하는 기능은 포장의 가장 기본적인 기능이다. 보호성은 제품의 품질 유지에 불가결한 요소로서 내용물의 변질 방지, 물리적인 변화 등 내용물의 변형과 파손으로부터의 보호(완충포장)와 이물질의 혼입과 오염으로부터의 보호 및 기타의 병균으로부터의 보호한다.

(2) 표시성

인쇄, 라벨 붙이기 등이 포장에 의해 표시되어 화물 분류가 쉬워진다.

(3) 상품성

생산 공정을 거쳐 만들어진 물품은 자체 상품뿐만 아니라 포장을 통해 상품화로 완성되며 가치가 높아진다.

(4) 편리성

공업포장, 상업포장에 공통된 것으로서 설명서, 증서, 서비스품, 팜플릿 등을 넣거나 진열이 쉽고 수송, 하역, 보관에 편리하다.

(5) 효율성

작업효율이 양호한 것을 의미하며, 구체적으로는 생산, 판매, 하역, 수·배송 등의 작업이 효율적으로 이루어진다.

(6) 판매촉진성

판매 의욕을 환기시킴과 동시에 광고 효과가 나타난다.

3) 포장의 분류

(1) 상업포장

소매를 주로 하는 상거래 상품의 일부로서 또는 상품을 정리하여 취급하기 위해 시행하는 것으로 상품가치를 높이기 위해 하는 포장이다. 판매를 촉진시키는 기능, 진열판매의 편리성, 작업의 효율성을 도모하는 기능이 중요시된다(소비자포장, 판매포장).

(2) 공업포장

물품의 수송·보관을 주목적으로 하는 포장으로, 물품을 상자, 자루, 나무통, 금속 등에 넣어 수송·보관·하역과정 등에서 물품이 변질되는 것을 방지하는 포장이다. 포장의 기능 중 수송·하역의 편리성이 중요시된다(수송포장).

(3) 포장 재료의 특성에 따른 분류

① **유연포장**: 포장된 물품 또는 단위포장물이 포장재료나 용기의 유연성으로 본질적인 형태는 변화되지 않으나 일반적으로 외모가 변화될 수 있는 포장을 말한다. 즉, 종이, 플라스틱필름, 알루미늄포일(알루미늄박), 면포 등의 유연성이 풍부한 재료로 하는 포장으로 필름이나 엷은 종이, 셀로판 등으로 포장하는 경우로 부드럽게 구부리기 쉬운 포장형태를 말한다.

② **강성포장**: 포장된 물품 또는 단위포장물이 포장재료나 용기의 경직성으로 형태가 변화되지 않고 고정되는 포장을 말한다. 유연포장과 대비되는 포장으로 유리제 및 플라스틱제의 병이나 통(桶), 목제(木製) 및 금속제의 상자나 통(桶) 등 강성을 가진 포장을 말한다.

③ **반강성포장**: 강성을 가진 포장 중에서 약간의 유연성을 갖는 골판지상자, 플라스틱보틀 등에 의한 포장으로 유연포장과 강성포장의 중간적인 포장을 말한다.

(4) 포장방법(포장기법)별 분류

① **방수포장**: 포장화물의 수송, 보관, 하역과정에서 포장 내용물을 괴어 있는 물, 바닷물, 빗물, 물방울로부터 보호하기 위해 방수 포장재료, 방수 접착제 등을 사용하여 포장하는 것이다. 방수포장이 방습포장을 겸하고 있는 것은 아니기 때문에 방수포장에 방습포장을 병용할 경우에는 방습포장은 내면에, 방수포장은 외면에 하는 것이 바람직하다.

② **방습포장**: 흡수성이 없는 제품 또는 흡습 허용량이 적은 제품을 포장할 때 포장 내용물을 습기의 피해로부터 보호하기 위하여 방습 포장재료 및 포장용 건조제를 사용하여 건조 상태로 유지하는 포장을 말한다. 제품별 방습포장의 주요기능은 다음과 같다.

ㄱ. 비료, 시멘트, 농약, 공업약품: 흡습에 의해 부피가 늘어나는 것(팽윤, 膨潤), 고체가 저절로 녹는 것(조해, 潮解), 액체가 굳어지는 것(응고, 凝固) 방지

ㄴ. 건조식품, 의약품: 흡습에 의한 변질, 상품가치의 상실 방지

ㄷ. 식료품, 섬유제품 및 피혁제품: 곰팡이 발생 방지

ㄹ. 고수분 식품, 청과물: 탈습에 의한 변질, 신선도 저하 방지

ㅁ. 금속제품: 표면의 변색 방지

ㅂ. 정밀기기(전자제품 등): 기능 저하 방지

③ **방청포장**: 금속, 금속제품 및 부품을 수송 또는 보관할 때 녹 발생을 막기 위한 포장방법으로 방청포장 작업은 되도록 낮은 습도의 환경에서 하는 것이 바람직하다. 금속제품의 연마부분은 되도록 맨손으로 만지지 않는 것이 바람직하다.

④ **완충포장**: 물품을 운송 또는 하역하는 과정에서 발생하는 진동이나 충격에 의한 물품파손을 방지하고, 외부로부터의 힘이 직접 물품에 가해지지 않도록 외부 압력을 완화시키는 포장방법이다. 완충포장을 하기 위해서는 물품의 성질, 유통환경 및 포장재료의 완충성능을 고려하여야 한다.

⑤ **진공포장**: 밀봉 포장된 상태에서 공기를 밖으로 뽑아 버림으로써 물품의 변질, 내용물의 활성화 등을 방지하는 것을 목적으로 하는 포장이다. 즉, 유연한 플라스틱필름으로 물건을 싸고 내부를 공기가 없는 상태로 만듦과 동시에 필름의 둘레를 용착밀봉(溶着密封)하는 방법으로 식품 포장 등에 많이 사용된다.

⑥ **압축포장**: 포장비와 운송, 보관, 하역비 등을 절감하기 위하여 상품을 압축, 적은 용적이 되게 한 후 결속재로 결체하는 포장방법이며, 그 대표적인 것이 수입면의 포장이다.

⑦ **수축포장**: 물품을 1개 또는 여러 개를 합하여 수축 필름으로 덮고, 이것을 가열 수축시켜 물품을 강하게 고정·유지하는 포장이다.

4) 화물포장에 관한 일반적 유의사항
운송화물의 포장이 부실하거나 불량한 경우 다음과 같이 처리한다.
① 고객에게 화물이 훼손되지 않게 포장을 보강하도록 양해를 구한다.
② 포장비를 별도로 받고 포장할 수 있다(포장 재료비는 실비로 수령한다).
③ 포장이 미비하거나 포장 보강을 고객이 거부할 경우, 집하를 거절할 수 있으며 부득이 발송할 경우에는 면책확인서에 고객의 자필 서명을 받고 집하한다(특약사항 약관설명 확인필 란에 자필서명을 받음).

5) 특별 품목에 대한 포장 유의사항
① 손잡이가 있는 박스 물품의 경우 손잡이를 안으로 접어 사각이 되게 한 다음 테이프로 포장한다.
② 휴대폰 및 노트북 등 고가품의 경우 내용물이 파악되지 않도록 별도의 박스로 이중 포장한다.
③ 과일 등을 박스에 담아 좌우에서 들 수 있도록 되어있는 물품의 경우 손잡이 부분의 구멍을 테이프로 막아 내용물의 파손을 방지한다.
④ 꿀 등을 담은 병제품의 경우 가능한 플라스틱 병으로 대체하거나 병이 움직이지 않도록 포장재를 보강하여 낱개로 포장한 뒤 박스로 포장하여 집하한다. 부득이 병으로 집하하는 경우 면책확인서를 받고, 내용물간의 충돌로 파손되는 경우가 없도록 박스 안의 빈 공간에 폐지 또는 스티로폼 등으로 채워 집하한다.
⑤ 식품류(김치, 특산물, 농수산물 등)의 경우 스티로폼으로 포장하는 것을 원칙으로 하되, 스티로폼이 없을 경우 비닐로 내용물이 손상되지 않도록 포장한 후 두꺼운 골판지 박스 등으로 포장하여 집하한다.
⑥ 가구류의 경우 박스 포장하고 모서리 부분을 에어 캡으로 포장처리 후 면책확인서를 받아 집하한다.
⑦ 가방류, 보자기류 등의 경우 풀어서 내용물을 확인할 수 있는 물품들은 개봉이 되지 않도록 안전장치를 한 후 박스로 이중 포장하여 집하한다.
⑧ 포장된 박스가 낡은 경우 운송중에 박스 손상으로 인한 내용물의 유실 또는 파손 가능성이 있는 물품에 대해서는 박스를 교체하거나 보강하여 포장한다.
⑨ 서류 등 부피가 작고 가벼운 물품의 경우 집하할 때에는 작은 박스에 넣어 포장한다.
⑩ 비나 눈이 올 경우 비닐 포장 후 박스포장을 원칙으로 한다.
⑪ 부패 또는 변질되기 쉬운 물품의 경우 아이스박스를 사용한다.

⑫ 깨지기 쉬운 물품 등의 경우 플라스틱 용기로 대체하여 충격 완화포장을 한다. 도자기, 유리병 등 일부 물품은 집하금지 품목에 해당한다.

⑬ 옥매트 등 매트 제품의 경우 화물중간에 테이핑 처리 후 운송장을 부착하고 운송장 대체용 또는 송·수하인을 확인할 수 있는 내역을 매트 내 투입한다.

⑭ 매트 제품의 경우 내용물의 겉포장 상태가 천 종류로 되어 있어 타 화물에 의한 훼손으로 내용물의 오손 우려가 있으므로 고객에게 양해를 구하여 내용물을 보호할 수 있는 비닐포장을 하도록 한다.

6) 집하시의 유의사항

① 물품의 특성을 잘 파악하여 물품의 종류에 따라 포장방법을 달리하여 취급하여야 한다.
② 집하할 때에는 반드시 물품의 포장상태를 확인한다.

7) 일반 화물의 취급 표지(한국산업표준)

(1) 취급 표지의 표시

취급 표지는 포장에 직접 스텐실 인쇄하거나 라벨을 이용하여 부착하는 방법 중 적절한 것을 사용하여 표시한다. 페인트로 그리거나 인쇄 또는 다른 여러 가지 방법으로 이 표준에 정의되어 있는 표지를 사용하는 것을 장려하며 국경 등의 경계에 구애받을 이유는 없다.

(2) 취급 표지의 색상

표지의 색은 기본적으로 검은색을 사용한다. 포장의 색이 검은색 표지가 잘 보이지 않는 색이라면 흰색과 같이 적절한 대조를 이룰 수 있는 색을 부분 배경으로 사용한다. 위험물 표지와 혼동을 가져올 수 있는 색의 사용은 피해야 한다. 적색, 주황색, 황색 등의 사용은 이들 색의 사용이 규정화되어 있는 지역 및 국가 외에서는 사용을 피하는 것이 좋다.

(3) 취급 표지의 크기

일반적인 목적으로 사용하는 취급 표지의 전체 높이는 100mm, 150mm, 200mm의 세 종류가 있다. 그러나 포장의 크기나 모양에 따라 표지의 크기는 조정할 수 있다.

(4) 취급 표지의 수와 위치

① 하나의 포장 화물에 사용되는 동일한 취급 표지의 수는 그 포장 화물의 크기나 모양에 따라 다르다.
　ㄱ. "깨지기 쉬움, 취급 주의" 표지는 4개의 수직면에 모두 표시해야 하며 위치는 각 변의 왼쪽 윗부분

이다.

ㄴ. "위 쌓기" 표지는 "깨지기 쉬움, 취급 주의" 표지와 같은 위치에 표시하여야 하며 이 두 표지가 모두 필요할 경우 "위" 표지를 모서리에 가깝게 표시한다.

ㄷ. "무게 중심 위치" 표지는 가능한 한 여섯 면 모두에 표시하는 것이 좋지만 그렇지 않은 경우 최소한 무게 중심의 실제 위치와 관련 있는 4개의 측면에 표시한다.

ㄹ. "지게차 꺾쇠 취급 표시" 표지는 클램프를 이용하여 취급할 화물에 사용한다. 이 표지는 마주보고 있는 2개의 면에 표시하여 클램프 트럭 운전자가 화물에 접근할 때 표지를 인지할 수 있도록 운전자의 시각 범위 내에 두어야 한다.

ㅁ. "거는 위치" 표지는 최소 2개의 마주보는 면에 표시되어야 한다.

② 수송 포장 화물을 단위 적재 화물화하였을 경우는 취급 표지는 잘 보일 수 있는 곳에 표시하여야 한다.

③ 표지의 정확한 적용을 위해 주의를 기울여야 한다. "무게 중심 위치" 표지와 "거는 위치" 표지는 그 의미가 정확하고 완벽하게 전달되도록 각 화물의 적절한 위치에 표시되어야 한다.

④ 표지 "쌓는 단수 제한"에서의 n은 위에 쌓을 수 있는 최대한의 포장 화물 수를 말한다.

호칭	표지	내용	비고
깨지기 쉬움, 취급주의 (FRAGILE, HANDLE WITH CARE)		깨지기 쉬운 내용물으로 주의하여 취급할 것	적용예:
갈고리 금지 (USE NO HOOKS)		갈고리 사용 금지	
위 쌓기 (THIS WAY UP)		화물의 올바른 윗 방향을 표시	적용예:
직사일광·열차폐 (KEEP AWAY FROM SUNLIGHT)		직사광선에 노출시켜서는 안 될 화물	
방사선 보호 (PROTECT FROM RADIOACTIVE SOURCES)		방사선에으로 상태가 나빠지거나 사용할 수 없게 되는 내용물 표시	
젖음 방지 (KEEP AWAY FROM WATER)		비를 맞으면 안 되는 포장 화물	
무게 중심 위치 (CENTRE OF GRAVITY)		최소 단위 화물의 무게 중심을 표시	적용예:
굴림 방지 (DO NOT ROLL)		굴려서는 안 되는 화물 표시	
손수레 삽입 금지 (DO NOT USE HAND TRUCK HERE)		손수레를 끼우면 안 되는 화물표시	
지게차 취급 금지 (USE NO FORKS)		지게차 사용 취급 금지	

호칭	표지	내용	비고
지게차 꺾쇠 취급 표시 (CLAMP AS INDICATED)		이 표시가 있는 면의 양쪽 면이 클램프 위치라는 표시	
지게차 꺾쇠 취급 제한 (DO NOT CALMP AS INDICATED)		표지가 있는 면의 양쪽에 클램프를 사용하면 안 되는 표시	
위 쌓기 제한 (STACKING LIMIT BY MASS)	...kg max	위에 쌓을 수 있는 최대 무게 표시	
쌓은 단수 제한 (STACKING LIMIT BY NUMBER)	n	위에 쌓을 수 있는 동일한 포장·화물의 수 표시, "n"은 한계 수	
쌓기 금지 (DO NOT STACK)		포장의 위에 다른 화물을 쌓으면 안 된다는 표시	
거는 위치 (SLING HERE)		슬링을 거는 위치 표시	
온도 제한 (TEMPERATURE LIMITS)		화물의 저장 또는 유통 시 온도 제한을 표시	a) ...℃ max. / ...℃ min. b) ...℃ max. / ...℃ min.

※ 이 표준은 어떤 종류의 화물에도 적용할 수 있으나 위험물의 취급 표지로는 사용할 수 없다.

기출문제 및 예상문제

01 운송하는 화물의 파손 원인에 다음 중 해당되지 않는 것은?

① 화물 취급을 정교하게 다루지 않는 경우
② 화물을 제대로 분류하지 않고 무작위로 적재 압축하는 경우
③ 화물을 인계할 때 수화인 확인을 제대로 하지 않은 경우
④ 화물의 포장상태를 확인하지 않고 집하하는 경우

02 운송화물의 포장이 불량한 경우 조치방법이 아닌 것은?

① 보강포장시 별도의 포장비를 받을 수 없다.
② 고객이 포장보강을 거부할 경우 집하를 거절한다.
③ 화물위험시 포장을 고객에게 보강토록 한다.
④ 면책확인서에 고객의 자필서명을 받고 집하한다.

해 포장보강시 별도의 포장비를 받을 수 있다(실비의 재료비 수령).

03 위험물을 운송할 경우 운반용기와 포장 외부에 표시해야 할 사항이 아닌 것은?

① 위험물의 수량   ② 위험물의 품목
③ 위험물의 품명   ④ 위험물의 성질

04 충전용기 등을 운송하기 위해 적재할 때 항상 온도는 몇 도를 유지하도록 해야 하나?

① 영하   ② 25℃
③ 30℃   ④ 40℃

05 다음 중 화물 포장의 의미를 올바르게 나타낸 것은?

① 물품의 운송 및 보관 등에 있어서 물품의 가치와 상태를 보호하는 것
② 운송의 신속을 기하기 위한 것
③ 운송자의 취급을 쉽게 하기 위한 것
④ 물품의 변질방지 및 내용물 은폐를 위한 것

06 다음 중 운송화물의 포장기능이라고 볼 수 없는 것은?

① 상품성   ② 보관성
③ 표시성   ④ 보호성

07 화물 포장에 관한 다음 사항 중에서 올바르지 못한 것은?

① 화물의 훼손을 예방하기 위하여 고객에게 포장보강을 요구할 수 있다.
② 화물 발송 상 사업자의 면책내용이 있을 경우 면책확인서에 고객의 자필서명을 받도록한다.
③ 화물 포장이 미흡하거나 보강 요청을 하였는데도 고객이 거부하면 집하를 거절할 수 있다.
④ 화물 포장비를 별도로 받고 포장할 수 없다.

정답 01 ③ 02 ① 03 ④ 04 ④ 05 ① 06 ② 07 ④

08 다음 중 포장의 방법 분류 중 용도별 분류에 포함되지 않는 것은?

① 방수포장, 방습포장   ② 진공포장, 압축포장
③ 유연포장, 강성포장   ④ 방청포장, 완충포장

09 포장을 통해 상품가치를 높여 판매촉진을 위한 포장은 다음 중 무엇이라 하는가?

① 공업포장   ② 방청포장
③ 운송포장   ④ 상업포장

10 포장의 분류 중 품질 유지를 위한 포장은 무엇이라 하는가?

① 공업포장   ② 운송포장
③ 판매포장   ④ 상업포장

11 다음 중 포장재료의 특성으로 분류되지 않는 것은?

① 유연 포장   ② 반강성 포장
③ 강성 포장   ④ 공업포장

12 다음 표시 중에서 '굴림방지'를 나타내는 표시는 어느 것인가?

①    ③

②    ④

13 다음 중 화물의 호칭과 표지가 잘못 연결된 것은?

①    갈고리 사용금지

② 손수레 삽입금지

③ 지게차 사용 취급 금지

④ 굴림 방지

해 ①의 표지는 무게 중심의 위치를 나타낸 것이다.

14 일반 화물의 취급표지의 크기로 사용되지 않는 것은?

① 100mm   ② 150mm
③ 200mm   ④ 250mm

15 일반 화물의 경우 화물취급표지의 기본색상은 무슨 색인가?

① 흰색   ② 녹색
③ 황색   ④ 검정색

제3장 화물의 상·하차 작업요령

1) 제1장 : 화물취급 전 안전작업 준수사항

(1) 인력운반
① **인력운반의 정의** : 인력운반작업은 보통 수작업, 어깨작업, 대차 작업으로서 동력에 의하여 구동되는 기계, 기구를 사용하지 않는 작업이다.
② 인력운반의 가치증진
    ㄱ. 장소적 효용의 증진 : 화주공장, 개인, 컨테이너터미널 장치장 등
    ㄴ. 시간적 효용의 증진 : 운행 중 물건을 운반하는 것 등에 소요되는 시간
    ㄷ. 형태적 효용의 증진 : 화물종류의 다양성
    ㄹ. 소유가치 이전의 증진 : 화물의 고가 및 위험품 등 분류

(2) 화물취급 전 준비 및 확인사항
① 위험물, 유해물취급시는 반드시 보호구를 착용하고, 안전모는 턱끈을 매어 착용한다.
② 보호구의 자체결함은 없는지 또는 사용방법은 알고 있는지 확인한다.
③ 취급할 화물의 품목별, 포장별, 비포장별(산물, 분탄, 유해물) 등에 따른 취급방법 및 작업순서를 사전에 검토한다.
④ 유해·유독화물 확인을 철저히 하고 위험에 대비한 약품, 세척용구 등을 준비한다.
⑤ 화물의 포장이 거칠거나 미끄러움, 뾰족함 등은 없는지 확인한 후 작업에 착수한다.
⑥ 산물·분탄화물의 낙하, 비산 등의 위험을 사전에 제거하고 작업을 시작한다.
⑦ 작업도구는 당해 작업에 적합한 정상품으로 필요한 수량만큼 준비한다.

2) 제2장 : 창고 내 및 입·출고작업 및 하역방법

(1) 입·출고시 작업안전수칙
① 입·출고작업시 통로입구에 위험표지판을 설치하고 출입자를 제한조치할 것
② 장치물 중 떨어뜨려서 출고작업을 하는 화물은 받침대를 사용할 것
③ 포장에 표기된 지시대로 하역하며, 옥내 화물의 정리정돈에 철저를 기할 것
④ 바닥에 기름기나 물기가 있을 시에는 발견 즉시 제거할 것

⑤ 높은 곳에는 반드시 사다리를 사용하며, 통로에는 물건을 놓지말 것
⑥ 무거운 물건은 높은 곳에 올려놓지 말 것
⑦ 화물더미 적재순서를 준수하여 화물의 붕괴 등을 예방할 것

(2) 창고 내 및 입·출고작업요령
① 화물적하장소에 무단출입하지 않고, 창고 내 작업시 어떠한 경우도 흡연을 금한다.
② 작업안전통로를 충분히 확보해서 적재하고, 통로 등에는 장애물이 없도록 조치한다.
③ 화물을 쌓거나 내릴 때에는 붕괴방지를 위해 순서에 맞게 신중히 하여야 하고, 화물더미에 오르내릴 시는 정중한 동작을 해야 한다.
④ 하적단의 상층과 하층에서 동시에 작업을 하지 않고, 하적단 위에 승강할 때는 안전승강시설을 이용해야 한다.
⑤ 하적단의 화물 출하시는 하적단 위에서부터 순차적으로 층계를 지으면서 헐어내고, 중간에서 화물을 뽑아내거나 직선으로 깊이 파내기 작업을 하지 않는다.
⑥ 들머리 작업시에는 적재더미의 불안전한 상태를 수시로 확인하여 붕괴 등의 위험을 예방해야 한다.
⑦ 원기둥형을 굴릴 때는 앞으로 밀어 굴리고 뒤로 끌어서는 안 된다.
⑧ 발판은 경사를 완만하게 하여 사용하고, 발판을 이용하여 오르내릴 시 2명 이상의 동시통행을 삼간다.
⑨ 발판은 움직이지 않도록 목마 위에 설치하거나 발판 상·하 부위에 고정조치를 철저히 하도록 한다.
⑩ 상차적재 작업자와 콘베이어 운전작업자는 신호를 긴밀히 해야 한다.
⑪ 뒷걸음질을 해서 운반해서는 안 되며, 운반통로의 맨홀이나 홈에 유의해야 한다.

(3) 하역방법
① 화물의 적하순서별로 작업을 하고, 상자화물은 지시표시에 따라 취급하도록 한다.
② 종류가 다른 것을 적치할 때는 무거운 것을 밑에 쌓고, 부피가 큰 것을 쌓을 때는 무거운 것은 밑에 가벼운 것은 위에 쌓는다.
③ 작은 화물 위에 큰 화물을 놓지 않으며, 화물종류별로 규정된 적재단 이상의 적재를 하지 않는다.
④ 길이가 고르지 못한 화물은 한쪽 끝이 맞도록 적재한다.
⑤ 물품을 야외에 저장할 때는 밑받침을 하여 부식을 방지하고 덮개로 덮어야 한다.
⑥ 화물을 한 줄로 높이 쌓지 않도록 하며, 높이 올려 쌓는 화물에 대하여는 무너지지 않도록 조치한다.
⑦ 화물을 적재할 때는 구르거나 무너지지 않도록 받침대를 사용하거나 로프로 묶어야 한다.
⑧ 같은 종류 및 동일규격끼리 적재해야 한다.

⑨ 제재목을 적치할 때는 건너지르는 대목을 3개소에 놓아야 한다.
⑩ 원목과 같은 원기둥형의 화물은 열을 지어 정방형을 만들고 그 위에 직각으로 열을 지어 쌓거나 또는 열 사이에 끼워 쌓는 방법으로 하되, 구르기 쉬우므로 외측에 제동장치를 해야 한다.
⑪ 철강재 적치시 열을 짓도록 하되 길이 13m 이하는 2개의 받침목을, 20m 이상은 6개의 받침목을 놓는 것이 바람직하다.
⑫ 포대화물의 적치시 겹쳐쌓기, 벽돌쌓기, 단별방향, 바꾸어쌓기 등 기본형으로 쌓고, 올라가면서 중심을 향하여 적당히 당겨야 하며, 하적단의 주위와 중심이 일정하게 쌓아야 한다.
⑬ 포대화물의 하적단 높이는 지대 20단, 합성수지대는 10단으로 하고 중간에 종이 등을 깔아 붕괴방지 조치를 취해야 한다.
⑭ 팔레트에 화물적치시 화물의 종류, 형상, 크기에 따라 적부방법과 높이를 정하고, 운반 중 무너질 위험이 있는 것은 적재물을 묶어 팔레트에 고정시킨다.
⑮ 깔판 자체의 결함 및 깔판 사이의 간격 등의 이상 유무를 확인 후 조치한다.
⑯ 화물더미 편중작업을 하는 자는 붕괴, 전도 및 충격 등의 위험에 각별히 유의한다.

3) 제3장 : 차량 내 적재방법 및 운반요령

(1) 차량 내 적재방법
① 화물자동차에 화물을 적재할 때는 한쪽으로 기울지 않게 쌓고, 적재하중을 초과하지 않도록 해야 한다.
  ※ 적재함 앞쪽에 화물을 편중시킬 경우 조향이 무겁고 제동시 뒷바퀴가 먼저 제동되어 좌·우로 틀어지는 경우가 발생하고, 화물을 뒤쪽에 편중시킬 경우 앞바퀴가 들려 조향이 의도대로 되지 않는다. 따라서 화물 적재시 최대한 무게가 골고루 분산될 수 있도록 하고, 무거운 화물은 적재함의 중간부분에 무게가 집중될 수 있도록 적재한다.
② 전복을 방지하기 위하여 무게중심을 지면에 최대한 가깝게 유지한다.
③ 화물적재시 적재함의 폭을 초과하여 과다하게 적재하지 않도록 하고, 가벼운 화물이라도 너무 높게 적재하지 않도록 한다.
④ 최소한 화물에서 3m마다 고정끈을 갖추어 화물을 고정한다.
⑤ 긴 물건을 쌓을 때는 끝에 위험표시를 해 둔다.
⑥ 헤더보드는 화물이 이동하여 트랙터 운전실을 덮치는 것을 방지하므로 차량에 헤어보드가 없다면 화물을 차단하거나 잘 묶어야 한다.

⑦ 적재시 제품의 무게를 반드시 고려해야 하며, 병제품이나 앰플 등의 경우는 파손의 우려가 높기 때문에 취급에 특히 주의를 요한다.
⑧ 자동차에 화물적하시 적재함의 난간(문짝 위)에 서서 작업하지 않는다.
⑨ 적재물(함) 위에서는 운전탑 또는 후방을 바라보고 선 자세에서 두 손으로 고무바를 위쪽으로 들어서 좌우로 이동시킨다.
⑩ 트랙터 차량의 캡과 적재물의 간격을 120cm 이상으로 유지해야 한다.
  ※경사주행시 캡과 적재물의 충돌로 인하여 차량 파손 및 인체상의 상해가 발생할 수 있다.
⑪ 체인은 화물 위나 둘레에 놓이도록 하고 화물이 움직이지 않을 정도로 탄탄하게 당길 수 있도록 바인더를 사용한다.

(2) 운반요령

① 너무 성급하게 서둘러서 작업하지 않는다.
② 공동작업시는 균형있게 조를 구성하고, 리더의 통제하에 큰소리로 신호하여 호흡을 맞춘다.
③ 단독으로 계속작업시 1인당 화물의 적정 무게한도(성인남자 20 ~ 25kg, 성인여자 15kg 정도)를 준수한다.
④ 몸의 균형을 유지하기 위해서 발을 어깨 너비만큼 벌리고 물품에 향한다.
⑤ 물건을 들어올릴 때에는 몸을 물건에 가까이 대고 자세를 낮추어 다리를 벌리고 허리를 곧게 한 상태에서 다리를 펴는 힘으로 들어올린다.
⑥ 물품을 몸에 밀착시켜서 몸의 균형중심에 가급적 접근시켜 몸의 일부에 변형이 생기거나 평형이 파괴되어 비틀거리지 않게 한다.
⑦ 긴 물건은 앞을 좀 높게 들어 운반하며, 허리를 구부린 자세로 물건을 운반하지 말고, 몸의 균형을 유지한다.
⑧ 화물을 들어올리거나 내리는 높이는 적게 할수록 좋다.
⑨ 화물을 운반할 때는 들었다 놓았다 하지 말고 수평의 직선거리로 운반한다
⑩ 운반 도중 잡은 손의 위치를 변경하고자 할 때에는 지주에 기댄 다음 고쳐 잡는다.
⑪ 화물을 들머리할 때에는 두 사람이 화물을 향하여 평행으로 서서 화물양단을 잡고 구령에 의하여 호흡을 맞추어 던지는 것처럼 들어 올린다.
⑫ 들머리한 화물을 받아 어깨에 멜 때는 어깨를 낮추고 몸을 약간 기울이며 들머리와 호흡을 맞추어 어깨에 받고 화물 중심과 몸 중심을 맞추어 다시 잡고 진행방향의 안전을 확인하면서 운반한다.
⑬ 갈고리를 사용할 때는 포장매끼가 있는 곳에 깊이 걸고 천천히 당기고 지대, 종이상자, 위험 유해물에는 사용하지 않는다.

⑭ 화물을 놓을 때는 다리를 굽히면서 한쪽 귀를 놓은 다음 손을 뺀다.

⑮ 화물을 어깨에 매거나 받아들 때 만일 비틀어져도 충돌하지 않도록 공간을 확보하고 작업을 한다.

⑯ 두 사람이 운반작업을 할 때는 체력 및 신장이 비슷한 사람으로 조를 짜고 화물중량이 평균적으로 걸리도록 하고 신호에 의하여 동작을 취한다.

⑰ 장척물, 구르기 쉬운 화물은 단독 운반을 피하고, 중량물은 하역 기계를 사용한다.

▶ 상·하차 작업시 확인사항
① 작업원에게 화물의 내용, 특성 등을 잘 주지시켰는가?
② 받침목, 지주, 로프 등 필요한 보조용구는 준비되어 있는가?
③ 차량에 구름막이는 되어 있는가?
④ 위험한 승강을 하고 있지는 않는가?
⑤ 던지기 및 굴려내리기를 하고 있지 않는가?
⑥ 적재량을 초과하지 않았는가?
⑦ 적재화물의 높이, 길이, 폭 등의 제한을 지키고 있는가?
⑧ 화물붕괴의 방지조치는 취해져 있는가?
⑨ 위험물이나 긴 화물은 소정의 위험표지를 하였는가?
⑩ 차량의 이동신호는 잘 지키고 있는가?
⑪ 작업 신호에 따라 작업이 잘 행하여지고 있는가?
⑫ 차를 통로에 방치해 두지 않았는가?

기출문제 및 예상문제

01 다음 중 창고 내 및 입·출고작업의 방법이 아닌 것은?

① 화물종류별로 규정된 적재단 이상의 적재를 하지 않는다.
② 창고 내 작업시에는 어떠한 지역에서도 흡연을 금지한다.
③ 화물더미에 오르내릴 때에는 신속한 동작이 필요하다.
④ 깔판 사이 간격 등의 이상 유무를 확인한 후 작업한다.

해 화물더미에 오르내릴 때에는 신중한 동작이 필요하다.

02 화물운송취급자가 불완전한 상태로 화물을 취급 및 운송하는 경우 발생될 수 있는 것이라고 볼 수 없는 것은?

① 적재물 결박이 완벽하지 못하면 다른 차량이나 보행자가 위협을 느낀다.
② 적재물 추락 사고의 원인이 된다.
③ 다른 사람을 사망 또는 상해를 입히게 하는 사고 원인이 된다.
④ 다른 사람보다 운전자 자신의 안전에 위협받는다.

03 다음 중 화물적재방법으로 적합하지 않은 것은?

① 긴 물건은 앞을 좀 낮게 들고 운송한다.
② 이동거리가 가까워도 반드시 결박 후 이동한다.
③ 화물적재물 위에 올라가지 않는다.
④ 화물의 종류 및 규격별로 적재한다.

해 긴 물건은 앞을 좀 높게 들어 운반한다.

04 화물의 입·출고시 작업방법으로 적합하지 않은 것은?

① 긴 화물은 앞을 조금 높게 하여 운반한다.
② 원기둥형은 뒤로 끌어야 하며 앞으로 밀어 굴려서는 안 된다.
③ 화물을 들 때에는 허리를 똑바로 펴야 한다.
④ 화물 위에는 올라가지 않는다.

해 원기둥형의 화물은 뒤로 끌지 말고 앞으로 밀어 굴린다.

05 화물을 운반할 때 운송자로서 주의해야 할 사항이라고 볼 수 없는 것은?

① 화물로 인한 시야가 가리지 않도록 한다.
② 무거운 화물은 뒷걸음질로 이동시킨다.
③ 작업장 주변의 위험상태를 확인한다.
④ 원통 등을 굴리는 작업은 앞으로 굴린다.

06 다음 중 화물운송 적재작업요령에 해당되지 않는 것은?

① 같은 종류 동일규격끼리 적재한다.
② 화물을 적재할 때 낮은 자세가 필요한 경우 다리를 구부리는 것이 허리를 굽히는 것 보다 안전하다.
③ 작업통로의 안전상태는 화물운송 적재자가 확인할 필요가 없다.
④ 안전시설물의 설비사용에 장애를 주어서는 안 된다.

해 화물운송 적재방법 : 공동작업시에는 상호간의 신호확인, 안전통로 등의 안전시설을 확인해야 한다.

정답 01 ③ 02 ④ 03 ① 04 ② 05 ② 06 ③

07 다음 중 하적단 작업요령으로 적합하지 않은 것은?

① 화물 위에 올라가서는 안 된다.
② 하적단의 화물출하시 오랜 시간이 걸리므로 한꺼번에 헐어 낸다.
③ 높은 곳에서는 항상 안전모를 착용한다.
④ 화물은 위에서부터 차례로 내린다.

해 하적단의 출하작업시 하적단 위에서부터 순차적으로 층계를 지으면서 작업을 수행한다.

08 위험물 취급시 점검방법이 아닌 것은?

① 인화성 물건 취급시 흡연금지와 소화기기를 미리 준비한다.
② 준비작업장 점검을 할 필요가 없다.
③ 현장의 담당자 외에는 가능한 작업을 하지 않는다.
④ 독극물로 표시된 화물을 취급할 경우에는 안전장비를 이용한다.

해 준비작업을 사전에 점검하여 위험발생요인을 미리 제거하도록 한다.

09 다음 중 화물의 하적단 높이로 적정한 것은?

① 지대는 10단, 합성수지 10단
② 지대는 15단, 합성수지 15단
③ 지대는 20단, 합성수지 10단
④ 지대는 25단, 합성수지 15단

해 포대화물의 하적단 높이는 지대 20단, 합성수지대는 10단으로 하고 중간에 종이 등을 깔아 붕괴방지조치를 하여야 한다.

10 화물을 단독으로 일시적인 작업을 할 경우 운반 중량 권장 기준으로 맞는 것은?

① 성인 남자 25~30kg, 성인여자 15~20kg
② 성인 남자 20~25kg, 성인여자 15~25kg
③ 성인 남자 15~25kg, 성인여자 10~15kg
④ 성인 남자 30~40kg, 성인여자 20~30kg

11 다음 중 성인남자가 계속 작업할 수 있는 무게한도는?

① 10 ~ 15kg 정도   ② 15 ~ 20kg 정도
③ 20 ~ 25kg 정도   ④ 30 ~ 40kg 정도

해 단독으로 계속작업시 1인당 화물의 적정 무게한도는 성인 남자의 경우는 20 ~ 25kg이고, 성인 여자의 경우는 15~20kg 정도이다.

12 위험물 취급시 확인점검요령으로 맞지 않는 것은?

① 연결 부분에 새는 곳은 없는지 확인한다.
② 누유된 위험물은 흙으로 덮어둔다.
③ 인화성 물질 취급시 소화기를 준비한다.
④ 주위에 위험표지를 부착한다.

해 누유된 위험물은 회수처리한다.

13 화물의 하역방법의 설명 중 올바르지 않는 것은?

① 화물에 표시된 취급표지에 따라 다루고 적하순서의 역으로 작업한다.
② 화물 적하시 무거운 화물은 아래쪽에 둔다.
③ 구르기 쉬운 화물은 좌우측에 고임장치를 해 둔다.
④ 바닥으로부터 높이가 2m 이상되는 화물은 화물더미의 밑부분을 기준으로 화물더미와 더미의 간격은 2m 이상으로 한다.

14 독극물 취급 시 주의사항에 해당되지 않는 것은?

① 독극물 관련 물건내용을 알 수 있도록 표시를 의무화한다.
② 표지불명의 독극물은 함부로 취급하지 않는다.
③ 표지불명의 독극물은 뜯어서 먹어 본다.
④ 독극물 용기와 빈 용기 등을 철저히 확인한다.

해 표지불명의 독극물은 함부로 취급하지 말고 완전히 안 다음 취급해야 한다.

15 발판을 이용하여 작업을 하는 경우 안전하지 못한 상태는 어느 경우인가?

① 발판의 위치와 설치가 안전한가를 점검한다.
② 발판이 해당작업에 적합한 크기 및 두께인가를 확인한다.
③ 발판의 경사를 너무 높이지 않아 안전을 우선시 한다.
④ 2명 이상이 올라가서 작업할 경우 미끄러지지 않도록 한다.

16 다음 중 팔레트 화물의 붕괴를 방지하기 위한 방식이 아닌 것은?

① 밴드 걸기 방식   ② 주연어프 방식
③ 풀 붙이기 접착 방식 ④ 용기부착 방식

해 팔레트 화물의 붕괴를 방지하기 위한 방식은 밴드 걸기 방식, 주연어프 방식, 풀 붙이기 접착 방식이 있다

17 화물을 취급하기 전에 준비하고 확인해야 할 사항이라고 할 수 없는 것은?

① 작업에 필요한 장비나 도구는 가능한 많이 준비한다.
② 화물의 포장 상태 등을 확인한다.
③ 보호장비 등의 결함 여부를 확인하고 사용방법을 숙지한다.
④ 위험물이나 유해화물을 취급해야 하는 경우에는 적정한 안전 보호장구를 착용한다.

18 다음 중 위험물을 수송하는 탱크로리의 안전운전에 대한 설명으로 틀린 것은?

① 교량 또는 터널에 진입하는 경우는 전방의 이상상태의 여부와 안전표지를 확인한다.
② 도로교통법규를 비롯한 위험물취급 관련법규 등을 철저히 준수하여 운행한다.
③ 회사가 정한 운행경로를 부득이 변경할 경우에는 사전에 연락한다.
④ 위험물 적재시에는 차량 높이가 낮아지므로 적재물은 뒤쪽에 실는다.

19 화물의 입·출고시 작업안전수칙이라고 볼 수 없는 것은?

① 포장에 표기된 지시대로 하역하며, 옥내 화물의 정리정돈에 철저를 기한다.
② 바닥에 기름기나 물기가 있을 시에는 발견 즉시 제거한다.
③ 중량이 많이 나가는 화물은 높은 곳에 적재한다.
④ 높은 곳에는 반드시 사다리를 사용하고 통로에는 물건을 놓지 않는다.

제4장 화물의 인수·인계요령

1) 제1절 : 화물의 인수요령

① 포장 및 운송장 기재요령을 반드시 숙지하고 인수에 임한다.
② 집하 자제품목 및 집하 금지품목의 경우는 그 취지를 알리고 양해를 구한 후 정중히 거절한다.
③ 집하물품의 도착지와 고객의 배달요청일이 당사의 배송소요일수 내에 가능한 지 필히 확인하고 기간 내에 배송가능한 물품을 인수한다(○월 ○일 ○시까지 배달 등 조건부 운송물품 인수금지).
④ 제주도 및 도서지역인 경우 그 지역에 적용되는 부대비용(항공료, 도선료)을 수하인에게 징수할 수 있음을 반드시 알려 주고 양해를 구한 뒤 인수한다.
⑤ 도서지역의 경우 차량이 직접 들어갈 수 없는 지역이 많아 착불로 거래시 운임을 징수할 수 없으므로 소비자의 양해를 얻어 운임 및 도선료는 선불로 처리한다.
⑥ 항공을 이용한 운송의 경우 항공기탑재 불가물품(총포류, 화약류 기타 공항에서 정한 물품)과 공항유치물품(가전제품, 전자제품)은 집하 시 고객에게 이해를 구한 다음 집하를 거절함으로써 고객과의 마찰을 방지한다.
⑦ 운송인의 책임은 물품을 인수하고 운송장을 교부한 시점부터 발생한다.
⑧ 운송장에 대한 비용이 항상 발생하므로 운송장을 작성하기 전에 물품의 성질, 규격, 포장상태, 운임, 파손면책 등 부대사항을 고객에게 통보하고 상호동의가 되었을 때 운송장을 교부·작성하게 하여 불필요한 운송장 낭비를 막는다.
⑨ 전화예약접수시 반드시 집하가능한 날짜와 고객의 요구일자를 확인한 후 해당 영업소장과 연결하여 고객과 약속하고 약속 불이행으로 불만이 발생되지 않도록 한다.
⑩ 인수(집하)예약은 반드시 접수대장에 기재하여 누락되는 일이 없도록 한다.
⑪ 거래처 및 집하지점의 반품요청시 반품요청일 익일로부터 수일(3일 등) 이내에 처리한다.
⑫ 두개 이상의 화물을 하나의 화물로 밴딩처리한 경우에는 반드시 고객에게 사고가능성을 설명하고 별도로 포장하여 각각 운송장 및 보조송장을 부착하여 집하한다.

2) 제2절 : 화물의 인계요령

① 수하인의 주소 및 수하인이 맞는지 확인한 후에 인계한다.
② 지점에 도착된 물품에 대해서는 당일배송을 원칙으로 한다. 단, 산간오지 및 당일 배송이 불가능한 경우 소비자의 양해를 구한 뒤 조치하도록 한다.

③ 수하인에게 물품을 인계할 때 인계물품의 이상 유무를 확인하여, 이상이 있을 경우 즉시 지점에 통보하여 조치하도록 한다.

④ 각 영업소로 분류된 물품은 수하인에게 물품의 도착사실을 알리고 배송가능한 시간을 약속한다.

⑤ 인수된 물품 중 부패성 물품과 긴급을 요하는 물품에 대해서는 우선적으로 배송을 하여 손해배상 요구가 발생하지 않도록 한다.

⑥ 1인이 배송하기 힘든 물품의 경우 원칙적으로 집하해서는 안되는 물품이지만 도착된 물품에 대해서는 수하인에게 정중히 요청하여 같이 운반할 수 있도록 한다.

⑦ 물품을 고객에게 인계시 물품의 이상 유무를 확인시키고 인수증에 정자로 인수자 서명을 받아 향후 발생할 수 있는 손해배상을 예방하도록 한다(인수자 서명이 없을 경우 수하인이 물품의 인수를 부인하면 그 책임은 배송지점에 전가됨).

⑧ 배송지연은 고객과의 약속 불이행으로 고객불만사항으로 발전되는 경향이 있으므로, 배송지연이 예상될 경우 고객에게 사전에 양해를 구하고 약속한 것에 대해서는 반드시 이행하여야 한다.

⑨ 배송확인 문의전화를 받았을 경우, 임의적으로 약속하지 말고 반드시 해당 영업소장에게 확인하여 고객에게 전달하도록 한다.

⑩ 배송시 수하인의 부재로 인해 배송이 곤란할 경우, 임의적으로 방치 또는 집안으로 무단투여하지 말고 수하인과 통화하여 지정하는 장소에 전달하고, 수하인에게 통보한다(특히, 아파트의 소화전이나 집 앞에 물건을 방치해 두지 말 것). 만약, 수하인과 통화가 되지 않을 경우 송하인과 통화하여 반송 또는 익일 재배송 할 수 있도록 한다.

⑪ 수하인과 연락이 안 되어 물품을 다른 곳에 맡길 경우, 반드시 수하인과 통화하여 맡겨 놓은 위치 및 연락처를 남겨 물품인수를 확인하도록 한다.

⑫ 수하인이 장기부재, 휴가, 주소불명 기타 사유 등으로 배송이 안 될 경우 집하지점 또는 송하인과 연락하여 조치하도록 한다.

⑬ 귀중품 및 고가품의 경우는 분실의 위험이 높고 분실시 피해보상 폭이 크므로 수하인에게 직접 전달하도록 하며, 부득이 본인에게 전달이 어려울 경우 정확하게 전달될 수 있도록 조치하여야 한다.

⑭ 배송 중 수하인이 직접 찾으러 오는 경우 물품전달시 반드시 본인확인을 한 후 물품을 전달하고 인수확인란에 직접 서명을 받아 그로 인한 피해가 발생하지 않도록 유의한다.

⑮ 물품배송 중 발생할 수 있는 도난에 대비하여 근거리 배송이라도 차에서 떠날 때는 반드시 잠금장치를 하여 사고를 미연에 방지하도록 한다.

⑯ 당일 배송하지 못한 물품에 대하여는 익일 영업시간까지 물품이 안전하게 보관될 수 있는 장소에 물품을 보관하여야 한다.

3) 제3절: 인수증 관리요령

① 인수증은 반드시 인수자확인란에 실수령인이 자필로(정자) 적도록 한다.

② **실수령인 구분**: 본인, 동거인, 관리인, 지정인 기타에 확인

③ 같은 곳에 여러 박스 배송시에는 인수증상에 반드시 실제 배달 수량을 기재받아 차후에 수량 차이의 시비에 휘말리지 않도록 하여야 한다.

④ 수령인이 물품의 수하인과 틀린 경우 반드시 수하인과의 관계를 기재하여야 한다.

⑤ 지점에서는 회수된 인수증관리를 철저히 하여 인수근거가 없는 경우 즉시 조치하여 인수·인계의 근거를 명확히 관리하여야 한다. 물품 인도일 기준으로 1년 내 인수근거요청시 입증자료를 제시해야 한다.

⑥ 인수증상에 인수자 서명을 운전자가 임의기재한 경우는 무효로 간주되며 문제발생시 배송완료로 인정받을 수 없다.

기출문제 및 예상문제

01 다음 중 화물의 인수과정으로 적합하지 않은 것은?

① 도서지역인 경우 운임 및 도선료는 후불로 처리한다.
② 고객의 배달요청이 배송소요일자 내에 배송가능한지 확인한다.
③ 물품을 인수하고 운송장을 교부한 시점에서부터 운송인의 책임이 발생한다.
④ 포장 및 인수장 기재 등을 숙지하고 인수에 임한다.

해 도서지역인 경우 소비자의 양해를 얻어 운임 및 도선료를 선불로 처리한다.

02 고객의 화물을 인수하는 요령으로 맞지 않는 것은?

① 포장 및 운송장 작성방법은 반드시 숙지하고 인수하도록 한다.
② 인수금지 품목인 경우 정확히 설명하고 양해를 구한 후 정중히 거절한다.
③ 수하인의 주소나 이름 등은 확인하지 않아도 된다.
④ 화물을 인수하며 운송장을 교부하는 시점부터 운송인의 책임은 개시된다.

03 다음 화물의 인수·인계시 기계, 장비 등 중량품의 중량기준은 얼마인가?

① 10kg 초과   ② 20kg 초과
③ 30kg 초과   ④ 40kg 초과

해 기계, 장비 등 중량품의 중량기준 : 40kg 초과 물품

04 다음 중 인수증 관리 시 주의해야 할 사항이 잘못 된 것은?

① 운송장 및 포장의 기재요령을 숙지하고 인수에 임한다.
② 인수자확인란에 실수령인의 이름을 확인 후 배송직원이 기재한다.
③ 물품의 실수령자와 수하인이 다른 경우 관계를 기록한다.
④ 물품의 수령자가 부재 시에는 재운송하도록 회사에 보고하고 조치한다.

해 인수증은 반드시 인수자확인란에 실수령이 자필로(정자) 적도록 하고, 수령인이 물품의 수하인과 틀린 경우 반드시 수하인과의 관계를 기재하여야 한다.

05 다음 중 택배수송 시 중요사항이 아닌 것은?

① 택배는 화물운송이므로 수하인이 책임을 무한정 진다.
② 위험물품에 대하여 택배요청시 운송인이 정중히 거절해야 한다.
③ 부적합한 물품에 대하여 택배요청시 운송인이 정중히 거절한다.
④ 운송인은 부적당한 수탁물에 대한 송하인의 책임에 대하여 설명을 해준다.

해 택배의 소화물운송은 수하인 책임이 아니며 한정되게 배상책임이 있다.

| 정답 | 01 ① 02 ③ 03 ④ 04 ② 05 ①

06 택배화물의 방문집하 시 운송장에 기록하지 않아도 되는 것은?

① 화물 가격
② 화물 명
③ 수하인의 주소 및 전화번호
④ 화물 제조 회사명

07 택배표준약관에서 규정하고 있는 운송물의 수탁을 거절할 수 있는 사유로 정해지지 않은 것은?

① 운송물 파손의 위험이 있는 물품
② 천재지변 등으로 화물 운송이 불가능한 경우
③ 도난물품이나 동물 또는 통물의 사체인 경우
④ 고객이 운송장 기재에 필요한 사항을 거부하는 경우

08 다음 중 화물 인수·인계시 고객 유의사항 중 확인요구물품에 해당되지 않는 것은?

① 위험물, 기계류 등 고가물 50kg 초과 물품
② A/S용 물품(가전제품)
③ 정상포장 물품으로 30kg 이하 물품
④ 부패 및 파손우려 물품으로 내용물검사가 어려운 물품

해 고객 유의사항 확인요구 물품
  • 중고 가전제품 및 A/S용 물품
  • 기계류, 장비 등 중량고가물로 40kg 초과 물품
  • 포장부실 물품 및 무포장 물품
  • 파손우려 물품 및 내용검사가 부적당하다고 판단되는 부적합 물품

09 화물의 파손이나 손상사고를 방지하기 위한 대책으로 가장 관계가 적은 것은?

① 중량물은 상단, 경량물은 하단에 적재한다.
② 충격에 약한 화물은 보강포장 및 특기사항을 표기해 둔다.
③ 화물의 내용물에 관한 정보를 충분히 듣고 적재한다.
④ 구르기 쉬운 둥근 화물은 별도의 상자 등으로 포장한 후 적재한다.

10 화물을 인수한 후 적재방법으로 적합하지 않은 것은?

① 높은 곳에서 작업을 할 경우에는 안전모를 착용한다.
② 화물 적재시 주위의 위험요소를 제거한다.
③ 화물이 구르거나 무너지지 않도록 받침대나 로프로 묶는다.
④ 균형이 치우치는 편중작업을 하여도 붕괴, 전도 및 충격 등의 위험은 없다.

11 다음 중 화물의 인계요령으로 잘못 설명된 것은?

① 배송지연이 예상될 경우에는 고객에게 사전에 양해를 구한다.
② 배송한 화물의 인수증에는 배송인이 대신 서명해도 된다.
③ 인수된 물품 중 부패성 물품이나 긴급을 요하는 물품에 대해서는 우선적으로 배송한다.
④ 수하인의 주소 및 수하인이 맞는지 확인한 후에 물품을 인계한다.

정답 | 06 ④ 07 ① 08 ③ 09 ① 10 ④ 11 ②

제5장 화물운송의 책임한계

1) 제1절: 화물자동차운수사업법의 규정

화물자동차운수사업법(운송사업자의 책임)은 적재물 사고와 관련하여 다음과 같은 내용을 규정하고 있다.

① 화물의 멸실·훼손 또는 인도의 지연으로 인한 운송사업자의 손해배상책임에 관하여는 상법(제135조)의 규정을 준용한다.
② (1)의 규정을 적용함에 있어서 화물이 인도기한을 경과한 후 3개월 이내에 인도되지 아니한 경우 당해 화물은 멸실된 것으로 본다.
③ 국토교통부장관은 손해배상에 관하여 화주의 요청이 있는 때에는 국토교통부령이 정하는 바에 의하여 이에 관한 분쟁을 조정할 수 있다.
④ 국토교통부장관은 화주가 분쟁조정을 요청한 때에는 지체없이 그 사실을 확인하고 손해 내용을 조사한 후 조정안을 작성하여야 한다.
⑤ 당사자 쌍방이 조정안을 수락한 때에는 당사자 간에 조정안과 동일한 합의가 성립된 것으로 본다.
⑥ 국토교통부장관은 분쟁조정업무를 한국소비자보호원 또는 등록 소비자단체에 위탁할 수 있다.

2) 제2절: 이사화물 표준약관의 책임한계와 인수거절

(1) 이사화물의 인수거절

이사화물이 다음에 해당하는 때에는 사업자는 그 인수를 거절할 수 있다.

① 현금, 유가증권, 귀금속, 예금통장, 신용카드, 인감 등 고객이 휴대할 수 있는 귀중품
② 위험품, 불결한 물품 등 다른 화물에 손해를 끼칠 염려가 있는 물건
③ 동·식물, 미술품, 골동품 등 운송에 특수한 관리를 요하기 때문에 다른 화물과 동시에 운송하기에 적합하지 않은 물건
④ 일반이사화물의 종류, 무게, 부피, 운송거리 등에 따라 운송에 적합하도록 포장할 것을 사업자가 요청하였으나 고객이 이를 거절한 물건

(2) 예외적 인수

위(1)에 해당되는 이사화물이더라도 사업자는 그 운송을 위한 특별한 조건을 고객과 합의한 경우에는 이를 인수할 수 있다.

(3) 계약해제

① **고객의 책임사유로 인한 경우** : 고객의 책임사유로 계약을 해제한 경우 다음의 손해배상액을 사업자에게 지급한다. 다만, 고객이 이미 지급한 계약금이 있는 경우에는 그 금액을 공제할 수 있다.

ㄱ. 고객이 약정된 이사화물의 인수일 1일 전까지 해제를 통지한 경우 : 계약금
ㄴ. 고객이 약정된 이사화물의 인수일 당일에 해제를 통지한 경우 : 계약금의 배액

② **사업자의 책임사유로 인한 경우** : 사업자의 책임사유로 계약을 해제한 경우 다음의 손해배상액을 고객에게 지급한다. 다만, 고객이 지급한 계약금이 있는 경우에는 손해배상액과는 별도로 그 금액도 반환한다.

ㄱ. 사업자가 약정된 이사화물의 인수일 2일 전까지 해제를 통지한 경우 : 계약금의 배액
ㄴ. 사업자가 약정된 이사화물의 인수일 1일 전까지 해제를 통지한 경우 : 계약금의 4배액
ㄷ. 사업자가 약정된 이사화물의 인수일 당일에 해제를 통지한 경우 : 계약금의 6배액
ㄹ. 사업자가 약정된 이사화물의 인수일 당일에도 해제를 통지하지 않은 경우 : 계약금의 10배액

③ **사업자의 귀책사유로 인한 인수지연의 경우** : 이사화물의 인수가 사업자의 귀책사유로 약정된 인수일시로부터 2시간 이상 지연된 경우에는 고객은 계약을 해제하고 이미 지급한 계약금의 반환 및 계약금의 6배액의 손해배상을 청구할 수 있다.

(4) 손해배상

① **과실책임** : 사업자는 자기 또는 사용인 기타 이사화물의 운송을 위하여 사용한 자가 이사화물의 포장, 운송, 보관, 정리 등에 관하여 주의를 게을리하지 않았음을 증명하지 못하는 한, 고객에 대하여 이사화물의 멸실, 훼손 또는 연착으로 인한 손해를 배상할 책임을 진다.

② **손해배상의 범위** : 사업자의 손해배상은 다음에 의하되, 사업자가 보험에 가입하여 고객이 직접 보험회사로부터 보험금을 받은 경우에는 사업자는 다음의 금액에서 그 보험금을 공제한 잔액을 지급한다.

ㄱ. 연착되지 않은 경우
- 전부 또는 일부멸실된 경우 : 약정된 인도일과 도착장소에서의 이사화물의 가액을 기준으로 산정한 손해액을 지급한다.
- 훼손된 경우 : 수선이 가능한 경우에는 수선해 주고, 수선이 불가능한 경우에는 ㉠의 정함에 의한다.

ㄴ. 연착된 경우
- 멸실 및 훼손되지 않은 경우 : 계약금의 10배액 한도에서 약정된 인도일시로부터 연착된 1시간마다 계약금의 반액을 곱한 금액(연착시간 수×계약금×1/2)의 지급. 다만, 연착시간 수의 계산에서 1시간 미만의 시간은 산입하지 않는다.

- 일부멸실된 경우 : 연착되지 않은 경우의 ㉠의 금액 및 연착된 경우의 ㉠의 금액을 지급한다.
- 훼손된 경우 : 수선이 가능한 경우에는 수선해 주고 연착된 경우의 ㉠의 금액 지급, 수선이 불가능한 경우에는 연착된 경우의 ㉡에 의한다.

③ **고의 등 책임** : 이사화물의 멸실, 훼손 또는 연착이 사업자 또는 그의 사용인 등의 고의 또는 중대한 과실로 인하여 발생한 때 또는 고객이 이사화물의 멸실, 훼손 또는 연착으로 인하여 실제 발생한 손해액을 입증한 경우에는 사업자는 위(2)의 규정에도 불구하고 민법 제393조의 규정에 따라 그 손해를 배상한다.

(5) 고객의 손해배상

① 고객의 책임 있는 사유로 이사화물의 인수가 지체된 경우에는, 고객은 약정된 인수일시로부터 지체된 1시간마다 계약금의 반액을 곱한 금액(지체시간 수×계약금×1/2)을 손해배상액으로 사업자에게 지급해야 한다. 다만, 계약금의 배액을 한도로 하며, 지체시간 수의 계산에서 1시간 미만의 시간은 산입하지 않는다.

② 고객의 귀책사유로 이사화물의 인수가 약정된 일시로부터 2시간 이상 지체된 경우에는, 사업자는 계약을 해제하고 계약금의 배액을 손해배상으로 청구할 수 있다. 이 경우 고객은 그가 이미 지급한 계약금이 있는 경우에는 손해배상액에서 그 금액을 공제할 수 있다.

(6) 면책사유

사업자는 이사화물의 멸실, 훼손 또는 연착이 다음의 사유로 인한 경우에는 그 손해를 배상할 책임을 지지 아니한다. 다만,(1) 내지(4)의 사유발생에 대해서는 자신의 책임이 없음을 입증해야 한다.

① 이사화물의 결함, 자연적 소모
② 이사화물의 성질에 의한 발화, 폭발, 물그러짐, 곰팡이 발생, 부패, 변색 등
③ 법령 또는 공권력의 발동에 의한 운송의 금지, 개봉, 몰수, 압류 또는 제3자에 대한 인도
④ 천재지변 등 불가항력적인 사유

(7) 멸실·훼손과 운임 등

① **불가항력·고객의 책임없는 사유로 인한 경우** : 이사화물이 천재지변 등 불가항력적 사유 또는 고객의 책임없는 사유로 전부 또는 일부 멸실되거나 수선이 불가능할 정도로 훼손된 경우에는, 사업자는 그 멸실·훼손된 이사화물에 대한 운임 등은 이를 청구하지 못한다. 사업자가 이미 그 운임 등을 받은 때에는 이를 반환한다.

② **고객의 책임있는 사유로 인한 경우**: 이사화물이 그 성질이나 하자 등 고객의 책임있는 사유로 전부 또는 일부멸실되거나 수선이 불가능할 정도로 훼손된 경우에는, 사업자는 그 멸실·훼손된 이사화물에 대한 운임 등도 이를 청구할 수 있다.

(8) 손해배상책임의 특별소멸과 시효

① **손해배상책임의 특별소멸**: 이사화물의 일부멸실 또는 훼손에 대한 사업자의 손해배상책임은, 고객이 이사화물을 인도받은 날로부터 30일 이내에 그 일부멸실 또는 훼손의 사실을 사업자에게 통지하지 아니하면 소멸한다.

② **손해배상책임의 시효**: 이사화물의 멸실, 훼손 또는 연착에 대한 사업자의 손해배상책임은 고객이 이사화물을 인도받은 날로부터 1년이 경과하면 소멸한다. 다만, 이사화물이 전부멸실된 경우에는 약정된 인도일부터 기산한다.

③ **적용배제**: 위 ①, ②는 사업자 또는 그 사용인이 이사화물의 일부멸실 또는 훼손의 사실을 알면서 이를 숨기고 이사화물을 인도한 경우에는 적용되지 아니한다. 이 경우에는 사업자의 손해배상 책임은 고객이 이사화물을 인도받은 날로부터 5년간 존속한다.

3) 제3절: 택배표준약관의 규정

(1) 택배표준약관의 규정에 정한 택배의 책임한계와 관련된 사항 운송물의 수탁거절 사업자는 다음의 경우에 운송물의 수탁을 거절할 수 있다.

① 고객이 운송장에 필요한 사항을 기재하지 아니한 경우
② 고객이 택배표준약관 규정에 의한 청구나 승낙을 거절하여 운송에 적합한 포장이 되지 않은 경우
③ 고객이 택배표준약관 규정에 의한 확인을 거절하거나 운송물의 종류와 수량이 운송장에 기재된 것과 다른 경우
④ 운송물 1포장의 크기가 가로·세로·높이 세 변의 합이 기준을 초과하거나, 최장변이 기준을 초과하는 경우
⑤ 운송물 1포장의 무게가 기준을 초과하는 경우
⑥ 운송물 1포장의 가액이 기준을 초과하는 경우
⑦ 운송물의 인도예정일(시)에 따른 운송이 불가능한 경우
⑧ 운송물이 화약류, 인화물질 등 위험한 물건인 경우
⑨ 운송물이 밀수품, 군수품, 부정임산물 등 위법한 물건인 경우
⑩ 운송물이 현금, 카드, 어음, 수표, 유가증권 등 현금화가 가능한 물건인 경우

⑪ 운송물이 재생불가능한 계약서, 원고, 서류 등인 경우
⑫ 운송물이 살아있는 동물, 동물사체 등인 경우
⑬ 운송이 법령, 사회질서 기타 선량한 풍속에 반하는 경우
⑭ 운송이 천재지변, 기타 불가항력적인 사유로 불가능한 경우

(2) 운송물의 인도일

① **인도예정일 인도**: 사업자는 다음의 인도예정일까지 운송물을 인도한다.
   ㄱ. 운송장에 인도예정일의 기재가 있는 경우: 그 기재된 날
   ㄴ. 운송장에 인도예정일의 기재가 없는 경우: 운송장에 기재된 운송물의 수탁일로부터 인도예정장소에 따라 다음 일수에 해당하는 날
      • 일반지역: 2일
      • 도서, 산간벽지: 3일
② **특정일시의 지정수탁**: 사업자는 수하인이 특정일시에 사용할 운송물을 수탁한 경우에는 운송장에 기재된 인도예정일의 특정시간까지 운송물을 인도한다.

(3) 수하인 부재시의 조치

① **인도확인**: 사업자는 운송물의 인도시 수하인으로부터 인도확인을 받아야 하며, 수하인의 대리인에게 운송물을 인도하였을 경우에는 수하인에게 그 사실을 통지한다.
② **수하인의 부재시 조치**: 사업자는 수하인의 부재로 인하여 운송물을 인도할 수 없는 경우에는 수하인에게 운송물을 인도하고자 한 일시, 사업자의 명칭, 문의할 전화번호 기타 운송물의 인도에 필요한 사항을 기재한 서면(부재 중 방문표)으로 통지한 후 사업소에 운송물을 보관한다.

(4) 손해 배상

① **과실책임**: 사업자는 자기 또는 사용인 기타 운송을 위하여 사용한 자가 운송물의 수탁, 인도, 보관 및 운송에 관하여 주의를 태만히 하지 않았음을 증명하지 못하는 한, 고객에게 운송물의 멸실·훼손 또는 연착으로 인한 손해를 배상한다.
② **운송물의 가액기재의 경우**: 고객이 운송장에 운송물의 가액을 기재한 경우에는 사업자의 손해배상은 다음에 의한다.
   ㄱ. 전부 또는 일부 멸실된 때: 운송장에 기재된 운송물의 가액을 기준으로 산정한 손해액의 지급
   ㄴ. 훼손된 때
      • 수선이 가능한 경우: 수선해 준다.

- 수선이 불가능한 경우 : ①에 의한다.

ㄷ. 연착되고 일부멸실 및 훼손되지 않은 때
- 일반적인 경우 : 인도예정일을 초과한 일수에 사업자가 운송장에 기재한 운임액(운송장기재운임액)의 50%를 곱한 금액(초과일수×운송장기재운임액×50%)의 지급. 다만, 운송장기재운임액의 200%를 한도로 한다.
- 특정일시에 사용할 운송물의 경우 : 운송장기재운임액의 200%를 지급한다.

ㄹ. 연착되고 일부멸실 또는 훼손된 때 : ① 또는 ②에 의한다.

③ **운송물의 가액기재가 없는 경우** : 고객이 운송장에 운송물의 가액을 기재하지 않은 경우에는 사업자의 손해배상은 다음에 의한다. 다만, 운송예약을 체결하는 때에 운송장에 기재한 손해배상한도액을 한도로 한다.

ㄱ. 전부멸실된 때 : 인도예정일의 인도예정장소에서의 운송물 가액을 기준으로 산정한 손해액의 지급

ㄴ. 일부멸실된 때 : 인도일의 인도장소에서의 운송물 가액을 기준으로 산정한 손해액의 지급

ㄷ. 훼손된 때
- 수선이 가능한 경우 : 수선해 준다.
- 수선이 불가능한 경우 : ②에 의한다.

ㄹ. 연착되고 일부멸실 또는 훼손된 때 : ② 또는 ③에 의하되 '인도일'을 '인도예정일'로 한다.

④ **고의 등 책임** : 운송물의 멸실, 훼손 또는 연착이 사업자 또는 그의 사용인의 고의 또는 중대한 과실로 인하여 발생한 때에는, 사업자는(2)와(3)의 정함에도 불구하고 모든 손해를 배상한다.

⑤ **사업자의 면책** : 사업자는 천재지변, 기타 불가항력적인 사유에 의하여 발생한 운송물의 멸실, 훼손 또는 연착에 대해서는 손해배상책임을 지지 아니한다.

⑥ **책임의 특별소멸사유와 시효**

ㄱ. 운송물의 일부 멸실 또는 훼손에 대한 사업자의 손해배상책임은 수하인이 운송물을 수령한 날로부터 14일 이내에 그 일부 멸실 또는 훼손의 사실을 사업자에게 통지하지 아니하면 소멸한다.

ㄴ. 운송물의 일부 멸실, 훼손 또는 연착에 대한 사업자의 손해배상책임은 수하인이 운송물을 수령한 날로부터 1년이 경과하면 소멸한다. 다만, 운송물이 전부 멸실된 경우에는 그 인도예정일로부터 기산한다.

ㄷ. "①"과 "②"는 사업자 또는 그 사용인이 운송물의 일부 멸실 또는 훼손의 사실을 알면서 이를 숨기고 운송물을 인도한 경우에는 적용되지 아니한다. 이 경우에는 사업자의 손해배상책임은 수하인이 운송물을 수령한 날로부터 5년간 존속한다.

기출문제 및 예상문제

01 다음 중 화물자동차운송사업자의 손해배상책임에 해당되지 않는 것은?

① 국토교통부장관은 화주의 요청이 있는 경우 손해배상에 관한 분쟁을 조정할 수 있다.
② 화물이 인도기한 경과 후 1개월 이내에 인도되지 아니한 경우 당해 화물은 멸실된 것으로 추정한다.
③ 화물의 멸실훼손 또는 인도의 지연으로 인한 운송업사업자의 손해배상책임에 대하여 상법 규정이 적용된다.
④ 쌍방이 분쟁조정안의 수락시 당사자 간 조정합의가 성립된 것으로 본다.

해 화물이 인도기한을 경과한 후 3개월 이내에 인도되지 아니한 경우 당해 화물은 멸실된 것으로 본다(간주한다).

02 다음 중 이사화물의 수송시 고객의 손해배상책임이 아닌 것은?

① 고객의 귀책사유없이 지체된 경우 고객은 손해배상책임이 있다.
② 이미 지급한 계약금이 있을 때 손해배상액에서 금액을 공제할 수 있다.
③ 고객의 귀책사유로 인도된 화물이 약정된 일시보다 2시간 이상 지체될 경우 고객은 손해배상책임이 있다.
④ 고객의 귀책사유로 화물이 지체된 경우 사업자는 계약을 해제할 수 있다.

해 고객의 손해배상책임은 고객의 귀책사유가 발생할 때 책임을 진다.

03 이사화물 표준약관의 규정에 따른 계약해제에 대한 손해배상의 설명이 잘못된 것은?

① 고객이 이사화물 인수 당일에 해제를 통지한 경우 계약금 배액을 사업자에게 지급한다.
② 고객이 이사화물 인수 1일 전에 해제를 통지한 경우 계약금 2/1를 사업자에게 지급한다.
③ 사업자가 이사화물 운송약정일자 2일 전에 해제통지한 경우 계약금 배액을 고객에게 지급한다.
④ 운송사업자의 귀책으로 인수일시로부터 2시간 이상 지연된 경우 고객은 계약을 해제하고 계약금의 6배를 손해배상 청구할 수 있다.

해
- 사업자가 인수 당일 해제 계약금 6배
- 사업자가 인수 1일 전 계약금 4배
- 사업자가 인수 2일 전 계약금 2배(배액)
- 사업자가 인수 당일에도 해제통지 않으면 계약금 10배
- **사업자의 귀책으로 2시간 이상 지연**: 계약해제와 계약금 6배 청구가능
- 고객이 당일 해제통지 하면 2배
- 고객이 1일전 해제통지 하면 계약금
- **고객의 귀책으로 2시간 이상 지연**: 계약해제와 계약금 2배 청구가능

04 다음 중 사업자가 약정된 이사화물을 인수 익일 전까지 계약해제통보시 손해배상책임은?

① 계약금
② 선수금
③ 계약금의 2분의 1 금액
④ 계약금의 4배 금액

해 계약해제통지 시 계약금의 4배액을 지급하여야 한다.

정답 01 ② 02 ① 03 ② 04 ④

05 다음 중 고객의 책임으로 인한 계약해제에 대한 설명으로 틀린 것은?

① 고객이 약정된 이사화물의 인수 당일에 해지통보할 경우 계약금 전체액이 손해배상액이다.
② 고객은 사업자에게 손해배상책임이 있다.
③ 고객이 지급한 계약금이 있는 경우 그 금액을 공제할 수 있다.
④ 고객이 약정된 이사화물의 인수일 1일 전까지 해제통보할 경우 계약금이 손해배상액이다.

해 인수 당일에 해지통보할 경우 손해배상액은 계약금의 배액이다.

06 다음 이사화물 중 인수를 거절할 수 있는 화물이 아닌 것은?

① 골동품 등 운송하기에 적합하지 않은 화물
② 위험물 등 운송에 특별한 조건을 고객과 합의한 화물
③ 고객이 휴대할 수 있는 귀중품
④ 사업자의 물품 재포장 요청시 고객이 거절한 화물

해 인수거절 이사화물이라 하더라도 사업자가 그 운송을 위한 특별한 조건을 고객과 합의한 경우 이를 인수할 수 있다.

07 다음 중 이사화물 훼손시 며칠 내에 사업자에게 통보하지 않으면 사업자의 손해배상책임이 소멸되는가?

① 10일   ② 20일
③ 30일   ④ 40일

해 이사화물의 일부멸실 또는 훼손시 고객이 이사화물을 인도받은 날로부터 30일 이내에 그 사실을 사업자에게 통보하지 않으면 사업자의 손해배상책임은 소멸된다.

08 다음 중 택배운송 시 운송장 인도기일이 없을 때 도서지역은 며칠 내에 인도해야 하는가?

① 당일   ② 3일
③ 1주일 ④ 2주일

해 도서지역은 평균 3일 이내에 고객에게 인도하는 것이 원칙이다.

09 화물의 멸실(滅失)·훼손(毀損) 또는 인도(引渡)의 지연으로 발생한 운송사업자의 손해배상책임은 어느 법을 준용하는가?

① 형법   ② 민법
③ 상법   ④ 화물운송사업법

10 운송사업자의 책임으로 화물의 인도(引渡)지연이란 인도 기간이 얼마 지연된 것을 멸실로 보는가?

① 10일   ② 1개월
③ 3개월 ④ 12개월

11 적재물배상보험을 의무적으로 가입하지 않아도 되는 경우는?

① 최대 적재량이 5톤 이상이거나 총 중량이 10톤 이상인 화물자동차
② 국토교통부령으로 정하는 화물을 취급하는 운송주선사업자
③ 운송가맹사업자
④ 화물자동차 주차장을 운영하는 사업자

12 다음 중 이사화물의 멸실훼손, 인도지연 등에 관한 내용으로 틀린 것은?

① 천재지변, 불가항력 등으로 멸실될 때 운임 등을 고객에게 청구하지 못한다.
② 사업자가 운임 등을 이미 받았을 때는 이를 반환할 필요가 없다.
③ 이사화물의 결함으로 인한 멸실훼손지연 등의 경우 그 사업자는 손해를 배상할 책임이 없다.
④ 고객책임이 없을 때는 멸실훼손시 운임청구를 할 수 없다.

해 사업자가 그 운임을 이미 받았을 때에는 고객에 반환하여야 한다.

13 다음 중 택배운송시 수하인 부재시 조치사항으로 옳은 것은?

① 고객부재중방문표로 통지한 다음 사업소에 화물을 보관한다.
② 고객의 대리인에게 인도하지 않는다.
③ 고객의 옆집에 맡겨 놓는다.
④ 고객이 없으면 화물을 송하인에게 반송하여 버린다.

해 수하인 부재시에는 방문표로 통지한 다음에 화물을 사업소에 안전하게 보관한다.

14 이사화물 운송사업자로서 다음 중 면책 사유에 해당되지 않는 것은?

① 천재지변 등으로 불가항력의 경우
② 이사화물의 성질에 의한 폭발, 발화, 부패, 변색 발생
③ 인위적인 소모와 균열
④ 법 집행으로 인한 운송금지 또는 압류된 경우

15 운송물의 일부멸실 또는 훼손이 있는 경우 사업자에 대한 책임의 특별소멸 시효에 대한 설명이 잘못된 것은?

① 수하인이 운송물을 수령한 날로부터 14일 이내에 운송물의 일부멸실 또는 훼손을 통지하면 운송사업자는 이에 대한 책임을 진다.
② 운송물이 전부 멸실된 경우 일자 기산은 화물 인도예정일로 기산한다.
③ 수하인이 운송물을 수령한 날로부터 2년이 경과 된 후 소멸된다.
④ 운송사업자가 운송물의 훼손 또는 일부 멸실 사실을 알고 운송물을 인도한 경우 시효 존속 기간은 5년간이다.

16 운송사업자가 운송물의 훼손 또는 일부 멸실 사실을 알고 운송물을 인도한 경우 시효 존속 기간은 얼마인가?

① 수하인이 운송물을 수령한 날로부터 1년간 존속
② 수하인이 운송물을 수령한 날로부터 2년간 존속
③ 수하인이 운송물을 수령한 날로부터 3년간 존속
④ 수하인이 운송물을 수령한 날로부터 5년간 존속

17 이사화물의 훼손 또는 멸실 및 연착에 대한 손해배상책임은 이사화물을 인도한 후 얼마나 지나야 책임이 소멸되는가?

① 6개월 ② 1년
③ 2년   ④ 3년

18 운송사업자가 고객의 운송물을 멸실·훼손 또는 연착으로 인한 손해 배상책임을 무엇이라 하는가?

① 협상 책임 ② 사업 책임
③ 과실 책임 ④ 운송 책임

정답 | 12 ② | 13 ① | 14 ③ | 15 ③ | 16 ④ | 17 ② | 18 ③

19 이사화물 표준약관에서 운송사업자가 인수 거절 할 수 있는 화물이 아닌 것은?

① 고객이 휴대할 수 있는 현금, 유가증권, 귀금속, 통장 및 신용카드 등
② 운송거리 및 운송상태에 적합하게 운송사업자의 요청에 따라 고객이 적정하게 포장된 물품
③ 위험물 및 다른 화물에 손해를 끼칠 염려가 되는 화물
④ 골통품, 미술품, 동식물 등으로 특수한 관리가 필요하며 다른 화물과 동시에 운송하기 적합하지 않은 화물

20 고객의 화물을 운송 중 운전자가 전신주와 충돌하여 적재상태의 화물이 손상된 경우 자동차종합보험으로 보상 받을 수 있는 담보는?

① 대인배상 보험 ② 대물배상 보험
③ 자차 보험 ④ 적재물배상 보험

21 운송물의 가액이 기재된 화물의 일부가 운송 중 멸실 또는 파손된 경우 보상 해 주어야 하는 기준에 적합하지 않은 것은?

① 원상회복이 가능한 경우는 수선해 준다.
② 수선이 불가능한 경우는 운송장에 기재된 운송물의 가액을 보상해준다.
③ 전부 또는 일부멸실된 때는 운송장에 기재된 운송물의 가액을 보상해준다.
④ 법적으로 처리하여 법원의 판결에 따른다.

22 택배표준약관 규정에 의거 운송화물 수탁을 거절할 수 있는 경우에 포함되지 않는 것은?

① 운송에 적합한 포장이 되어 있지 않는 경우
② 운송장에 필요한 사항을 고객이 기록하지 않는 경우
③ 운송물품이 도난품, 밀수품 또는 부정임산물 등 위법한 물품인 경우
④ 운송물 1포장의 가격이 100만 원을 초과하는 경우

해 운송물 1포장의 가격이 300만 원을 초과하는 경우에는 택배 표준약관 규정에 운송물에 대한 수탁을 거절할 수 있다.

23 운송장에 특별히 인도예정일이 기재되어 있지 않는 경우 일반지역은 며칠 이내에 운송물을 인도해야 하나?

① 일주일 이내 ② 5일 이내
③ 2일 이내 ④ 당일

24 사업자가 인수 당일에도 계약 해제통지를 고객에게 하지 않을 경우 이사화물 표준약관 규정상 운송사업자의 손해배상액은 얼마로 정해져 있나?

① 계약금의 10배 ② 계약금의 6배
③ 계약금의 4배 ④ 계약금

제6장 물류의 이해

1) 제1절 : 물류의 기초이론

(1) 물류의 정의
물류란 공급자로부터 생산자, 유통업자를 거쳐 최종소비자에게 이르는 재화의 흐름을 의미하고, 물류관리란 이러한 재화의 효율적인 흐름을 계획실행통제할 목적으로 행해지는 제반활동을 의미한다.

(2) 기업의 물류와 로지스틱스(logistics)
로지스틱스란 본래 군사용어로서 발주, 생산, 재고, 공급, 통신 등 작전행동에 필요한 자재관리 전부를 포함하고 있다.

(3) 물류의 역할
① **개념적 관점에서의 역할** : 물류활동은 물의 흐름을 종합적으로 관리하는 것으로 그 대상은 하역, 보관, 운송, 유통가공 및 정보이다.
② **물류의 마케팅(marketing)기능** : 생산자가 상품 또는 서비스를 소비자에게 유통시키는 것과 관련 있는 모든 체계적 경영활동을 말한다.
③ **물류의 판매기능** : 물류활동의 3S1L 원칙

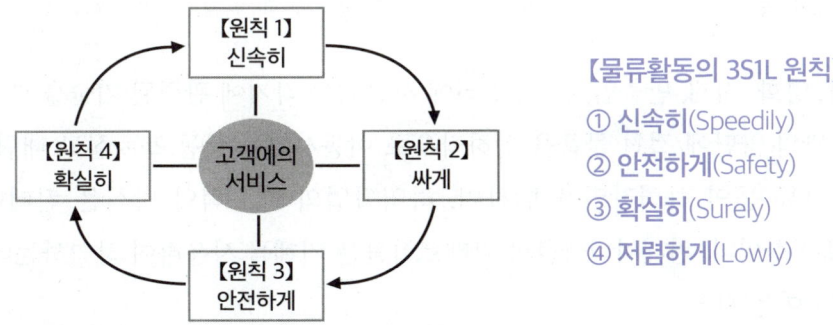

【물류활동의 3S1L 원칙】
① **신속히**(Speedily)
② **안전하게**(Safety)
③ **확실히**(Surely)
④ **저렴하게**(Lowly)

④ **물류관리의 기본 7R 원칙** : 물류는 고객서비스를 향상시키고 기업이익을 최대화하는 것이 목표이며, 판매기능은 물류의 7R 기준을 충족할 때 달성된다.

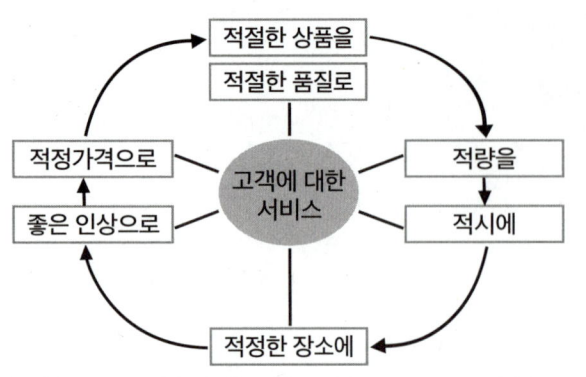

【물류관리의 기본 7R 원칙】
① 적절한 품질(Right quality)
② 적절한 적량(Right quantity)
③ 적절한 시기(Right time)
④ 적절한 적소(Right place)
⑤ 좋은 인상(Right impression)
⑥ 적절한 가격(Right price)
⑦ 적절한 상품(Right commodity)

⑤ **적정재고 유지로 재고비용절감에 기여**: 물류합리화로 불필요한 재고의 미보유에 따른 재고비용 절감된다.

(4) 물류의 기능

① **운송기능**: 수송이란 어떤 지점에서 다른 지점으로 화물을 이동시키는 행위를 말하므로, 수송기기는 철도, 자동차, 선박, 항공기와 같은 운송수단을 의미하며, 물품을 공간적으로 이동시키는 것으로 수송에 의해서 생산자와 수용자와의 공간적 거리가 극복되어 상품의 장소적(공간적) 효율창출의 운송기능을 말한다.

▶ **선박 및 철도와 비교한 화물자동차운송의 특징**
① 원활한 기동성과 신속한 수배송
② 신속하고 정확한 문전운송
③ 다양한 고객요구 수용
④ 운송단위가 소량
⑤ 에너지 다소비형의 운송기관 등

② **하역운반기능**: 화물의 적화, 양화, 적재, 반출입, 분류, 정리에 사용되는 각기에 관련된 기술을 대상으로 한다. 따라서 수송과 보관의 양단에 걸친 물품을 상하좌우로 이동시키는 활동으로 싣고 내림, 시설 내에서의 이동, 피킹, 분류 등의 하역작업을 말하며, 하역작업의 대표적인 방식은 컨테이너(container)화와 팔레트(pallet)화이다. 컨테이너화물과 팔레트화물은 기계를 사용하여 하역하는데 크레인, 지게차, 컨베이어 등이 이용된다.

③ **보관기능**: 화물의 품질, 수량의 유지를 위하여 일정한 장소에 일정기간 동안 저장보관하거나 환적, 유통, 가공 등을 위하여 일시적으로 보관하는 기술 및 창고운영의 효율적 기능이 요구된다. 즉, 입체자동화 창고, 냉동, 정온, 저온기능이 포함된다.

④ **포장기능**: 물품의 수배송, 보관, 하역 등에 있어서 화물의 가치 및 상태유지보호에 이용되는 포장자재, 포장용기, 포장기술을 이용해서 포장하여 보호하고자 하는 활동에서 중요한 모듈화는 일관시스템 실시에 중요한 요소로, 포장은 단위포장(개별포장), 내부포장(속포장), 외부포장(겉포장)으로 구분된다.

⑤ **유통가공기능**: 물품의 유통과정에서 물류효율을 향상시키기 위하여 가공하는 활동으로 단순가공, 재포장, 또는 조립 등 제품이나 상품의 부가가치를 높이기 위한 물류활동이다.

⑥ **정보기능**: 물류정보활동은 수집가공제공하여 운송, 보관, 하역, 포장, 유통가공 등의 기능을 컴퓨터 등의 전자적 수단으로 연결하여 줌으로써 종합적인 물류관리의 효율화를 도모할 수 있도록 하는 기능이다.

(5) 물류 관리

① **물류관리**: 물류관리란 경제재의 효용을 극대화시키기 위한 재화의 흐름에 있어서 운송, 보관, 하역, 포장, 정보, 가공 등의 모든 활동을 유기적으로 조정하여 하나의 독립된 시스템으로 관리하는 것이다.

② 물류관리의 목표

ㄱ. 비용절감과 재화의 시간적장소적 효용가치의 창조를 통한 시장능력의 강화

ㄴ. 고객서비스 수준 향상과 물류비의 감소(트레이드오프 관계)

※ **트레이드오프**(trade-off; 상충관계): 두 개의 정책목표 가운데 하나를 달성하려고 하면 다른 목표의 달성이 늦어지거나 희생되는 경우 양자 간의 관계

ㄷ. 고객서비스 수준의 결정은 고객지향적이어야 하며, 경쟁사의 서비스 수준을 비교한 후 그 기업의 달성하고자 하는 특정한 수준의 서비스를 최소의 비용으로 고객에게 제공

③ 물류관리의 활동

ㄱ. 중앙과 지방의 재고보유 문제를 고려한 창고입지 계획, 대량고속운송이 필요한 경우 영업운송을 이용, 말단 배송에는 자차를 이용한 운송, 고객주문을 신속하게 처리할 수 있는 보관하역포장활동의 생력화, 기계화, 자동화 등을 통한 물류에 있어서 시간과 장소의 효용증대를 위한 활동

ㄴ. 물류예산관리제도, 물류원가계산제도, 물류기능별단가(표준원가), 물류사업부 회계제도 등을 통한 원가절감에서 프로젝트 목표의 극대화

ㄷ. 물류관리담당자 교육, 직장간담회, 불만처리위원회, 물류의 품질관리, 무하자운동, 안전위생관리 등을 통한 동기부여의 관리

(6) 기업물류의 활동
① **주활동**: 대고객서비스 수준, 소송, 재고관리, 주문처리 등
② **지원활동**: 보관, 자재관리, 구매, 포장, 생산량과 생산일정의 조정, 정보관리 등

(7) 물류의 전략과 계획
① 물류전략의 주요목표
  ㄱ. 비용절감: 운반 및 보관과 관련된 가변비용을 최소화하는 전략이다.
  ㄴ. 자본절감: 물류시스템에 대한 투자를 최소화하는 전략이다.
  ㄷ. 서비스개선: 제공되는 서비스수준에 비례하여 수익이 증가하는 점에 근거를 둔 전략이다.
② 물류계획수립의 단계
  ㄱ. 무엇을, 언제, 그리고 어떻게
  ㄴ. 전략, 전술, 운영의 3단계(단계의 주요 차이점은 계획기간에 있음)
  ㄷ. 재고 의사결정: 재고를 관리하는 방법에 관한 것을 결정하는 것으로 여기에는 재고보충규칙에 따라 보관지점에 재고를 할당하는 전략과 보관지점에서 재고를 인출하는 전략 두 가지가 있다.
  ㄹ. 수송 의사결정: 수송수단 선택, 적재규모, 차량운행경로 결정, 일정계획이 이에 해당한다.
③ 물류 전문가의 자질
  ㄱ. 분석력: 최적의 물류업무 흐름 구현을 위한 분석 능력
  ㄴ. 기획력: 경험과 관리기술을 바탕으로 물류전략을 입안하는 능력
  ㄷ. 창조력: 지식이나 노하우를 바탕으로 시스템모델을 표현하는 능력
  ㄹ. 판단력: 물류관련 기술동향을 파악하여 선택하는 능력
  ㅁ. 기술력: 정보기술을 물류시스템 구축에 활용하는 능력
  ㅂ. 행동력: 이상적인 물류인프라 구축을 위하여 실행하는 능력
  ㅅ. 관리력: 신규 및 개발프로젝트를 원만히 수행하는 능력
  ㅇ. 이해력: 시스템 사용자의 요구를 명확히 파악하는 능력

2) 제2절: 물류시스템의 이해

(1) 물류시스템의 구조
물품과 상품을 공간적 시간적으로 이동하는 보관이 중심적이지만 그 밖에 물류의 원활화를 위하여 유통가공, 포장, 운송, 하역, 정보 등이 요구된다.

(2) 물류시스템의 목적

물류시스템의 목적은 최소의 비용으로 최대의 물류서비스를 산출하기 위하여 물류서비스를 3S1L의 원칙으로 행하는 것이다. 이를 보다 구체화시키면 다음과 같다.

① 고객에게 상품을 적절한 납기에 맞추어 정확하게 배달하는 것
② 고객의 주문에 대해 상품의 품절을 가능한 한 적게 하는 것
③ 물류거점을 적절하게 배치하여 배송효율을 향상시키고 상품의 적정재고량을 유지하는 것
④ 운송, 보관, 하역, 포장, 유통가공의 작업을 합리화하는 것
⑤ 물류비용의 적절화최소화 등

(3) 운송합리화 방안

① 적기 운송과 운송비 부담의 완화
　ㄱ. 적기에 운송하기 위해서는 운송계획이 필요하며 판매계획에 따라 일정량을 정기적으로 고정된 경로를 따라 운송하고 가능하면 공장과 물류거점간의 간선운송이나 선적지까지 공장에서 직송하는 것이 효율적이다.
　ㄴ. 출하물량 단위를 차량별로 단위화 대형화하거나 운송수단에 적합하게 물품을 표준화하며 차량과 운송수단을 대형화하여 운송횟수를 줄이고 화주에 맞는 차량이나 특장차를 이용한다.
　ㄷ. 트럭의 적재율과 실차율의 향상을 위하여 기준 적재중량, 용적, 적재함의 규격을 감안하여 최대허용치에 접근시키며, 적재율 향상을 위해 제품의 규격화나 적재품목의 혼재를 고려해야 한다.
② **실차율 향상을 위한 공차율의 최소화** : 화물을 싣지 않은 공차상태로 운행함으로써 발생하는 비효율을 줄이기 위하여 주도면밀한 운송계획을 수립한다.

> ▶ 화물자동차운송의 효율성 지표
> ① 가동률 : 화물자동차가 일정기간에 걸쳐 실제로 가동한 일수
> ② 실차율 : 주행거리에 대해 실제로 화물을 싣고 운행한 거리의 비율
> ③ 적재율 : 차량적재톤수 대비 적재된 화물의 비율
> ④ 공차율 : 통행 화물차량 중 빈차의 비율
> ⑤ 공차거리율 : 주행거리에 대해 화물을 싣지 않고 운행한 거리의 비율

3) 제3절 : 제4자 물류의 이해

(1) 제4자 물류의 개념

① 제4자 물류의 개념은 다양한 조직들의 효과적인 연결을 목적으로 하는 통합체로서 공급사슬의 모든 활동과 계획관리를 전담한다.
② 제4자 물류란 제3자 물류의 기능에 컨설팅 업무를 더하여 수행하는 것이다.
③ 제4자 물류(4PL)의 핵심은 고객에게 제공되는 서비스를 극대화하는 것이다.

> ▶ **제4자 물류(4PL)의 두 가지 중요한 특징**
> ① 제3자 물류보다 범위가 넓은 공급망의 역할을 담당
> ② 전체적인 공급망에 영향을 주는 능력을 통하여 가치를 증식

(2) 제4자 물류의 공급망관리 4단계

【제4자 물류 공급망물류관리(SCM) 서비스 4단계】

제1단계 재창조 (Reinvention)	공급체인에 참여하고 있는 복수의 기업과 독립된 서플라이 체인 참여자들 사이의 협력을 넘어서 공급체인의 계획과 동기화에 의해 가능하다. 재창조는 재디자인하고 참여자의 공급체인을 통합하기 위해서 비즈니스전략을 공급체인전략과 제휴하면서 전통적인 공급망 컨설팅기술을 강화한다.
제2단계 전환 (Transformation)	전환의 단계는 판매, 운영계획, 유통관리, 구매전략, 고객서비스, 공급체인기술을 포함한 특정한 공급체인에 초점을 맞춘다.
제3단계 이행 (Implementation)	제4자 물류(4PL)는 비즈니스 프로세스 제휴, 조직과 서비스의 경계를 넘은 기술의 통합과 배송운영까지를 포함하여 실행한다.
제4단계 실행 (Execution)	다양한 공급체인기능과 프로세스를 위한 운영상의 책임을 진다. 그 범위는 전통적인 운송관리와 물류 아웃소싱보다 범위가 크다. 조직은 서플라이 체인활동에 대한 전체적인 범위를 제4자 물류(4PL) 공급자에게 아웃소싱할 수 있다.

4) 제4절 : 화물운송정보시스템의 이해

(1) 화물운송정보시스템의 개념

① **화물운송정보시스템** : 화물이 터미널을 경유하여 수송될 때 수반되는 자료 및 정보를 신속하게 수집하여 이를 효율적으로 관리하는 동시에 화주에게 적기에 정보를 제공해 주는 시스템을 의미한다.

② 수배송관리시스템 주문상황에 대해 적기 수배송체제의 확립과 최적의 수배송계획을 수립함으로써 수송비용을 절감하려는 체제이다(대표적인 것은 터미널화물정보시스템).

③ **터미널화물정보시스템**: 수출계약이 체결된 후 수출품이 트럭터미널을 경유하여 항만까지 수송되는 경우, 국내 거래 시 한 터미널에서 다른 터미널까지 수송되어 수하인에게 이송될 때까지의 전 과정에서 발생하는 각종 정보를 전산시스템으로 수집, 관리, 공급, 처리하는 종합정보관리체제이다.

(2) 수배송활동의 각 단계에서의 물류정보처리 기능

① **계획**: 수송수단 선정, 수송경로 선정, 수송로트 결정, 다이어그램 시스템 설계, 배송센터의 수 및 위치 선정, 배송지역결정 등

② **실시**: 배차수배, 화물적재지시, 배송지시, 발송정보 착하지에의 연락, 반송화물 정보관리, 화물의 추적파악 등

③ **통제**: 운임계산, 차량적재효율분석, 차량가동분석, 반품운임분석, 빈 용기 운임분석, 오송분석, 교착수송분석, 사고분석 등

(3) 화물자동차운송관련 정보

① **화물운송기기정보**: 운송관련 정보, 철도정보, 선박정보, 항공정보, 컨테이너정보 등으로 구분된다.

② **화주정보**: 화주의 성명전화팩스번호, 화물의 종류중량 용적, 장소, 발착지 운송기간, 운송거리 등으로 국한된다.

③ **화물운송정보**: 화물집하정보, 개별창고화물정보, 화물터미널정보, 특정화물정보, 도로교통정보, 고속도로정보, 관리정보 등 종합정보와 항공화물정보가 있다.

④ **항만정보**: 항만관리정보, CY(장치장), CFS(창고관리)관리정보, 컨테이너추적정보, 항만작업정보, 화물유통통제정보, 작업지시정보, S/O정보, B/S정보, 보세정보, 선박도착정보 등이 있다.

⑤ **화물하역정보**: 화물하역정보에는 하역업체정보, 하역진척정보, 하역실적정보, 자동차 상하차정보, 철송정보, 선박정보 등이 있다.

⑥ **화물통관정보**: 공로수송 중 수출입물량 처리를 위해서는 수출입면장 획득경로로 관세환급 및 항공화물 통관 등의 정보가 요구된다.

기출문제 및 예상문제

01 다음 중 물류 활동의 3S1L 원칙이 아닌 것은?

① 신속하게 ② 정확하게
③ 안전하게 ④ 저렴하게

해 물류의 3S1L 원칙 : 신속하게(speedy), 안전하게(safety), 확실하게(surely), 저렴하게(low)

02 다음 중 군사용어로서 생산, 재고, 공급 등 작전행동에 필요한 자재관리를 의미하는 것은?

① logistics(로지스틱스) ② 물류
③ 경제 ④ 재고처리

해 로지스틱스 : 생산, 재고, 공급, 통신 등 작전행동에 의한 물류의 재화흐름을 말한다.

03 다음 중 운송관련 용어 해설이 잘못된 것은?

① 교통 : 시공간 측면에서의 재화의 이동
② 운송 : 서비스공급 측면에서의 재화의 이동
③ 운수 : 법률적 측면에서의 운반
④ 운반 : 일정공간과 범위에서의 재화의 이동

04 다음 중 물류의 기능에 해당되지 않는 것은?

① 결제기능 ② 운송기능
③ 포장기능 ④ 보관기능

해 물류기능으로는 수송, 포장, 보관, 하역, 유통가공, 정보기능 등을 들 수 있다.

05 다음 중 물류관리의 목표라고 볼 수 없는 것은?

① 비용절감과 시간적, 장소적 효용가치의 창조로 시장능력의 강화
② 고객서비스 질적 수준 향상
③ 물류비 감소로 고객의 이익 증진
④ 경쟁사와 비교를 통한 기업의 이익창출이 되는 서비스만 제공

06 다음 중 물류시스템의 목적이라고 할 수 없는 것은?

① 물류비용의 적정화와 최소화
② 상품의 품질 향상으로 고객의 편익을 최대화
③ 재고 처리의 신속화와 신상품 개발 촉진
④ 납품기간에 신속한 배달 촉진

07 다음 설명 중 운송합리화의 목적과 거리가 먼 것은?

① 적기 운송과 운송비 절감
② 최단 운송 거리 개발과 최적 운동 수단 개발
③ 공차율 향상과 최대 적재율 개발
④ 물류기기의 개선 및 정보시스템 정비

08 인공위성을 통하여 목적지를 유도하는 측위통신망을 무엇이라 하는가?

① GPS 통신망 ② 인터넷 통신망
③ 전신 통신망 ④ 자율 통신망

정답 01 ② 02 ① 03 ③ 04 ① 05 ④ 06 ③ 07 ③ 08 ①

09 다음 중 물류의 재화흐름(공급자, 생산자를 거쳐 소비자에게 이동)으로 맞는 것은?

① 물류 ② 물품
③ 경제 ④ 포장

해 물류, 즉 로지스틱스란 공급자로부터 생산자, 유통 등 최종소비자에 이르는 재화의 흐름을 말한다.

10 물류와 로지스틱스에 대한 내용이 아닌 것은?

① 물류관리 구성요소에는 인간기능과 훈련도 포함시킨다.
② 로지스틱스는 협의의 물류개념이다.
③ 물류물자를 효과적으로 관리하는 조직에서 유래한다.
④ 소비자의 욕구를 충족시키기 위한 과정으로 본다.

해 로지스틱스는 수요창조기능에 중점을 두고 있으며, 광의의 물류개념으로 인식된다.

11 기업경영의 정보시스템을 무엇이라 하는가?

① 공급망관리 ② 전사적 자원관리
③ 인적 정보시스템 ④ 인적 자원관리

해 전사적 자원관리(ERP)란 기업경영활동을 위한 인적물적 자원의 효율적 관리를 목적으로 하는 통합정보시스템을 말한다.

12 다음 중 물류관리의 7R의 원칙이 아닌 것은?

① 적정한 품질 ② 좋은 인상
③ 적절한 가격 ④ 안전하게

해 물품관리의 7R의 원칙 : 적절한 품질, 적량 적시 적소, 좋은 인상, 적절한 가격상품이다.

13 다음 중 국민경제적 관점에서의 물류역할이 아닌 것은?

① 최소비용으로 소비자를 만족시키고 매출신장을 도모한다.
② 물류비를 절감하기 위하여 소비자물가와 도매물가의 상승을 억제시킨다.
③ 사회간접자본의 증강과 설비투자를 절제하여 국민경제개발을 위한 투자기회를 부여한다.
④ 정시배송의 실현을 통한 수요자서비스 향상에 노력한다.

해 최소비용으로 소비자를 만족시키고 매출신장을 도모하는 것은 개별기업적 관점에서 물류의 역할에 속한다.

14 제조업의 가치 사슬주기가 바르게 나열된 것은?

① 판매유통 - 조립가공 - 부품조달
② 판매유통 - 부품조달 - 조립가공
③ 부품조달 - 조립가공 - 판매유통
④ 조립가공 - 판매유통 - 부품조달

해 제조업의 가치 사슬주기 : 부품조달→조립가공→판매유통은 가치사슬주기 단축을 위한 운영의 효율성과 생산성을 증대시킬 수 있다.

15 다음 중 물류관리의 목표에 해당되지 않는 것은?

① 고객서비스 수준 향상
② 특정한 수준의 서비스를 최고비용으로 고객에게 제공
③ 고객지향적인 서비스
④ 고객을 위한 시간적장소적 효용가치 창출

해 특정 수준의 서비스를 최소의 비용으로 고객에게 제공해야 한다.

16 기업물류의 활동 중 대고객서비스활동에 해당하는 부분은?

① 재고관리　　② 자재관리
③ 창고관리　　④ 구매관리

해 대고객서비스는 수송, 재고관리, 주문처리 등이 주 활동이다.

17 다음 중 재화의 흐름에 따라 운송, 하역, 보관, 포장, 정보, 가공 등의 모든 활동을 유기적으로 조정하는 독립된 시스템의 관리를 무엇이라 하는가?

① 물류관리　　② 물류생산관리
③ 물류의 수배송관리　④ 물류의 통제관리

해 재화의 흐름에 따라 운송, 하역, 보관, 포장, 정보, 가공 등의 모든 활동을 유기적으로 조정관리하는 시스템을 물류관리라 한다.

18 다음 중 물류관리의 생산관리분야의 기능인 것은?

① 제품 설계관리　② 임시 관리
③ 제품 포장관리　④ 구매 계획관리

해 물류관리의 생산관리 분야는 제품포장관리로부터 마케팅관리 분야를 연결하여 고객서비스, 정보관리, 제품포장관리 등으로 연결된다.

19 다음 중 물류정보시스템의 구성요소가 아닌 것은?

① 운송　　② 포장
③ 유통가공　④ 제조

해 물류정보시스템의 구성요소는 운송, 보관, 유통가공, 포장, 하역등이다.

20 다음 중 물류관리의 활동이라고 할 수 없는 것은?

① 대량·고속운송이 필요한 경우 자차로 운송
② 중앙과 지방의 재고보유문제를 고려한 창고입지계획
③ 원가절감을 위한 프로젝트 목표의 극대화 활용
④ 말단 배송에는 자차를 이용해 운송

해 대량·고속운송이 필요한 경우 영업운송을 이용하는 것이 바람직하다.

21 다음 중 기업물류에 대한 설명으로 틀린 것은?

① 물류서비스의 수준은 물류원가의 증감에 큰 영향을 준다.
② 물류서비스의 수준은 물류체계의 수준을 결정한다.
③ 물류비용은 소비자에 의한 서비스 수준에 비례한다.
④ 물류비용 중 재고는 시간적 가치를 증가시킨다.

해 기업물류는 고객서비스 수준의 물류체계, 물류원가, 물류비용 및 운송재화와 서비스의 공간적 가치를 창출한다.

22 다음 중 전략적 물류관리의 핵심영역에 해당되지 않는 것은?

① 임금관리
② 정보기술관리
③ 고객서비스수준 결정
④ 로지스틱스전략 구축

해 물류전략의 핵심영역 : 고객서비스수준 결정, 공급망설계, 로지스틱스 네트워크전략구축, 창고설계 및 운영, 수송관리, 자재관리, 정보기술관리, 조직변화관리

23 화주기업이 고객을 위한 공급 사슬상의 기능 전체를 대행한 업종에 해당되는 것은?

① 제1자 물류업　　② 제2자 물류업
③ 제3자 물류업　　④ 제4자 물류업

해 물류업의 공급사슬
　① **제1자 물류업**: 화주기업이 직접 처리한 업종
　② **제2자 물류업**: 물류자회사에 처리하는 업종
　③ **제3자 물류업**: 고객서비스 향상과 물류비 절감 등 공급사슬상의 기능전체일부 대행
　④ **제4자 물류업**: 효과적인 연결의 목적, 즉 통합체의 공급사슬의 모든 활동업종

24 다음 중 제3자 물류에 대한 올바른 내용은?

① 화주기업이 자기 물류를 제3자에게 위탁하는 경우
② 화주기업이 직접 물류를 자가물류 처리한 경우
③ 화주기업과 물류자회사가 합동으로 처리한 경우
④ 물류자회사가 처리하는 경우의 물류

해 제3자 물류는 자가물류를 제3자에 위탁하여 처리한 경우를 말한다.

25 다음 중 제3자 물류에 의한 물류혁신에 해당되지 않는 것은?

① 종합물류 활성화
② 물류산업의 합리화에 고물류비구조 혁신
③ 공급망관리(SCM) 도입 확산방지
④ 고품질 물류서비스의 제공으로 제조업체의 경쟁력 강화지원

해 제3자 물류혁신의 기대효과는 공급망관리(SCM) 도입과 확산의 촉진이다.

26 다음 중 제4자 물류(4PL)의 공급망물류관리(SCM) 서비스에 해당되지 않는 것은?

① 복원 - 제3단계
② 재창조 - 제1단계
③ 전환 - 제2단계
④ 실행 - 제4단계

해 공급망물류관리(SCM) 서비스 4단계
　① **제1단계**: 재창조
　② **제2단계**: 전환
　③ **제3단계**: 이행
　④ **제4단계**: 실행

27 다음 중 물류정보시스템의 특징이라고 볼 수 없는 것은?

① 다수기업간의 시스템이다.
② 격지자간의 시스템이다.
③ 사후처리형 시스템이다.
④ 지능형 시스템이다.

해 물류정보시스템은 사전처리형 시스템이다.

28 다음 중 운송합리화 방안에 해당되지 않는 것은?

① 공차율 향상을 위한 실차율의 극소화
② 최단운송경로, 최적운송수단 선택
③ 정보시스템의 정비관리
④ 적기운송으로 운송비 최대완화

해 물류기기의 개선, 실차율 향상을 위한 공차율의 극소화이다.

29 다음 중 작업물류시스템의 구성에서 적입, 적출, 분류, 피킹 등은 어느 요소에 해당하는가?

① 하역　　② 포장
③ 정보　　④ 제조

해 하역은 운송, 보관, 포장의 물류취급시 물류시설에 행한 적입, 적출, 분류, 피킹 등의 작업이 해당된다.

30 화물자동차운송의 효율적 지표에 해당되지 않는 것은?

① 실차율　　② 가동률
③ 적재율　　④ 정차율

해 화물자동차운송의 효율적 지표
① 가동률 : 일정기간에 걸친 실가동일수
② 실차율 : 적재톤수 대비 적재화물의 비율
③ 공차율 : 운행 중 빈차의 비율
④ 공차거리율 : 화물을 싣지 않고 운행한 거리비율
⑤ 적재율 : 차량적재톤수 대비 적재된 화물의 비율

31 다음 중 직업이 가지는 일반적 4가지의 의미를 올바르게 설명된 것은?

① 경제적 의미 - 일자리·경제적 가치 창출
② 정신적 의미 - 일을 한다는 인간의 기본적인 리듬확보
③ 사회적 의미 - 직업의 사명감과 소명의식 확보
④ 철학적 의미 - 일에 대한 역할을 수행하는 능력 인정

해 직업 가지고 일을 하는 4가지 의미
① 경제적 의미(일터인 일자리·경제적 가치 창출)
② 정신적 의미(직업의 사명감과 소명의식 고취)
③ 사회적 의미(일에 대한 역할을 수행하는 능력 인정)
④ 철학적 의미(일을 한다는 인간의 기본 적인 리듬확보)

32 물류관리 기본 원칙인 3S와 1L의 연결이 잘못된 것은?

① Safely - 안전　　② Speedly - 신속
③ Slowly - 천천히　　④ Low cost - 저렴

해 3S : Safely(안전), Speedly(신속), Surely(확실),
1L : Low cost(저렴)

33 다음 중 물류관리의 기본원칙인 7R에 해당하지 않는 것은?

① 좋은 인상(Right Impression)
② 적절한 상품(Right Commodity)
③ 적절한 가격(Right Price)
④ 건전한 회사(Right Company)

해 7R 원칙 : 좋은 인상(Right Impression), 적절한 상품(Right Commodity), 적절한 품질(Right Quality), 적절한 양(Right Quantity), 적절한 가격(Right Price), 적절한 장소(Right Place), 적절한 시간(Right Time).

34 다음 중 화물자동차운송의 지표로 활용되는 용어의 설명이 잘못된 것은?

① 실차율이란 주행거리에 대해 실제로 화물을 싣고 운행한 거리
② 가동율이란 화물자동차가 일정기간에 걸쳐 실제로 가동한 일수
③ 공차율이란 화물자동차가 작업이 없는 일자의 비율
④ 공차거리율이란 주행거리에 대해 화물을 싣지 않고 운행한 거리의 비율

해 공차율이란 운행하는 화물자동차가 화물의 적재 없이 빈차로 운행한 비율을 말한다.

정답　29 ①　30 ④　31 ①　32 ③　33 ④　34 ③

PART 5
모의고사

화물운송종사자 자격시험 총정리 기출문제집

제1장 모의고사 1회

01 도로교통법의 제정 목적을 올바르게 설명한 것은?

① 운수사업의 발전과 운전자 및 사업자의 권익보호를 위함
② 자동차의 관리, 등록의 안전 확보를 위함
③ 교통사고로 신속한 피해회복과 편익증진을 위함
④ 교통상의 위험과 장해의 방지 및 제거

02 도로교통법에 규정한 도로 개념의 설명으로 틀린 것은?

① 도로법에 따른 도로
② 유료도로법에 따른 유로도로
③ 농어촌도로정비법에 따른 농어촌도로
④ 아파트단지 및 학교 내의 도로

03 도로교통법상 다음 중 차마에 해당하지 않는 것은?

① 전동 휠체어 ② 견인되는 자동차
③ 아스팔트 살포기 ④ 덤프 트럭

04 도로교통법상 안전지대에 대한 설명으로 가장 옳은 것은?

① 긴급자동차만 통행할 수 있도록 갓길에 설치한 도로의 부분
② 도로횡단 보행자나 통행 차마의 안전을 위하여 안전표지나 인공구조물로 표시한 도로의 부분
③ 고장차량 등이 비상 주차할 수 없는 지역
④ 노폭이 넓은 도로에서 통행의 원활을 위하여 차도에 설치한 도로의 부분

05 도로교통법에서 규정한 긴급자동차에 해당하지 않은 것은?

① 소방차 ② 구난차
③ 구급차 ④ 혈액공급 차량

06 도로교통법상 용어의 설명이 옳지 않은 것은?

① 길가장자리 구역이란 보도와 차도가 구분되지 아니한 도로에서 보행자의 안전을 확보하기 위하여 안전표지 등으로 경계를 표시한 도로의 가장자리 부분을 말한다.
② 앞지르기란 차의 운전자가 앞서가는 다른 차의 옆을 지나서 그 차의 앞으로 나가는 것을 말한다.
③ 정차란 운전자가 차에서 떠나서 즉시 그 차를 운전할 수 없는 상태에 두는 것을 말한다.
④ 차도란 연석선, 안전표지 또는 그와 비슷한 인공구조물을 이용하여 경계를 표시하여 모든 차가 통행할 수 있도록 설치된 도로의 부분을 말한다.

07 다음 중 도로교통법상 자동차에 해당하는 것은?

① 전동킥 보드 ② 전동 휠체어
③ 손수레 ④ 콘크리트 믹서트럭

08 노면표시에 사용되는 선의 종류 중 점선이 의미하는 것은?

① 제한 ② 허용
③ 규제 ④ 금지

정답 | 01 ④ 02 ④ 03 ① 04 ② 05 ② 06 ③ 07 ④ 08 ②

09 다음 교통표지가 표시하는 의미로 맞는 것은?

① 도로노면이 고르지 못함을 알리는 주의표지
② 터널이 있다는 안내표지
③ 중앙분리대가 있다는 것을 알리는 것
④ 과속방지턱이 2개 있다는 것을 알리는 것

10 견인차량이나 구난차를 운전하기 위한 필요한 운전면허종류는?

① 제1종 보통면허 ② 제1종 대형면허
③ 제1종 특수면허 ④ 제2종 보통면허

11 도로교통법상 국가경찰공무원 및 자치경찰공무원을 보조하는 사람으로 볼 수 없는 사람은?

① 모범운전자
② 군사훈련 및 작전에 동원되는 부대의 이동을 유도하는 군사경찰(헌병)
③ 본래의 긴급한 용도로 운행하는 소방차·구급차를 유도하는 소방공무원
④ 녹색 어머니

12 자전거 신호로서 정지선이나 횡단보도가 있는 경우 교차로 직전에서 일시 정지한 후 다른 교통에 주의하면서 진행할 수 있는 신호에 해당하는 것은?

① 녹색등의 점멸 ② 적색등의 등화
③ 황색등의 점멸 ④ 적색등의 점멸

13 버스신호의 현시 중 황색등화의 점멸이 의미하는 것은?

① 버스전용차로를 주행하는 차량은 다른 교통 또는 안전표지의 주의하면서 진행할 수 있다.
② 버스전용차로를 주행하는 차량은 교차로 직전에서 정지하여야 한다.
③ 버스전용차로를 주행하는 차량은 정지선에서 일시 정지한 후 다른 교통에 주의하며 진행할 수 있다.
④ 버스전용차로를 주행하는 차량은 직진할 수 있다.

14 운전면허 행정처분인 벌점 초과로 면허증 취소되는 경우로서 틀린 것은?

① 1년간 121점 이상   ② 2년간 201점 이상
③ 3년간 271점 이상   ④ 5년간 400점 이상

15 다음 중 화물자동차의 적재중량에 대한 설명으로 잘못된 것은?

① 자동차 길이에 그 길이의 10분의 1의 길이를 더한 길이를 넘지 않을 것
② 지상으로부터 5m의 높이를 넘지 않을 것
③ 자동차 후사경으로 후방을 확인할 수 있는 범위의 너비를 넘지 않을 것
④ 이륜자동차의 높이는 지상으로부터 2m 넘지 않을 것

16 교통사고처리특례법상의 중대과실 12개 항목에 속하지 않는 것은?

① 어린이 보호지역에서의 어린이 상해 사고
② 적재물 추락으로 인한 인적 피해사고
③ 노상 주차차량을 충돌하여 차체만을 손상시키고 도주한 경우
④ 무면허 운전으로 인한 사고

| 정답 | 09 ① | 10 ③ | 11 ④ | 12 ① | 13 ② | 14 ④ | 15 ② | 16 ③ |

17 화물자동차운수사업법령상 화물자동차 운수사업의 종류가 아닌 것은?

① 화물자동차 운송산업
② 화물자동차 판매사업
③ 화물자동차 운송주선사업
④ 화물자동차 운송가맹사업

18 다른 사람의 요구에 응하여 화물자동차를 사용하여 화물을 유상으로 운송하는 사업을 무엇이라 하는가?

① 화물자동차 운송사업
② 화물자동차 운수사업
③ 화물자동차 운송주선사업
④ 화물자동차 운송가맹사업

19 다음 중 운수종사자에 해당되는 사람은?

① 화물차 운전자
② 정비공장 정비원
③ 교통담당 공무원
④ 보험회사 직원

20 운수사업법 위반 등에 의한 과징금의 사용 용도로 맞지 않은 것은?

① 화물자동차의 구입비 지원
② 화물 터미널의 건설과 증진
③ 공동 차고지의 건설과 확충
④ 운송종사자의 교육시설에 대한 비용의 보조사업

21 교통사고 요인 중의 인적요인에 해당되지 않는 것은?

① 운전 태도
② 운전 습관
③ 운전 자세
④ 운전 차종

22 화물자동차 운송주선사업의 허가기준에 해당되지 않은 것은?

① 상용인부가 2명 이상일 것
② 일반화물운송주선 및 이사화물운송주선업을 겸업하는 경우의 자본금이 1억 2천만 원 이상일 것
③ 영업에 필요한 사무실 면적을 갖출 것
④ 자본금 또는 자산 평가액이 1억 원 이상일 것

23 화물자동차 운송가맹사업의 허가를 해 주는 정부기관은?

① 시·도지사
② 국토교통부장관
③ 산업기획부장관
④ 기획재정부장관

24 교통사고로 인한 인적 피해가 중상 1명마다 부과되는 벌점기준의 벌점은?

① 15점
② 10점
③ 5점
④ 3점

25 운전 중 운전자가 교통환경과 교통상황을 알아차리는 것을 무엇이라 하는가?

① 인지
② 판단
③ 조작
④ 결정

26 고객만족을 위한 서비스에 대한 품질이라고 볼 수 없는 것은?

① 상품 품질
② 서비스 품질
③ 영업 품질
④ 공장 청결 품질

27 직업운전자의 기본예절에 대한 설명으로 옳은 것은?

① 상대에게 항상 관심을 갖고 상대로 하여금 호감을 갖게 만든다.
② 상대방에게 관심을 가짐으로써 상호관계가 저해된다.
③ 상대방과의 인간관계는 경제적 이익을 바탕으로 한다.
④ 자신의 것만 챙기는 것은 좋은 인간관계를 유지하는 목적이다.

28 고객이 거래를 중단하는 이유 중에 가장 큰 이유가 되는 것은?

① 경쟁사의 회유
② 종사자의 불친절
③ 제품에 대한 불만
④ 제품의 가격과 운송비

29 고객 서비스 행동예절인 인사에 대한 설명으로 올바르지 않은 것은?

① 서비스의 첫 동작은 인사로 시작된다.
② 서비스의 마지막 동작은 인사로 마무리 된다.
③ 인사는 존경과 사랑, 우정을 표현하는 행동이다.
④ 인사는 애사심만 있으면 되고 개인의 인격표현과는 관계가 없다.

30 고객과의 인사방법에서 정중한 인사는 머리와 상체의 인사 각도를 말하는 것인가?

① 인사각도 15°
② 인사각도 30°
③ 인사각도 45°
④ 인사각도 90°

31 직업운전자의 인사방법 중 마음가짐에 해당되지 않는 것은?

① 정성과 감사의 마음으로 표현한다.
② 무표정한 얼굴로 인사한다.
③ 밝고 상냥한 미소 띤 얼굴로 인사한다.
④ 가급적 고객의 눈높이와 맞추어 눈으로 인사한다.

32 고객과의 대화 중 호감 받는 표정관리와 관계가 먼 것은?

① 사명감을 가지고 고객의 입장에서 생각한다.
② 부드럽게 대화하며 긍정적으로 생각한다.
③ 공사를 구분하며 공손하게 대한다.
④ 결정을 피하고 평범하게 대한다.

33 화물운송종사자 직업의 의미 중에 포함되지 않는 것은?

① 경제적 의미
② 정신적 의미
③ 철학적 의미
④ 환경적 의미

34 다음 중 직업의 3가지 태도에 포함되지 않는 것은?

① 애정
② 긍지
③ 열정
④ 감동

35 직업운전자가 고객과의 대화시 유의해야 할 사항에 해당되지 않는 것은?

① 욕설, 폭언, 험담을 하지 않는다.
② 상대방의 약점을 함부로 지적하지 않는다.
③ 매사 침묵으로 일관한다.
④ 불평, 불만을 함부로 말하지 않는다.

| 정답 | 27 ① | 28 ② | 29 ④ | 30 ③ | 31 ② | 32 ④ | 33 ④ | 34 ④ | 35 ③ |

36 다음 중 고객서비스란 개념을 올바르게 설명된 것은?

① 서비스는 상품 자체와는 별개로 일종의 A/S(사후관리)과정을 말한다.
② 서비스는 제품의 판매와 운송으로 끝난다.
③ 서비스는 고객이 품질에 대한 만족도와는 관계가 없다.
④ 서비스는 고객이 품질에 대한 만족과 운송 등 고객에게 계속적으로 제공하는 모든 활동이다.

37 다음 중 운전자의 용모와 복장에 대한 기본 원칙이 아닌 것은?

① 용모는 항상 깨끗하게 한다.
② 신발로 샌들이나 슬리퍼를 신는다.
③ 복장은 계절에 맞게 착용한다.
④ 복장은 통일감 있게 착용한다.

38 화물운송종사자의 인성과 습관의 중요성에 적절하지 않는 것은?

① 종사자의 성격은 서비스에 영향을 준다.
② 안전 운전과 고객만족의 서비스를 위해 인격을 쌓도록 한다.
③ 올바른 습관을 갖도록 노력한다.
④ 종사자의 태도는 화주의 태도에 따라 달라지는 것이기에 인격과는 관계가 없다.

39 노면에 눈이 20mm 이상 쌓인 경우의 운행속도로 알맞는 것은?

① 최고속도의 50/100을 감속한 속도
② 최고속도의 40/100을 감속한 속도
③ 최고속도의 30/100을 감속한 속도
④ 최고속도의 20/100을 감속한 속도

40 배달업무를 하는 업무 행동방법으로 올바르지 않는 것은?

① 배달을 완성은 서비스 완성으로 볼 수 있다.
② 긴급배송 화물은 우선 처리하고 모든 화물은 약속일을 지키도록 한다.
③ 인수증을 받을 경우에는 실명으로 싸인하고 도장을 찍도록 한다.
④ 고객이 부재 시에는 부재 중 방문표를 반드시 이용한다.

41 택배화물 배달 과정에서 미배달 화물에 대한 조치방법으로 옳은 것은?

① 옆집에 맡겨 놓고 수하인이 찾아가도록 한다.
② 미배달 사유를 기록하여 회사 관리자에게 제출하고 화물을 재입고 한다.
③ 화물 인수자가 장기 부재인 경우에는 계속 싣고 다닌다.
④ 수하인 거주지 지역에 가는 동료에게 배달을 의뢰한다.

42 다음 중 방어운전으로 옳지 않는 것은?

① 뒷차의 앞지르기 행위를 방해하지 않는다.
② 뒷차가 차간거리를 좁혀 오면 속도를 내어 차간거리를 넓힌다.
③ 앞차의 급제동을 예상하며 차간거리를 여유있게 유지한다.
④ 차로 및 방향전환을 할 경우 상대방 차량이 알 수 있도록 여유있게 신호한다.

43 교차로의 신호가 녹색 신호인 경우를 설명한 것 중 틀린 것은?

① 차마는 직진을 할 수 있다.
② 비보호 좌회전 표시가 있는 경우에는 좌회전할 수 있다.
③ 차마는 우회전할 수 있다.
④ 차마는 정지선이나 횡단보도가 있는 경우에는 교차로의 직전에서 정지하여야 한다.

44 편도2차로 이상의 고속도로를 운행하는 승용차 및 1.5톤 이하의 화물차의 최고속도와 최저속도를 올바르게 설명한 것은?

① 최고속도 70km/h, 최저속도 30km/h
② 최고속도 80km/h, 최저속도 50km/h
③ 최고속도 90km/h, 최저속도 50km/h
④ 최고속도 100km/h 최저속도 50km/h

45 운행 중 차를 즉시 정지할 수 있는 느린 속도로 진행해야 하는 경우에 해당하지 않는 곳은?

① 도로의 안전지대에 보행자가 있는 경우
② 차로가 설치되지 않은 좁은 도로에서 보행자가 옆을 지나갈 경우
③ 교차로 상에서 좌회전 또는 우회전할 경우
④ 교통정리를 하고 있지 않는 교차로에서 교차하는 도로가 폭이 좁은 경우

46 다음 도로 운행 중 서행해야 하는 장소가 아닌 것은?

① 도로가 구부러진 곳
② 가파른 비탈길의 내리막
③ 고갯마루 부근의 비탈길
④ 철길건널목을 통과하려고 할 때

47 다음 중 일단정지를 해야 하는 경우에 해당하는 것은?

① 차가 철길 건널목을 통과할 경우
② 차마의 운전자가 길가의 건물이나 주차장 등에서 도로에 진입할 경우
③ 차마의 운전자가 보도와 차도가 구분된 도로에서 도로 외의 곳을 출입할 때
④ 교차로나 그 부근에서 긴급자동차가 접근하는 경우

48 무면허 운전으로 인명사고를 야기한 후 필요한 구호조치를 하지 않고 도주한 경우에 운전면허취득 응시 제한 기간은?

① 5년   ② 4년
③ 3년   ④ 2년

49 교통사고를 발생시킨 운전자가 경찰관서 등에 신고할 사항이라고 볼 수 없는 것은?

① 사고가 일어난 곳
② 사상자 수 및 부상 정도
③ 손괴한 물건 및 손괴 정도
④ 운전자의 직업과 운전면허 취득 일자

50 터널을 나와 밝은 도로로 진입하는 운전자가 눈부심으로 물체가 순간적으로 보이지 않는 시각장애를 무엇이라 하는가?

① 명순응   ② 암순응
③ 심시력   ④ 현혹시력

| 정답 | 43 ④ | 44 ④ | 45 ③ | 46 ④ | 47 ① | 48 ① | 49 ④ | 50 ① |

51 다음 중 자동차의 속도가 빨라지면 운전자의 시야범위는 어떻게 변하나?

① 좁아진다
② 넓어진다
③ 크게 보인다
④ 속도와 관계없다

52 경사진 도로에서 운전자의 착각을 올바르게 나타낸 것은?

① 오르막인 경우에는 실제보다 작게, 내리막인 경우에는 실제보다 크게 느낀다.
② 경사가 적은 때는 실제보다 크게, 경사가 클 때에는 실제보다 크게 느낀다.
③ 경사가 적은 때는 실제보다 작게, 경사가 클 때에는 실제보다 작게 느낀다.
④ 경사의 크고 작음은 운전 시야의 착각을 일으키지 않는다.

53 운전자의 피로에 의한 운전착오에 대하여 잘못 설명된 것은?

① 운전자의 인지착오는 운전피로와는 관계없는 운전경력에 의한다.
② 운전자의 피로가 가중되면 정서적 불안이 나타난다.
③ 운전 피로는 심야와 새벽 사이에 많이 나타난다.
④ 운전피로는 도로에서 주는 정보를 제대로 파악하기 어려워진다.

54 자동차 장치 중 제동과 관련이 있는 것은?

① ABS
② 스티어링 휠
③ 에어 클리너
④ 압축압력

55 휠얼라인먼트 중에서 앞바퀴에 직진성을 부여하고 조향핸들의 복원성을 좋게 하기 위한 것은?

① 캐스터
② 캠버
③ 토인
④ 킹핀각

56 다음 중 엔진 오일의 압력을 나타내는 계기판은?

① 수온계
② 회전계
③ 공기 압력계
④ 엔진오일 압력계

57 다음 중 타이어의 역할과 가장 거리가 먼 것은?

① 자동차의 중량을 감당하며 구동력을 가진다.
② 지면으로부터 받는 충격을 흡수한다.
③ 조향과 주행을 용이하게 한다.
④ 실내환경을 쾌적하게 한다.

58 다음 중 타이어의 마모에 영향을 주지 않는 것은?

① 공기압
② 노면 상태
③ 자동차 속도
④ 기후

59 자동차가 출발할 때 차체의 무게에 의하여 앞쪽이 들리는 현상을 무슨 현상이라 하는가?

① 수막 현상
② 페이드 현상
③ 가속 현상
④ 로즈 업 현상

60 자동차 브레이크가 작동되기 작전까지 자동차가 진행한 거리를 무엇이라 하는가?

① 주행 거리　　② 공주 거리
③ 제동 거리　　④ 정지 거리

61 자동차 공주거리와 제동거리를 합한 물리적 거리를 무엇이라 하는가?

① 제동 거리　　② 공주 거리
③ 주행 거리　　④ 정지 거리

62 엔진 오일이 과소모되는 현상이 나타나는 경우 조치로서 잘못된 것은?

① 피스톤 링을 점검한다.
② 휠 밸런스를 조정한다.
③ 해드 개스킷 오일팬 개스킷을 점검한다.
④ 엔진 압축압력을 측정한다.

63 도로의 중앙분리대 대용으로 설치되는 방호 울타리의 기능으로 볼 수 없는 것은?

① 도로의 횡단을 방지한다.
② 충돌 차량이 튕겨 나가도록 한다.
③ 주행방향과 역방향을 분리해 준다.
④ 차량의 안전 운행을 유도한다.

64 다음 중 운송장의 기능이라고 볼 수 없는 것은?

① 수입금 관리 자료　　② 품질 보증 확인
③ 정보처리 기본기능　　④ 계약서 기능

65 다음 중 여름철 차량관리에 포함되지 않는 것은?

① 냉각수의 점검으로 부족과 누수 부분이 없는가를 점검한다.
② 부동액을 점검하여 냉각수가 동결되지 않도록 한다.
③ 서머스테트가 닫혀있는 상태로 고장난 상태는 아닌지 점검한다.
④ 라디에터에서의 누수는 없는지 점검한다.

66 정비상태가 매우 불량한 화물자동차에 대해 지방경찰청은 그 차의 사용정지를 할 수 있는 최대 정비 기간은?

① 5일　　② 7일
③ 10일　　④ 15일

67 운송장 기능에 대한 설명으로 올바르지 않는 것은?

① 고객의 화물에 대한 배달에 대한 정보를 제공하는 자료가 된다.
② 운송요금의 영수증 기능을 하므로 사업자등록증을 번호를 확인 받을 필요가 없다.
③ 화물배달의 사고가 발생된 경우 배상기준은 운송장을 기준으로 한다.
④ 운송장을 교부하는 것은 화물을 인수를 했다는 것을 의미한다.

68 동일 수하인에게 다수의 화물을 배송하는 경우 간단한 기본적인 내용만을 기록하여 원 운송장과 연결하여 사용하는 운송장을 무엇이라 하는가?

① 기본 운송장　　② 간략 운송장
③ 보조 운송장　　④ 제2 운송장

69 다음 중 화물에 운송장을 부착 요령 중 잘못된 것은?

① 운송장이 떨어질 가능성이 있는 화물에는 송하인의 동의를 얻어 포장재에 수하인의 주소 및 전화번호 등을 기재하도록 한다.
② 취급주의 스티커를 붙이는 경우에는 운송장의 우측에 부착한다.
③ 운송장은 원칙적으로 화물 건마다 작성하여 부착하여야 한다.
④ 운송장은 화물의 정 중앙상단에 부착하는 것이 원칙이다.

70 화물운송 및 하역과정에서 화물의 파손을 방지하기 위한 포장방법은?

① 방청 포장
② 방습포장
③ 압축포장
④ 완충포장

71 다음 중 화물의 호칭과 표지가 잘못 연결된 것은?

① 우천시에 화물이동
②  손수레 삽입 금지
③  지게차 사용 취급 금지
④  굴림 방지

72 화물의 상·하차 시 안전상 화물을 들어 올리는 요령으로 잘못된 것은?

① 허리를 이용하여 화물을 들어 올린다.
② 발은 어깨 넓이만큼 벌려 몸의 균형이 이루어지도록 한다.
③ 화물을 가능한 몸에 붙이며 단단히 잡고 올린다.
④ 힘을 쓸때는 무릎을 펴는 힘을 이용한다.

73 다음 중 화물 하역 시 방법을 잘못 나타낸 것은?

① 화물취급표지에 따라 작업한다.
② 길이가 각각 다른 화물은 한쪽 끝이 맞도록 한다.
③ 화물을 한쪽의 한줄로 쌓도록 하지 않는다.
④ 가벼운 것은 아래에, 무거운 것은 위로 쌓는다.

74 크레인 등을 갖추고 고장차량의 앞이나 뒤를 매달아 이동할 수 있도록 한 특수장비차량을 무엇이라 하는가?

① 탱크로리 차
② 벌크 차
③ 트레일러 트랙터
④ 레커 차

75 포장과 포장사이가 미끄러지지 않도록 팔레트 화물의 붕괴를 방지하는 방식을 무엇이라 하는가?

① 슬립멈추기 시트삽입 방식
② 밴드 걸기 방식
③ 주연어프 방식
④ 풀 붙이기 접착 방식

76 화물운송의 효율성을 가늠하는 지표로 사용되지 않는 것은?

① 가동율
② 실차율
③ 공차율
④ 포장율

77 다음 중 상품을 보호하기 위한 물류기능의 하나는?

① 운송 기능
② 보관 기능
③ 정보 기능
④ 포장 기능

78 다음 중 물류 관리의 목표로 가장 적합한 것은?

① 운송인원의 감소
② 물품보관장소의 확대
③ 종사자의 복지 혜택 증가
④ 이윤증대와 비용절감의 체계구축

79 이사화물 표준약관에 의한 고객이 약정 인수당일에 계약을 해제하는 경우 손해 배상은?

① 없다
② 계약금
③ 계약금의 배액
④ 계약금의 4배

80 이사화물 표준약관 규정상 운송사업자가 약정 인수당일에 계약을 해제하는 경우 손해배상액은?

① 계약금
② 계약금의 배액
③ 계약금의 4배
④ 계약금의 6배

제2장 모의고사 2회

01 도로교통법의 제정 목적으로 맞는 것은?

① 모든 교통상의 위험요소만 제거함이 그 목적이다.
② 원활한 도로교통을 위한 것만이 그 목적이다.
③ 도로교통상의 위험요소 제거는 물론 원활하고 안전한 도로교통을 위한 것이 그 목적이다.
④ 주로 사고자에게서 벌금을 징수하는 것이 그 목적이다.

02 다음 중 대형면허로 운전할 수 없는 차량은?

① 승합자동차　　② 화물자동차
③ 원동기장치자전거　　④ 구난차

03 도로교통법상 교통안전 표지의 종류에 해당되지 않는 것은?

① 주의표지　　② 지시표지
③ 규제표지　　④ 제한표지

04 다음 교통표지는 무엇을 의미하는가?

① 차량화재 주의　　② 산불 주의
③ 승용차 진입금지　　④ 위험물차량 진입금지

05 제한속도 표지판이 설치되어 있지 않는 편도 2차로 이상의 일반도로에서 최고속도는 얼마인가?

① 60km/h　　② 70km/h
③ 80km/h　　④ 90km/h

06 다음 화물자동차 중 고속도로운행이 제한되는 차량이 아닌 것은?

① 총중량이 20톤을 초과하는 화물자동차
② 축하중이 10톤을 초과하는 화물자동차
③ 적재물을 포함한 길이가 16.7m를 넘는 화물자동차
④ 적재물을 포함한 높이가 4.2m를 넘는 화물자동차

07 최고속도의 100분의 50을 줄인 속도로 운행하지 않아도 되는 도로의 상태는?

① 폭우, 폭설, 안개 등으로 가시거리가 100m 이내일 때
② 노면이 얼어 붙어 있을 때
③ 눈이 20mm 미만 쌓인 때
④ 눈이 20mm 이상 쌓인 때

08 눈이 20mm 미만 내린 도로에서 제한속도가 60km/h일 때 감속 운행해야 할 안전속도는?

① 50km/h　　② 48km/h
③ 30km/h　　④ 40km/h

09 고속도로가 편도 2차로 이상일 때 적재중량 1.5톤 초과 화물자동차의 최고속도는?

① 50km/h　　② 60km/h
③ 80km/h　　④ 100km/h

10 제2종 보통면허로 운전할 수 있는 차량에 속하지 않는 것은?

① 승용자동차
② 적재중량 4톤 이하의 화물자동차
③ 총중량 3.5톤 이하의 특수자동차
④ 구난자동차

11 교통사고의 3대 요인이 아닌 것은?

① 물리적 요인　　② 인적 요인
③ 차량적 요인　　④ 도로환경적 요인

12 도로교통법상 서행의 규정을 올바르게 설명한 것은?

① 차가 정지 상태로 일정시간을 유지한 상태
② 시속 10km 이하의 속도로 진행하는 상태
③ 차가 즉시 정지할 수 있는 느린 속도로 진행하는 상태
④ 차가 완전히 정지된 상태

13 일시정지의 의미에 대한 설명으로 옳은 것은?

① 차가 10km/h 미만의 속도로 진행하는 것
② 차가 즉시 정지할 수 있는 속도로 진행하는 것
③ 순간적 바퀴가 멈추는 행위 자체를 의미한다.
④ 반드시 차가 멈추어야 하며 얼마간의 시간 동안 정지 상태를 유지하는 것

14 도로교통법상 횡단보도를 횡단하는 보행자로 볼 수 없는 것은?

① 자전거를 끌고 횡단한다.
② 휠체어를 타고 횡단한다.
③ 이륜차를 타고 횡단한다.
④ 유모차를 밀면서 횡단한다.

15 운행 중 긴급자동차에 대한 피양 방법으로 옳은 것은?

① 속도를 높여 긴급자동차보다 빨리 진행한다.
② 곧바로 정지하여 진로를 양보한다.
③ 속도를 줄이면서 앞지르기하라는 신호를 한다.
④ 도로의 우측 가장자리로 피양하며 진로를 터준다.

16 운전면허 벌점 초과로 운전면허가 취소되는 행정처분의 기준이 잘못된 것은?

① 6개월간 100점 이상
② 1년간 121점 이상
③ 2년간 201점 이상
④ 3년간 271점 이상

17 운전면허 행정처분 기준의 감경사유에 해당되는 것은?

① 모범운전자로서 처분 당시 3년 이상 교통봉사 활동에 종사하고 있는 경우
② 혈중알코올농도 0.11% 상태로 주취 운전한 경우
③ 과거 5년 이내에 3회 이상 인적 피해 교통사고를 일으킨 전력이 있는 경우
④ 경찰관의 음주측정 요구에 불응한 경우

| 정답 | 09 ③ | 10 ④ | 11 ① | 12 ③ | 13 ④ | 14 ③ | 15 ④ | 16 ① | 17 ① |

18 횡단보도가 아닌 무단횡단하는 보행자의 심리상태라고 볼 수 없는 것은?

① 횡단보도는 거리가 멀고 시간이 더 걸리기 때문에
② 다리가 불편해서
③ 무단횡단을 자주 했지만 사고가 없었기에
④ 자동차가 진행해 오지만 충분히 횡단할 수 있다고 판단해서

19 음주운전의 규정의 설명으로 틀린 것은?

① 술에 취한 상태의 기준은 혈중알코올농도 0.03% 이상이다.
② 혈중알코올농도 0.03% 이상 0.08% 미만 상태의 음주운전은 벌점100점으로 운전면허 정지 100일이다.
③ 혈중알코올농도 0.08% 이상의 상태로 운전한 경우 운전면허는 취소된다.
④ 얼굴에 홍조의 주기가 나타난 상태로 운전한 경우는 음주운전으로 처벌된다.

20 교통사고처리특례법의 중대과실 12개 항목의 주취운전의 음주량은?

① 혈중알코올농도 0.03% 이상
② 혈중알코올농도 0.05% 이상
③ 혈중알코올농도 0.08% 이상
④ 혈중알코올농도 0.1% 이상

21 교통사고처리특례법의 12대 중대 과실로 사고를 발생시킨 운전자에 대한 처벌의 양형기준은?

① 1년 이하의 금고 또는 1,000만 원 이하의 벌금
② 3년 이하의 금고 또는 2,000만 원 이하의 벌금
③ 5년 이하의 금고 또는 2,000만 원 이하의 벌금
④ 10년 이하의 금고 또는 2,000만 원 이하의 벌금

22 다음 중 교통사고처리특례법상 중대과실 12개 항목에 해당되지 않는 것은?

① 신호 또는 지시위반 사고
② 중앙선 침범사고
③ 보도 침범사고
④ 과속 20km/h 이하의 사고

23 화물자동차운수사업법 제정 목적이라고 볼 수 없는 것은?

① 운수사업의 효율적 관리
② 공공복리의 증진
③ 화물의 원활한 수송
④ 운수사업자의 이윤추구

24 화물운송종사자 자격이 취소되는 경우에 해당되는 것은?

① 화물자동차를 운전할 수 있는 해당 운전면허로 운전한 경우
② 화물운송종사자가 가정폭력을 한 경우
③ 화물운송종사자 자격정지 기간이 종료되어 화물운송 업무에 종사한 때
④ 화물운송종사자 자격증을 타인에게 빌려준 경우

25 화물운송사업 종사자 준수사항에 속하지 않는 것은?

① 부당한 운임 또는 요금을 요구하거나 받지 않는다.
② 정당한 이유 없이 화물을 중도에서 내리는 행위를 하지 않는다.
③ 정당한 이유 없이 화물운송을 거부하지 않는다.
④ 안전한 운행을 위해 운행 전 반드시 분해정비를 한다.

26 다음 중 자동차의 운행을 위한 법적 조치사항에 해당되는 것은?

① 신고 ② 등록
③ 허가 ④ 말소

27 신규등록을 하기 위해 임시로 차량을 운행할 수 있는 임시운행 기간은 얼마인가?

① 5일 이내 ② 10일 이내
③ 20일 이내 ④ 1개월 이내

28 자동차 등록원부상의 변경등록을 해야 하는 사유가 아닌 것은?

① 소유권의 변경
② 원동기 형식 및 장치 변경
③ 사용본거지의 변경
④ 소유자의 성명 변경

29 다음 중 자동차관리법상 자동차의 검사대상이 되지 않는 것은?

① 신규검사 ② 정기검사
③ 재검사 ④ 튜닝검사

30 정비불량으로 위험이 발생될 우려가 있는 경우 정비명령을 내리고 운행을 정지시킬 수 있는 주체는?

① 경찰서장 ② 시장, 군수
③ 지방경찰청장 ④ 국토교통부장관

31 화물차 운행시 연료가 연소할 때 머플러를 통해 분출되는 미세 입자의 공해물질은?

① 일산화탄소 ② 매연
③ 공해가스 ④ 황산

32 사업용 화물자동차의 정밀검사 유효기간은?

① 3년 ② 2년
③ 1년 ④ 6개월

33 직업 운전자의 기본예절 중 틀린 것은?

① 어느 정도의 어려움은 감수하려는 마음 자세로 좋은 인간관계를 유지한다.
② 상대방의 여건, 능력, 개인차를 인정할 필요는 없다.
③ 상대방에게 대한 관심을 가짐으로서 나에 대한 호감도 높아진다.
④ 사실에 입각한 성실함은 상대방의 기억에 오래 남는다.

34 고객과의 대화과정에서 바람직한 시선이라고 할 수 없는 것은?

① 고객과의 눈높이를 가능한 맞춘다.
② 고객과 눈을 맞춰가며 대화한다.
③ 부드러운 시선으로 고객을 본다.
④ 상차 또는 하역해야 하니 곁눈질로 응대한다.

| 정답 | 26 ② | 27 ② | 28 ③ | 29 ③ | 30 ③ | 31 ② | 32 ③ | 33 ② | 34 ④ |

35 고객에게 인사할 때의 마음가짐이 아닌 것은?

① 밝고 상냥한 미소를 띠며 인사한다.
② 경쾌하고 겸손한 말과 함께 인사한다.
③ 인사는 형식적인 행동이므로 무표정해도 된다.
④ 고객에 대한 인사는 감사의 마음을 담는다.

36 고객에 대한 예절의 하나인 악수에 대한 설명으로 적합하지 않은 것은?

① 상대방의 눈을 바라보며 웃는 얼굴로 악수한다.
② 손이 더러울 때에는 양해를 구한다.
③ 상대방이 먼저 손을 내밀 때 오른손이나 왼손으로 악수한다.
④ 상대와 적당한 거리를 두고 가볍게 손을 잡는다.

37 화물운송종사자 직업의 의미 중에 포함되지 않는 것은?

① 경제적 의미
② 정신적 의미
③ 철학적 의미
④ 환경적 의미

38 고객과의 인사의 중요성에 대한 설명으로 적합하지 않은 것은?

① 인사는 회사를 대표하는 마음으로 한다.
② 인사는 고객에 대한 고마움을 표현하는 마음가짐이다.
③ 인사는 서비스의 기본에 포함되지 않는다.
④ 인사는 애사심, 존경심을 갖는 교양과 인격의 표현이다.

39 다음 중 운전자의 운행 전 준비사항에 해당되지 않는 것은?

① 고객, 화주에게 불쾌한 표정이나 언행을 금지한다.
② 화주의 관리 및 지시에 먼저 따른다.
③ 용모 및 복장을 확인한다.
④ 배차사항 및 지시 등을 사전에 확인한다.

40 고객에게 호감 받는 표정의 중요성을 설명한 것으로 틀린 것은?

① 첫인상이 좋아야 고객이 호감을 갖는다.
② 첫인상은 고객에 대한 서비스의 질을 좌우한다.
③ 첫인상의 표정은 감정을 좌우하지 않는다.
④ 첫인상은 대면 직후 결정되는 경우가 많다.

41 고객과 대화할 때 유의사항으로 적합하지 않은 것은?

① 고객의 의사를 가볍게 단정하지 않고 말한다.
② 고객이 이야기하는 도중에 분별없이 차단하지 않는다.
③ 시선은 고객을 향하고 고객의 이야기를 정중히 듣는다.
④ 고객 앞에서 고객의 잘못을 바로 지적한다.

42 다음 중 운전자의 용모와 복장에 대한 기본원칙이 아닌 것은?

① 용모는 항상 깨끗하게 한다.
② 신발로 샌들이나 슬리퍼를 신는다.
③ 복장은 계절에 맞게 착용한다.
④ 복장은 통일감 있게 착용한다.

정답 | 35 ③ 36 ③ 37 ④ 38 ③ 39 ② 40 ③ 41 ④ 42 ②

43 다음 중 택배 종사자의 서비스 자세라고 볼 수 없는 것은?

① 상품을 판매하고 있다고 생각을 갖는다.
② 진정한 택배 종사자로서 대접받을 수 있도록 행동한다.
③ 고객의 불만이나 요구는 무시한다.
④ 애로사항이 있더라도 극복하고 고객 만족을 위하여 최선을 다한다.

44 택배 종사자의 용모와 복장으로 잘못된 것은?

① 선글라스나 슬리퍼는 종사자의 기호이므로 착용은 관계없다.
② 단정하지 못한 복장은 고객에게 혐오감을 준다.
③ 고객도 종사자의 복장과 용모에 따라 대하는 태도가 달라진다.
④ 신분 확인증이 가능한 명찰을 패용하는 것이 바람직하다.

45 다음 중 고객의 욕구 사항과 거리가 먼 것은?

① 약속시간을 지키기를 바란다.
② 신속하고 정확하기를 바란다.
③ 배송물을 안전하게 취급해 주기를 바란다.
④ 배송하는 종사자가 항상 같은 사람이기를 바란다.

46 다음 중 서행해야 할 곳에 해당되지 않는 장소는?

① 교통정리가 행하여지고 있지 않은 교차로
② 비탈길의 고갯마루 부근
③ 차로가 설치되지 않은 좁은 도로에서 보행자의 옆을 지날 때
④ 편도 2차로의 다리 위

47 운전자로서 방어운전에 대한 설명이 잘못된 것은?

① 앞차가 브레이크를 밟았을 때 즉시 제동할 수 있도록 차간거리를 확보한다.
② 기상변화에 대비해 체인이나 스노타이어 등을 미리 준비한다.
③ 눈, 비, 안개 등으로 가시거리가 단축될 때는 서행 운전한다.
④ 교통이 혼잡할 때는 혼잡지역을 빠져 나가야 하므로 끼어들기를 시도한다.

48 내리막길에서 방어운전의 요령에 대한 설명으로 적합하지 않은 것은?

① 내리막길 전에서 미리 감속하여 내려가며 엔진브레이크 사용으로 속도를 조절해야 한다.
② 엔진브레이크를 사용하면 페이드 현상이 예방되어 안전도를 높일 수 있다.
③ 경사가 있는 도로에서는 평지보다는 위험이 더 있다는 생각을 해야 한다.
④ 연료 절약을 위해 내리막길 운행은 기어를 중립에 놓는 것이 좋다.

49 어린이 교통사고의 특징이 아닌 것은?

① 어린이는 집에서 2km 이내의 거리에서 사고가 많이 발생되고 있다.
② 어린이 교통사고는 오후 4시에서 오후 6시 사이에 많이 발생된다.
③ 어린이는 보행 중 교통사고가 가장 높다.
④ 저학년 보다는 고학년의 교통사고가 많다.

| 정답 | 43 ③ | 44 ① | 45 ④ | 46 ④ | 47 ④ | 48 ④ | 49 ④ |

50 보행자의 인지결함, 판단착오, 동작착오 중 교통정보 인지결함의 원인으로 볼 수 없는 것은?

① 피곤한 상태로서 주의력이 저하된 상태이다.
② 동행하는 보행자와 이야기를 나누며 보행한 상태이다.
③ 핸드폰으로 통화하며 보행하고 있는 상태이다.
④ 신호등을 확인하며 차량 흐름을 주의 깊게 확인하며 보행하는 상태이다.

51 명순응의 뜻에 대한 설명으로 옳은 것은?

① 어두운 장소에서 밝은 장소로 나온 후 시력이 회복되는 것이다.
② 밝은 장소에서 어두운 장소로 들어가며 시력이 적응되는 것을 말한다.
③ 한 물체에 눈을 고정시킨 상태에서 양쪽 눈으로 볼 수 있는 시력의 범위를 말한다.
④ 대향차량의 전조등에 의해 시력이 일시적으로 장애가 나타나는 것을 말한다.

52 겨울철 주행 중 시동이 꺼지는 경우 점검조치방법이 아닌 것은?

① 연료탱크 내 이물질의 혼입 여부를 확인한다.
② 연료파이프 연결호스 부분을 확인한다.
③ 워터세퍼레이터 내 결빙을 확인한다.
④ 인젝션펌프의 에어빼기를 점검한다.

53 시각 특성을 고려한 교통사고가 가장 많이 발생하는 시간대는?

① 새벽 ② 야간
③ 낮   ④ 해질 무렵

54 다음 중 엔진브레이크에 대한 설명 중 틀린 것은?

① 저단기어로 변속시키면 엔진브레이크가 된다.
② 구동바퀴에 의한 회전저항이 되어 제동력이 발생된다.
③ 내리막길 등에서 사용하는 것이 엔진브레이크이다.
④ 바퀴가 고정된 상태에서 엔진이 멈추게 된다.

55 다음 중 원심력에 대하여 올바르게 설명된 것은?

① 물체가 원운동을 할 때 그 물체가 원의 중심에서 벗어나려고 하는 힘으로써 일명 구심력이라고도 한다.
② 물체가 원운동을 할 때 그 물체가 원의 중심에서 벗어나려는 힘을 말한다.
③ 자동차가 노면에서 받는 충격을 흡수하는 힘을 말한다.
④ 자동차가 선회할 때 선회 중심의 방향에서 벗어나려는 힘을 말한다.

56 자동차관리법 자동차안전기준에서 규정하고 있는 트레드 홈깊이의 규정으로 올바른 것은?

① 1.6mm 이상   ② 2.4mm 이상
③ 3.2mm 이상   ④ 한계선의 의미가 없다.

57 타이어의 회전속도가 빨라지면 노면의 접지부에서 받은 타이어의 변형이 다음 접지 시점까지도 복원되지 않고 다시 접지되면서 물결현상이 나타나는 현상은?

① 페이드 현상   ② 스탠딩 웨이브 현상
③ 베이퍼 로크 현상 ④ 수막현상

58 자동차가 물이 고인 노면을 고속으로 주행할 때 물의 저항에 의해 타이어가 노면으로부터 떠올라 물위를 미끄러지는 현상을 무엇이라 하는가?

① 페이드 현상 ② 노즈업 현상
③ 수막현상 ④ 베이퍼 로크 현상

59 브레이크를 반복하여 사용하는 경우 마찰열이 브레이크 라이닝에 축적되어 브레이크의 제동력이 저하되는 현상을 무엇이라 하는가?

① 페이드 현상 ② 슬립 현상
③ 파스칼 현상 ④ 베이퍼 로크 현상

60 자동차 제동의 공주거리와 제동거리를 합한 거리를 무엇이라 하는가?

① 제동거리 ② 공주거리
③ 정지거리 ④ 전체거리

61 운전자가 점검장비 없이 오감에 의한 점검방법이라고 할 수 없는 것은?

① 후각에 의한 점검 ② 청각에 의한 점검
③ 촉각에 의한 점검 ④ 예감에 의한 점검

62 다음 중 오감에 의한 자동차 점검방법이 아닌 것은?

① 엔진의 이음 발생 여부 확인
② 엔진 오일 점도 확인
③ 배기가스의 색깔 확인
④ 휠밸런스 장비로 타이어 균형 확인

63 후각에 의해 점검할 수 있는 자동차 점검방법으로 적합한 것은?

① 배기가스의 색깔 확인
② 차체의 떨림 또는 이음 상태
③ 배선이 타는 냄새, 클러치 디스크나 브레이크 라이닝이 마찰열로 타는 냄새
④ 오일이나 냉각수의 누유와 누수 상태

64 운전자가 운행 전 일상점검할 때 이상이 발견되면 누구에게 보고하여야 하는가?

① 운수업 사장 ② 정비 요원
③ 배차 담당자 ④ 정비 관리자

65 중대한 교통사고 또는 빈번한 교통사고로 인하여 많은 사상자를 발생한 운송사업자에게 국토교통부장관은 얼마의 기간을 정하여 운송사업의 전부 또는 일부의 정지를 명하거나 감차 조치를 할 수 있는가?

① 3개월 ② 6개월
③ 12개월 ④ 24개월

66 화물운송자로서 운행 전에 확인하여야 하는 사항이 아닌 것은?

① 적재물의 탁송인 확인
② 적재물의 특성 확인
③ 전달사항 확인
④ 배차사항 및 지시사항 확인

67 고객서비스 향상 및 물류비 절감 등 물류 활동 효율화를 위해 공급기능 전체 혹은 일부를 대행하는 물류업종을 무엇이라 하는가?

① 제1자 물류업　② 제2자 물류업
③ 제3자 물류업　④ 제4자 물류업

68 운송장에 기재하여야 하는 사항으로 맞지 않는 것은?

① 물품명, 수량, 가격
② 특약사항 약관과 확인필의 자필서명
③ 배송인의 성명, 주소, 전화번호
④ 파손품 및 부패성 물품의 경우 면책확인서와 자필서명

69 화물운송장의 역할이라고 볼 수 없는 것은?

① 지출금 관련자료
② 운송요금 영수증의 역할
③ 배달에 대한 증빙자료
④ 행선지 분류정보 제공

70 운송화물에 대한 적재방법의 설명으로 틀린 것은?

① 가벼운 화물은 아래에, 무거운 화물은 위에 적재한다.
② 구르기 쉬운 둥근 화물은 별도의 상자에 넣고 적재한다.
③ 차의 진동이나 동요로 손상되기 쉬운 화물은 로프로 단단히 묶는다.
④ 쇠붙이 물품 등 예리한 화물은 별개의 포장을 하도록 한다.

71 포장이 완전하지 않거나 배송 중 파손 가능성이 높은 화물에 대해서는 어떤 조건을 붙여 수탁해야 하는가?

① 파손 시 면책　② 부패 시 면책
③ 배달지연 시 면책　④ 분실 시 면책

72 이사화물의 일부 멸실 또는 훼손으로 사업자의 손해배상 책임은 고객이 인도받은 날로 부터 며칠 이내에 그 사실을 사업자에게 통보하지 않으면 소멸하는가?

① 10일 이내　② 20일 이내
③ 30일 이내　④ 60일 이내

73 한국공업규격에서 분류한 원동기부와 덮개부가 운전실의 앞쪽에 나와 있는 화물트럭은?

① 픽업　② 밴
③ 보닛 트럭　④ 캡 오버 트럭

74 한국공업규격에 의해 분류로서 원동기의 전부 또는 대부분이 운전실 아래쪽에 있는 트럭의 명칭은?

① 캡 오버 트럭　② 트레일러
③ 픽업　④ 밴

75 다음 중 화물취급 과정에서 화물의 파손이 유라고 볼 수 없는 것은?

① 컨베이어벨트에서 떨어져 파손되는 경우
② 집하하는 과정에서 화물의 포장상태를 확인하지 않은 경우
③ 운송장 부착을 제대로 하지 않은 경우
④ 화물을 적재할 때 무리하게 화물을 다루는 경우

76 인력운반중량 권장기준은 성인남자 혼자서 계속 작업을 할 경우 1인당 화물의 무게 한도를 얼마로 정하고 있나?

① 5~10kg
② 10~15kg
③ 20~25kg
④ 15~20kg

해 인력운반 작업 시 중량기준
① 계속 작업 시(시간당 3회 이상)
 • 성인 남자 : 10 ~ 15kg
 • 성인 여자 : 5 ~ 10kg
② 일시 작업 시(시간당 2회 이하)
 • 성인 남자 : 25 ~ 30kg
 • 성인 여자 : 15 ~ 20kg

77 화물을 취급하기 전에 준비 또는 확인할 사항 중으로 틀린 것은?

① 작업에 적합한 정상품의 작업 도구를 필요량만큼 준비한다.
② 보호장구의 자체 결함 여부와 사용방법을 먼저 숙지한다.
③ 유해, 유독화물 취급 시 약품 세척 용구 등은 준비할 필요가 없다.
④ 취급할 화물의 취급방법 및 작업 순서를 사전에 검토한다.

78 독극물 취급시 주의사항에 해당되지 않는 것은?

① 독극물 관련 물건내용을 알 수 있도록 표시를 의무화한다.
② 표지불명의 독극물은 함부로 취급하지 않는다.
③ 표지불명의 독극물은 뜯어서 먹어 본다.
④ 독극물 용기와 빈 용기 등을 철저히 확인한다.

79 다음 이사화물 중 인수를 거절할 수 있는 화물이 아닌 것은?

① 골동품 등 운송하기에 적합하지 않은 화물
② 위험물 등 운송에 특별한 조건을 고객과 합의한 화물
③ 고객이 휴대할 수 있는 귀중품
④ 사업자의 물품 재포장 요청시 고객이 거절한 화물

80 다음 중 고객의 책임으로 인한 계약해제에 대한 설명으로 틀린 것은?

① 고객이 약정된 이사화물의 인수 당일에 해지통보할 경우 계약금 전체액이 손해배상액이다.
② 고객은 사업자에게 손해배상책임이 있다.
③ 고객이 지급한 계약금이 있는 경우 그 금액을 공제할 수 있다.
④ 고객이 약정된 이사화물의 인수일 1일 전까지 해제통보할 경우 계약금이 손해배상액이다.

제3장 모의고사 3회

01 도로교통법에서 규정하고 있는 '도로'에 해당되지 않는 곳은?

① 도로법에 따른 도로
② 유료도로법에 따른 유료도로
③ 농어촌도로 정비법에 따른 농어촌도로
④ 군부대 내의 도로

02 다음 중 철길건널목 통과방법 위반이라고 볼 수 없는 경우는?

① 철길건널목에서 일시정지 불이행
② 안전을 확인하지 않은 상태로 통행 중 사고
③ 신호기의 지시에 의해 일단정지 없이 통과한 경우
④ 차량 고장 시 승객 대피 및 차량이동을 하지 않은 경우

03 다음 중 주의표시에 해당하지 않는 표지는?

① 서행표지　　② 횡풍표지
③ 터널표지　　④ 위험표지

04 화물자동차의 구조 및 적재화물의 특수성에 의해 도로관리청에 제출하는 신청서에 기재할 사항이 아닌 것은?

① 운행일시
② 운행하고자 하는 도로명
③ 운행구간 및 총연행 거리
④ 차량 연식 및 블랙박스 설치 유무

05 자동차가 운행 중 즉시 정지할 수 있는 느린 속도로 서행해야 하는 장소가 아닌 곳은?

① 안전지대가 있는 옆길
② 비탈길의 고갯마루 부근
③ 가파른 비탈길의 내리막
④ 도로가 구부러진 부근

06 도로의 편리한 이용과 안전 및 원활한 교통을 위하여 도로관리청이 설치하는 시설 또는 공작물의 명칭은?

① 고속도로　　② 국도와 지방도로
③ 지하차도　　④ 도로의 부속물

07 차로 구분으로 동일방향의 경계표시인 노면표시의 색은?

① 황색　　② 백색
③ 청색　　④ 적색

08 다음과 같은 교통환경일 때 일시정지를 하지 않아도 되는 경우는?

① 도로에 어린이가 앉아 있는 경우
② 차도에서 어린이들이 놀고 있는 경우
③ 교차로의 교통이 한적할 때 통행하는 경우
④ 앞을 보지 못하는 사람이 흰색 지팡이를 가지고 도로를 횡단하고 있는 경우

정답 | 01 ④　02 ③　03 ①　04 ④　05 ①　06 ④　07 ②　08 ③

09 교차로를 동시에 진입하게 된 경우 양보운전에 대하여 맞게 설명한 것은?

① 넓은 도로에서 진입하는 차가 좁은 도로에서 진입한 차량에게 양보하여야 한다.
② 좁은 도로에서 진입하는 차량이 양보하여야 한다.
③ 빠른 속도로 진입하는 차량에게 진로를 양보하여야 한다.
④ 직진하는 차량이 좌회전 차량에 진로를 양보하여야 한다.

10 도로교통법상 앞지르기 금지 장소가 아닌 곳은?

① 도로의 구부러진 곳
② 가파른 비탈길의 오르막
③ 비탈길의 고갯마루 부근
④ 가파른 비탈길의 내리막

11 일반도로인 편도 2차로 이상인 경우 최고속도와 최저속도 기준은?

① 최고속도 50km/h 이내 - 최저속도 30km/h
② 최고속도 60km/h 이내 - 최저속도 제한 없음
③ 최고속도 80km/h 이내 - 최저속도 제한 없음
④ 최고속도 100km/h 이내 - 최저속도 50km/h

12 과거 1년간 운전면허 행정 처분기준에 따라 산출된 누산 점수가 몇 점 이상인 사람이 운전적성 정밀검사 중 특별검사를 받아야 하는가?

① 51점　　② 61점
③ 71점　　④ 81점

13 편도 4차로인 고속도로 이외의 도로에서 차로에 따른 통행차량 구분의 연결이 잘못된 것은?

① 왼쪽차로 : 승용자동차 및 중형 승합자동차
② 왼쪽차로 : 적재중량 1.5톤 이하의 화물자동차
③ 오른쪽차로 : 차량 총중량 3.5톤 이하의 특수자동차
④ 오른쪽차로 : 이륜 자동차 및 건설기계

14 교통사고로 피해자를 사망에 이르게 하고 도주하거나 도주 후에 피해자가 사망한 경우 가해자에게 처벌되는 양형 기준은?

① 3년 이하의 징역 또는 2천만 원 벌금
② 5년 이하의 징역
③ 무기 또는 5년 이상의 징역
④ 사형 또는 5년 이상의 징역

15 교차로에서 발생되는 교통사고 유발요인이라고 볼 수 없는 것은?

① 신호기에 우선하여 교통경찰의 수신호에 따른다.
② 적색신호에 교차로에 진입한다.
③ 녹색신호로 바뀌는 순간 급출발한다.
④ 황색신호에 속도를 높여 통과를 시도한다.

16 제1종 보통면허로 운전할 수 있는 차종으로 맞는 것은?

① 적재중량 15톤의 화물자동차
② 승차정원 15인 이상의 승합자동차
③ 트레일러 및 레커 이외의 총중량 10톤 이상 자동차
④ 승차정원 12인승 이하의 긴급 승합자동차

17 2차로 이상의 일반도로에서 운행하는 자동차의 최고속도와 최저속도 기준은?(단, 지정 고시하여 변경된 경우 제외)

① 최고속도 70km/h 이내 - 최저속도 30km/h
② 최고속도 70km/h 이내 - 최저속도 제한 없음
③ 최고속도 80km/h 이내 - 최저속도 50km/h
④ 최고속도 80km/h 이내 - 최저속도 제한 없음

18 구난자동차와 견인차를 운전하기 위한 운전면허는?

① 제1종 대형면허   ② 제1종 특수면허
③ 제2종 대형면허   ④ 제2종 특수면허

19 교통사고처리특례법 상 12대 중과실에 적용되지 않는 사고는?

① 신호 위반 사고   ② 무면허 운전 사고
③ 보도 침범 사고   ④ 일시정지 위반 사고

20 다음 중 규정속도를 3회 이상 100km/h를 초과하여 운행한 경우 처벌되는 것은?

① 운전 면허 취소   ② 운전 면허 100일 정지
③ 운전 면허 벌점 100점 ④ 정밀적성검사 대상

21 자동차 종합검사 유효기간의 마지막 날 전후 며칠 안에 자동차 소유자가 검사를 받으면 유효한가?

① 7일   ② 15일
③ 30일   ④ 31일

22 사고결과에 따른 벌점기준에 의한 중상사고의 기준은?

① 2주 이상 부상 사고   ② 3주 이상 부상 사고
③ 5주 이상 부상 사고   ④ 10주 이상 부상 사고

23 환경부령에 의해 자동차에서 배출되는 대기오염물질을 줄이기 위하여 자동차에 부착하는 장치를 무엇이라 하는가?

① 저공해 정치   ② 저공해 전기장치
③ 배출가스 저감장치   ④ 친환경 장치

24 대기환경보전을 위해 저공해 자동차로의 전환 명령을 내린 시·도지사의 지시를 이행하지 않은 경우 처벌기준은?

① 100만 원 이하의 과태료
② 300만 원 이하의 과태료
③ 500만 원 이하의 과태료
④ 1년이하의 징역 또는 천만 원 이하의 벌금

25 다음 중 자동차 검사에 대한 설명으로 적절하지 않은 것은?

① 자동차제작회사가 제작한 자동차가 받는 검사를 신규검사라 한다.
② 자동차의 구조 및 장치를 변경할 경우 받아야 하는 검사를 튜닝검사라 한다.
③ 자동차 소유자의 신청이나 자동차관리법에 다른 명령에 의해 비정기적으로 실시하는 검사를 임시검사라 한다.
④ 법령에 의해 한국교통안전공단이 자동차검사를 대행하고, 정비사업체에는 검사대행 허가를 해 주지 않는다.

26 자동차 튜닝검사 시 검사신청서에 첨부해야 할 서류가 아닌 것은?

① 자동차 등록증
② 튜닝 전·후의 주요 제원 대비표
③ 튜닝 전·후의 차량의 외관도(외관이 변경 시)
④ 자동차보험 가입증명서

27 자동차를 등록한 소유자가 타인에게 차량을 양도하는 경우 해야하는 등록은?

① 이전등록　　② 말소등록
③ 압류등록　　④ 변경등록

28 자동차 등록원부의 기재 사항이 변경된 경우 신청하는 등록은?

① 신규등록　　② 말소등록
③ 변경등록　　④ 이전등록

29 화물자동차 운수사업법 상 운수종사자의 범위에 포함되지 않는 사람은?

① 화물자동차의 운전자
② 운송 주선 사무직원
③ 운송 취급 사무직원
④ 화물업무의 담당 공무원

30 다음 중 화물자동차 운수사업에 해당하지 않는 것은?

① 화물자동차 운송사업
② 용달 화물자동차 운수사업
③ 화물자동차 운송주선사업
④ 화물자동차 공제사업

31 화물자동차 운수사업법상 다른 사람의 요구에 응하여 유상으로 화물자동차 운송사업을 경영하는 운송하는 사업은?

① 화물자동차 운송주선사업
② 화물자동차 개별운송사업
③ 화물자동차 운송가맹사업
④ 화물자동차 체인운송사업

32 화물자동차 1대를 사용하여 화물을 운송하는 화물자동차 운송사업사업은?

① 개별 화물자동차 운송사업
② 용달 화물자동차 운송사업
③ 일반 화물자동차 운송사업
④ 특수 화물자동차 운송사업

33 화물자동차 운송사업의 허가취소 사유가 되지 않는 것은?

① 운송사업 허가를 부정한 방법으로 받은 경우
② 운송사업의 변경허가를 부정한 방법으로 받은 경우
③ 많은 사상자를 발생시킨 중대한 교통사고로 낸 경우
④ 화물운송 종사자가 범칙금을 납부하지 않은 경우

34 최대적재량 1.5톤 이하의 화물자동차로서 주차장, 차고지 또는 지방자치단체의 조례로 정하는 시설 및 장소가 아닌 곳에 밤샘 주차할 경우 운송사업자에 대한 과징금은 얼마인가?

① 10만 원　　② 20만 원
③ 50만 원　　④ 100만 원

| 정답 | 26 ④　27 ①　28 ③　29 ④　30 ④　31 ①　32 ①　33 ④　34 ②

35 화물운송종사 자격증의 재발급 요건에 해당하는 것은?

① 화물운송 종사자격증을 대여해 준 경우
② 화물운송 종사자격시험에 합격한 경우
③ 화물운송 종사 자격증을 회사에 보관한 경우
④ 화물운송 종사자격증을 분실한 경우

36 운송가맹사업자의 허가변경사항에 대한 신고 대상이 아닌 것?

① 주 사무소 또는 영업소의 이전
② 화물취급소의 설치 또는 폐지
③ 화물자동차의 대차 또는 폐차
④ 운수종사자의 선임 또는 퇴직

37 화물운송종사 자격증의 재발급 요건이 될 수 없는 것은?

① 자격증을 분실한 경우
② 자격증 기재사항에 착오가 있는 경우
③ 자격증이 훼손되어 식별이 어려운 경우
④ 자격이 정지된 경우

38 교통사고의 3대 요인 중 환경 요인에 해당하는 것은?

① 운전자의 법규위반
② 정비불량 차량 운행
③ 보행자의 무단횡단
④ 도로관리 부실

39 운전피로를 구성하는 운전 작업 중의 요인이 아닌 것은?

① 차내 환경
② 차외 환경
③ 운행조건
④ 성별조건

40 환경의 변화에 의해 일어나는 착각에 대한 설명으로 틀린 것은?

① 어두운 곳에서는 가로 폭보다 세로 폭이 더 넓게 보인다.
② 작은 경사는 실제보다 작게 느껴진다.
③ 작은 것은 멀리 있는 것 같이 보인다.
④ 시야가 넓으면 자동차의 속도가 빠르게 느껴진다.

41 운전환경과 관련되는 시각의 특성에 대한 설명으로 틀린 것은?

① 속도가 빨라질수록 눈의 피로가 가중된다.
② 속도가 빨라질수록 시력이 떨어진다.
③ 속도가 빨라질수록 시야 범위가 좁아진다.
④ 속도가 빨라질수록 전방의 주시가 확실해 진다.

42 안전운전과 방어운전에 대한 설명으로 틀린 것은?

① 안전운전과 방어운전은 서로 다른 개념이지만 사고로부터 예방하는 것이다.
② 안전운전은 운전을 통해 교통사고가 발생되지 않도록 주의하여 운전하는 것이다.
③ 방어운전은 자신이 사고에 말려 들지 않도록 하는 운전이다.
④ 안전운전과 방어운전은 상대방이 사고를 유발시키지 않도록 하는 것이다.

| 정답 | 35 ④ | 36 ④ | 37 ④ | 38 ④ | 39 ④ | 40 ④ | 41 ④ | 42 ④ |

43 다음 설명 중 방어운전의 요령으로 가장 적절한 것은?

① 교통량이 많을 때는 속도를 가속하여 다른 자동차를 앞지르기 한다.
② 다른 차량이 끼어들 우려가 있는 경우에는 앞 차와의 차간거리를 줄인다.
③ 대형차를 뒤따를 때는 전방 시야 확보가 어려우니 신속히 앞지르기를 하여 대형차에서 벗어난다.
④ 신호가 바뀌었다고 급출발하지 않고 주위의 교통 환경을 살피며 서서히 출발하도록 한다.

44 운전자의 운전과정의 순서를 올바르게 나열된 것은?

① 조작 '판단 '인지
② 인지 '판단 '조작
③ 인지 '조작 '판단
④ 조작 '인지 '판단

45 어린이의 교통행동 특성의 설명 중 잘못된 것은?

① 교통상황에 대한 주의력이 부족하다.
② 상황에 대한 판단이 부족하고 모방 행동이 많다.
③ 사고방식과 판단이 복잡하다.
④ 복잡하고 전문적인 내용은 잘 이해하지 못한다.

46 운행 중 위험물을 발견하고 가속페달에서 브레이크 페달로 발을 옮겨 브레이크가 작동을 시작하는 순간까지 차량이 진행한 거리를 무엇이라 하는가?

① 공주거리
② 제동거리
③ 정지거리
④ 운행거리

47 자동차 운행 중 차량의 이상 징조가 나타날 때 쇽업소버의 고장으로 판단할 수 있는 경우는?

① 바퀴쪽에서 '끼익' 하는 소리가 들린다
② 핸들이 좌우로 심하게 흔들린다.
③ 주행 중 고무타는 냄새가 난다.
④ 노면이 고르지 않은 곳의 운행 시에 승차감이 딱딱함을 느낀다.

48 자동차 일상점검 중 동력전달장치의 점검이 아닌 것은?

① 조향 핸들의 유격 상태와 파워오일 점검
② 클러치 페달의 유격 상태 확인
③ 변속기 조작상태와 오일누출 여부
④ 추진축 연결부의 이음 여부 및 죠인트 부위의 헐거움 여부

49 머플러를 통해 매연이 발생되는 경우 조치 방법이 아닌 것은?

① 에어클리너 오염 확인
② 실린더 압축압력 점검
③ 연료 파이프 누유 확인
④ 밸브간극 점검

50 자동차의 앞바퀴 정렬과 관련이 없는 것은?

① 캠버(Camber)
② 캐스터(Caster)
③ 토인(Toe-in)
④ 노즈다이브(Nose Dive)

| 정답 | 43 ④ | 44 ② | 45 ③ | 46 ① | 47 ④ | 48 ① | 49 ③ | 50 ④ |

51 밤샘 주차된 차량을 이른 아침에 운행을 시작할 때 습기 등으로 브레이크 라이닝에 나타나는 현상으로 브레이크가 밀리는 현상을 무엇이라하는가?

① 모닝 록(Morning lock) 현상
② 페이드(Fade) 현상
③ 수막현상(Hydro planing)
④ 베이퍼 록(Vapour lock) 현상

52 운행 중 자동차 타이어 마모에 영향을 주는 설명 중 틀린 것은?

① 규정 공기압보다 낮으면 타이어 마모가 빨라진다.
② 과속을 하면 할수록 타이어 마모량은 커진다.
③ 화물 적재물로 인한 하중이 커지면 마모량은 작아진다.
④ 공기압이 규정보다 많으면 타이어 중앙부분의 마모가 촉진된다.

53 여름철 자동차관리의 설명으로 적절하지 않은 것은?

① 호우로 인한 빗길운전이 많은 계절이므로 와이퍼의 작동상태를 수시로 점검한다.
② 여름철에는 엔진이 과열되는 경우가 많으므로 냉각계통의 점검을 게을리하지 않는다.
③ 차내의 환기를 자주 시킨다.
④ 히터의 작동여부를 점검하고 오염된 휠터는 미리 교환해 둔다.

54 운전 중 운전자가 가장 많이 정보를 얻는 감각은?

① 촉각   ② 미각
③ 청각   ④ 시각

55 다음 중 원심력에 대한 설명으로 올바른 것은?

① 커브 길에서 나타나는 원심력은 자동차의 속도에 영향을 주지 않는다.
② 원심력은 원의 중심으로 들어오려는 힘이다.
③ 원심력은 차량속도와는 관련이 없다.
④ 원심력은 속도의 제곱에 비례한다.

56 커브길에서 회전할 때 앞바퀴의 안쪽과 뒷바퀴의 안쪽 궤적의 차이를 무엇이라 하는가?

① 내륜차   ② 외륜차
③ 회전차   ④ 원심차

57 화물자동차로서 동력부분과 적하부분으로 나누어진 상태에서 적하부분을 무엇이라 하는가?

① 트레일러   ② 트렉터
③ 보닛   ④ 폴 트럭

58 한국산업표(KS)에 따른 화물자동차의 종류에 대한 설명으로 맞지 않는 것은?

① 보닛트럭 : 원동기부의 덮개가 운전실의 뒤쪽에 있는 트럭
② 밴 : 박스형 화물실이 있는 설치된 트럭
③ 픽업 : 화물실의 지붕이 없고, 옆판이 운전대와 일체로 된 소형트럭캡
④ 오버엔진트럭 : 원동기의 전부 또는 대부분이 운전실의 아래쪽에 있는 트럭

정답 | 51 ① 52 ③ 53 ④ 54 ④ 55 ④ 56 ① 57 ① 58 ①

59 고객과의 인사방법과 요령이 잘못된 것은?

① 가벼운 인사 : 신체 각도 15°
② 보통 인사 : 신체 각도 30°
③ 정중한 인사 : 신체 각도 45°
④ 작별 인사 : 신체 각도 90°

60 고객과의 대화 시 유의사항에 해당하지 않는 것은?

① 고객과의 논쟁은 가능한 하지 않도록 한다.
② 불평불만을 고객에게 하지 않도록 한다.
③ 거친 행동이나 억양를 높이지 않는다.
④ 고객과의 대화 시 침묵으로 일관한다.

61 다음 중 고객의 욕구라고 할 수 없는 것은?

① 기억되기를 바란다.
② 칭찬받고 싶어 한다.
③ 환영받고 싶어 한다.
④ 관심 갖는 것을 싫어한다.

62 종사자의 용모와 복장에 대한 설명으로 올바르지 않은 것은?

① 복장과 용모는 고객에 대한 서비스의 기본이 된다.
② 명찰 패용은 신분확인을 위한 것이다.
③ 웃는 얼굴로 고객을 대하면 고객이 감사해 한다.
④ 운송작업 능력을 높이기 위해 슬리퍼 등의 편안한 신발을 착용하는 것이 좋다.

63 운송종사자로서 행동예절 중 인사할 때의 마음가짐에 대해 잘못된 것은?

① 정중하게 한다.
② 밝은 표정과 미소로 띤다.
③ 경쾌하고 겸손허게 고객을 대한다.
④ 의례적으로 대한다.

64 고객만족을 위한 서비스 품질로 볼 수 없는 것은?

① 영업 품질   ② 상품 품질
③ 서비스 품질   ④ 제작 품질

65 다음 중 화물 운송장의 기능이라고 볼 수 없는 것은?

① 화물인수증 기능
② 계약서 기능
③ 배달에 대한 증빙 기능
④ 지출금액 관리자료

66 운송장 기재사항 중 송하인의 기재사항인 것은?

① 발송점   ② 집하지의 전화번호
③ 수하인의 주소   ④ 접수일자

67 가치를 높이기 위한 물품 개개의 포장을 무엇이라 하는가?

① 외장   ② 부분포장
③ 내장   ④ 개장

68 화물 운송장 부착요령으로 맞지 않는 것은?

① 화물 인수 접수 장소에서 매 건마다 작성하여 화물에 부착한다.
② 운송장과 물품이 정확히 일치하는지 확인하고 부착한다.
③ 운송장은 물품의 정중앙 상단에 부착하여 눈에 잘 띄게한다.
④ 운송장은 화물의 모서리나 후면부 또는 측면에 부착한다.

69 다음 중 운송물의 수탁거절 사유가 될 수 없는 것은?

① 운송장에 필요한 기재 사항을 고객이 거부하는 경우
② 운송물이 도난품, 밀수품, 군수품 등 위법한 물품인 경우
③ 운송물이 사회질서, 법령 및 기타 풍속에 반하는 경우
④ 운송물 1포장의 가액이 200만 원을 초과하는 경우

70 고객의 귀책사유로 이사화물의 인수를 약정된 시간으로부터 2시간 이상 지체된 경우 사업자가 고객에게 청구할 수 있는 손해배상 청구액 한도액은 화물약관상 얼마로 규정되어 있는가?

① 계약금의 배액
② 계약금의 3배액
③ 계약금의 4배액
④ 계약금의 6배액

71 다음 중 택배운송 시 운송장 인도기일이 없을 때 도서지역은 며칠 내에 인도하는가?

① 당일   ② 3일
③ 1주일   ④ 2주일

72 운송사업자가 약정된 이사화물을 인수 익일 전까지 계약해제통보 시 손해배상금액은?

① 계약금
② 선수금
③ 계약금의 2분의 1 금액
④ 계약금의 4배 금액

73 이사화물의 훼손 또는 멸실 및 연착에 대한 손해배상책임은 이사화물을 인도한 후 얼마를 지나야 이사화물의 훼손 또는 멸실 및 연착에 대한 책임이 소멸되는가?

① 6개월   ② 1년
③ 2년   ④ 3년

74 주 활동과 지원활동으로 구분되는 물류활동에서 주 활동과 거리가 먼 것은?

① 재고관리
② 수송 작업
③ 주문처리
④ 포장 작업

75 화물자동차적재함에 고압가스 충전용기 등을 적재할 경우 주의사항으로 틀린 것은?

① 최대 적재량이 초과되지 않는 상태로 적재한다.
② 적재와 적하할 때는 충격완화 물품을 사용하여 위험요소를 없앤다.
③ 운행 중 용기가 서로 충돌되지 않도록 밴드 등으로 묶어 적재한다.
④ 충전 용기를 많이 적재하기 위해서는 용기를 눕혀 적재한다.

76 화주기업이 물류활동을 직접 처리하는 물류를 무엇이라 하는가?

① 제1자 물류   ② 제2자 물류
③ 제3자 물류   ④ 제4자 물류

77 고압가스 충전 용기를 적재한 차량의 주·정차 시 준수할 사항으로 틀린 것은?

① 가능한 한 평탄한 곳에 주차시킬 것
② 교통량이 적은 안전한 장소에 주차시킬 것
③ 주택 및 상가 등이 밀집된 지역에 주차할 것
④ 주위의 교통상황, 주위의 화기 등이 없는 안전한 장소에 주·정차 할 것

78 화물을 차량에 적재하는 방법으로 틀린 것은?

① 적재하중을 초과하지 않도록 한다.
② 화물을 적재할 때 적재함의 난간(문짝 위)에 서서 작업한다.
③ 최대한 무게가 골고루 분산될 수 있도록 한다.
④ 가벼운 화물이라도 너무 높게 적재하지 않도록 한다.

79 중앙분리대는 사고의 유형을 어떻게 변환시키는 효과가 있는가?

① 차량단독 사고를 좌측 우측 접촉사고로 변환시킨다.
② 정면충돌 사고를 추돌사고로 변환시킨다.
③ 정면충돌 사고를 차량단독 사고로 변환시킨다.
④ 정면충돌 사고를 후미 충돌사고로 변환시킨다.

80 운전적성정밀검사 중 특별검사에 해당하지 않는 운전자는?

① 운전면허행정처분의 벌점 누산점수가 60점 이상인 운전자
② 운전면허행정처분의 벌점 누산점수가 과거 1년간 81점 이상인 운전자
③ 교통사고를 발생시켜 피해자를 사망하게 한 운전자
④ 교통사고로 피해자를 중상해 입힌 운전자

| 정답 | 75 ④ | 76 ① | 77 ③ | 78 ② | 79 ③ | 80 ① |

박래호

약력 및 경력

- 現 교통사고분석감정원 원장
- 現 한국지식개발원 교수
- 現 한국특수행정학회 교수
- 現 보험인스TV 아카데미 전임교수
- 現 서울교통문화교육원, 인천교통연수원, 경기교통연수원 전임강사
- 경기대학교 대학교 서비스경영전문대학원 외래교수
- 공정거래위원회 소비자원 분쟁조정위원회 위원
- 한국안정성본부 자동차사고연구소 소장
- 경기지방경찰청 교통사고민간심의위원회 부위원장
- 경기지방경찰청 운전면허행정처분 심의위원회 위원
- 경찰종합학교(교통사고 조사반 과정) 강사
- 국방대학원, 보험감독원, 보험연수원 강사
- 국토교통부 T/F팀 전문위원, 환경청 기술자문위원
- 국가기술자격 검정위원, 손해사정사 시험출제위원
- 동부화재(주) 보상본부 실장
- 전국자동차검사정비연합회 상무이사
- 법원촉탁에 의한 교통사고 분석감정.분석 다수

방송

- KBS TV 『안전운전365일』 프로그램 진행
- KBS Radio 『가로수를 누비며』 프로그램 진행
- MBC 『자동차는 내 친구』 프로그램 진행
- TBS 『자동차 컬럼』 프로그램 담당
- 경인방송 『자동차 사고 상담』 프로그램 담당

저서

- 『자동차공학』, 『일반기계공학』, 『자동차백과』, 『자동차정비시리즈』, 『오너드라이버 백과』
  『자동차정비 기기 취급요령』, 『자동차정비 총정리』, 『손수 운전자의 벗』, 『자동차사고감정공학』
  『도로교통사고감정사 시리즈』, 『손해사정사 보험실무 교통사고 처리』, 『교통사고 해결』

2026 화물운송종사 자격시험 총정리 기출문제집

발행일 2025년 9월 25일
발행인 조순자
편저자 박래호
디자인 홍현애
발행처 인성재단(종이향기)

※ 낙장이나 파본은 교환해 드립니다.
※ 이 책의 무단 전제 또는 복제행위는 저작권법 제136조에 의거하여 처벌을 받게 됩니다.

정 가 18,000원   **ISBN** 979-11-7491-017-2